国家公园与自然保护地丛书 | Series of National Parks and Protected Areas

U0270865

杨锐◎著

中国国家公园和保护区体系理论与实践研究

Research on the National Park and Protected Area System of China: Theory and Practice

中国建筑工业出版社

审图号：GS（2021）3448 号
图书在版编目（CIP）数据

中国国家公园和保护区体系理论与实践研究 =
Research on the National Park and Protected Area
System of China:Theory and Practice / 杨锐著. —
北京：中国建筑工业出版社，2021.11
（国家公园与自然保护地丛书）
ISBN 978-7-112-26805-4

Ⅰ.①中… Ⅱ.①杨… Ⅲ.①国家公园－建设－研究
－中国②自然保护区－建设－研究－中国 Ⅳ.
① S759.992

中国版本图书馆 CIP 数据核字（2021）第 211500 号

责任编辑：杜 洁 张 杭
书籍设计：韩蒙恩
责任校对：李美娜

国家公园与自然保护地丛书
Series of National Parks and Protected Areas
中国国家公园和保护区体系理论与实践研究
Research on the National Park and Protected Area System of China: Theory and Practice
杨锐 著
*
中国建筑工业出版社出版、发行（北京海淀三里河路9号）
各地新华书店、建筑书店经销
北京建筑工业印刷厂制版
北京云浩印刷有限责任公司印刷
*
开本：787 毫米 × 1092 毫米 1/16 印张：20 字数：343 千字
2021年11月第一版 2021年11月第一次印刷
定价：**75.00** 元
ISBN 978-7-112-26805-4
（37938）

序①

PREFACE

中国遗产资源覆盖约 135 万 km^2，占国土面积的 14% 以上，是国家的宝贵财富，是万千年来历史遗存与祖先的创造，有无上的、不可替代的价值。由于我们国家和社会缺少应有的认识，没有科学的保护与应有的管理，相反，却遭掠夺式开发与滥用。

美国 1832 年在西部大开发中即诞生国家公园概念。1872 年成立世界第一个国家公园……以后国家公园运动推广到 225 个国家和地区……（世界）②国家公园及保护区面积相当于中国与印度国土面积之和。有全套的科研与管理经验。论文作者早期已参与三峡库区的实验。我于 1998 年主持滇西北人居环境（含国家公园）可持续发展研究，即建议论文作者赴哈佛进修，收集大量资料归来，即参与滇西北国家公园和保护区体系建设规划研究。除此以外，在多学科专家工作下，进行梅里雪山风景名胜区总体规划技术研究。整个工作与美国大自然保护学会在滇西北工作组织合作下进行。这是一个深入实践、有理论、面向实际的科学技术报告。

论文作者在上述实践基础上，并参与了其他地区的规划实践（黄山、泰山），以系统论为依据，对中国国家公园和保护体系作全面分析，并以控制论与管理学相关知识为指导，参考世界国家公园运动发展趋势等，提出了建立和完善中国国家公园和保护区体系的战略方针与行动建议。

论文有历史、有理论、有实践，指导思想明确、资料翔实、系统谨严，是一篇不可多得的优秀博士论文，建议授与博士学位，建议在答辩后根据答辩委员会的意见作必要的完善后，第一，正式出版；第二，送交国家有关部门，如建设部、国土资源部、科技部等，作为加强国家公园管理体制建设的参考，使国家这一事业上升到科学的高度。

吴良镛

2003 年 6 月 20 日

① 经吴良镛先生首肯，以博士论文的评语代序。

② 编辑加。

前　言

FOREWORD

本书内容完成于2003年4月，是我申请清华大学工学博士时的学位论文。博士学位论文的名称是《建立完善中国国家公园和保护区体系的理论与实践研究》(*Improving the National Park and Protected Area System of China: Theories and Practice*)。这次出版时，根据编辑的建议，将论文题目进行了简化，删除了“建立完善”4个字，除此之外，基本保持了博士论文原状。论文答辩委员会的主席是两院院士、国家最高科技奖获得者吴良镛先生。吴先生曾对论文给予高度评价。无奈先生已年近期颐，不再执笔写作。经先生首肯，以当年对学位论文的评语代序。

我本科就读的是建筑设计专业，硕士读的是城市规划。这两个专业与我后来所从事的自然保护事业都有相当大的距离。我对自然保护关注并产生兴趣始于1992年，那是我硕士毕业留校任教的第二年。海南三亚准备建设亚龙湾国家旅游度假区，邀请清华大学承担规划设计工作。当时旅游热刚刚在中国兴起，中国史无前例的大规模、快速城市化也如火如荼。人们普遍关注的是建设和发展，自然保护意识还非常薄弱。在承担亚龙湾规划设计时，我们临时的住处离海边仅几十米。每天与蔚蓝的天空，碧玉色的海水，一望无尽的白沙滩为伴。椰子树掩映下的黎族村庄，还有郁郁葱葱的红霞岭，一切是那么祥和、宁静和从容。对于西安长大的我来说，大自然的美丽、纯净不断地洗涤我的身心。我们在承担国家旅游度假区规划设计的同时，也完成了亚龙湾国家级风景名胜区的总体规划，这是我第一次同时从事资源开发和自然保护的工作，其中的张力、矛盾使我开始深入思考人和自然、保护和利用之间的关系。亚龙湾激发了我对大自然的热爱，其后在1990年代我先后参与了尖峰岭（海南）、百花岭（海南）、长江三峡、镜泊湖（黑龙江）等与自然保护地相关的规划设计工作，对自然保护的兴趣日渐浓厚。

1997年12月我受国家留学基金的资助，前往美国哈佛大学设计学研究生院（GSD）做访问学者。期间，收集阅读了大量美国国家公园的研究文献，较为系统地梳理了美国国家公园的发展历史和保护管理状况。在时任院长Peter Rowe教授的支持和帮助下，拿到了一笔大约4000美元、专门资助亚洲学者的研究基金，实地考察了包括黄石国家公园在内的一些美国国家公园。1998年6月，我在美国接到清华大学建筑学院左川教授的国际长途电话，希望我回国一趟参加吴良镛先生主持的一个重要项目。原来是美国大自然保护协会（TNC）提议在云南建立“大河流域国家公园（Great Rivers National Park）”，云南省邀请清华大学进行院校合作研究。吴良镛先生认为滇西北的问题不是简单的国家公园问题，而是区域保护和发展的协调统筹问题，因此将研究扩展成为“滇西北人居环境（含国家公园）可持续发展研究”，邀请我负责其中的国家公园部分。由于 TNC 拟议中的国家公园边界内仍然居住着几百万居民，因此我到云南与 TNC 在中国的负责人 Edward M. Norton 和 Rose Niu（牛红卫女士）见面时，建议用“国家公园和保护地体系”替代这个单一的国家公园，即建立由若干个国家公园和保护地及其生态廊道所组成的自然保护地网络，并改进完善相应的管理机制。他们很支持这个建议。随后从 1998 年至 2005 年，我在云南开展了 7 年左右的国家公园研究和实践，实地探勘了滇西北几乎所有的乡镇，先后完成了滇西北国家公园和保护地体系、以及梅里雪山、老君山、千湖山等自然保护地的总体规划工作。

滇西北是一片神奇、壮丽的土地。正是在这片土地上，我最终完成了从一个资源开发者到自然保护者的坚定蜕变。建筑设计和城市规划颇为有趣，而且 1990 年代这两个领域热火朝天，“钱”程似锦。我从建筑设计和城市规划中转身从事国家公园和自然保护地事业的决心是在梅里雪山的实地考察途中萌发的。梅里雪山位于云南和西藏的交界处，最高山峰卡瓦格博峰海拔 6740 米，是藏族八大神山之一。巍峨的雪山、低纬度低海拔冰川、独特的高山荒漠、茂密的原始森林、镶嵌在雪山和澜沧江间的藏族村落，以及点缀在崇山峻岭之间色彩鲜艳的经幡和玛尼堆，像是结晶成一块巨大宝石，晶莹剔透、光芒闪耀。作为梅里雪山总体规划的负责人，我带队考察说拉垭口，它是云南通往西藏自治区的一个山口，海拔大约 4800 米。我们团队 4 个人，雇了一个藏族马队，从位于海拔约 1900 米的干热河谷中的藏族村落出发，一路穿过茂密的针阔混交林、针叶林、高山灌丛、高山草甸，向高山荒漠迈进。这是一个三天两夜的行程，也就是说我们需要在野外露宿两个晚上。骑马考察途中，4、5 个人才能环抱的原始红豆杉、缤纷夺目的高山杜鹃、还有神秘奇妙的暗夜星空已然让我心旷神怡、目不暇给。但真正震撼我的并不是这些视觉冲击，而是一种很难用语言描述，但深深改变我的价值观和事业抉择的高峰体验。

这个体验是不期而至的。去往说拉垭口的旅程是从海拔约 1900 米的亚热带干热河谷开始的。干热河谷的特点是燥热难耐，虽然我们穿着短袖薄裤，但仍然有种穿着衣服呆在桑拿房中的感觉。随着海拔的逐渐提高，我们的马队依次穿过干热河谷、亚热带常绿阔叶林，在海拔 3000 多米的寒温带针叶林中宿营一晚后，接着穿越了美丽开阔的高山草甸和奇幻神秘的高山流石滩，到达 4500 米左右的雪线。这时，马匹已经没有能力继续向上攀登了。于是我们穿上所有的衣服，十分艰难、一步一喘地攀登到 4800 多米、插满经幡的垭口。短暂停留后，我们迅速回撤到海拔 3000 米左右的林间草地扎营。由于非常疲惫，当晚的情景我已经不能完整地回忆起来，只是记得满天繁星，似乎用手都可以碰到，还有远处时有时无的、可能是狼的叫声。很快，我就进入沉睡状态。第二天，伴随着声声鸟鸣，我醒了过来，掀开帐篷的那一刻，我被帐外清冽的空气融化了。是的，就是我们每时每刻都在呼吸的空气，但和我几十年间在城市，甚至远离城市的乡村呼吸的空气完全不同。它是那么纯净、那么新鲜，包裹着我、沁透了我。那一刻，我忘记了身处何地，时间也仿佛凝固了。我体验到一种从没体验过的清明、通透和满足感。那种感觉回想起来，很难用语言描述。但我知道，就在那一刻，我完成了从一个资源开发者向自然保护者的蜕变，我做出了抉择，我要让更多的人，更多的中国普通老百姓，体验我曾经在梅里雪山有过的那种无以言表的精神审美高峰。

这成为我以《建立完善中国国家公园和保护区体系的理论与实践研究》完成博士论文的主要动力。其后的工作经历和思考，已经在《国家公园和自然保护地研究》的前言中充分表达，此处不再赘述。为了保持内容前后的一致性，书中涉及的国家机关、企事业单位名称、政策、规范，以及相关统计表格、附录数据等基于 2003 年的写作背景，未做更新。

读者可能会问，为什么 2003 年就完成的学位论文，2021 年才出版？这其中有两个原因。第一，2003 年时，一些权威学者对于中国是否应该建设国家公园抱有疑问，甚至持反对意见。第二，我自己也没有想到，2013 年，在我的博士学位论文完成仅仅十年后，建立以国家公园为主体的自然保护地体系已经成为一项国家战略。而这篇学位论文为这项国家战略的实施超前奠定了学术理论基础，为相关政策制定提供了重要技术支撑。因此，即使过了将近 20 年，出版这篇学位论文，可能仍然具有一些意义。

衷心感谢在博士论文写作过程中给予我大力支持和帮助的前辈、同事和伙伴。感谢导师赵炳时教授，论文自始至终是在赵先生的支持下完成的。感谢吴良镛院士，吴先生的“多学科融贯”思想，为本论文提供了研究方法；在论文的完成过程中也一直得到了吴先生的关注和鼓励。吴先生将国家公园纳入区域协调发展的前瞻性思维令我备受启发。感谢朱自煊教授，硕士阶段在朱先生的指导下，我深刻体会了理论与实践相结合的重要性。感谢郑光中教授，和郑先生的十年合作，为我积累了很多宝贵的实践经验。感谢左川教授，左川先生为我深入研究本领域的课题提供了大量的机会和帮助。感谢哈佛大学设计学研究生院的 Carl Steinitz 教授和 Richard T.T. Forman 教授，在哈佛大学做访问学者期间，与他们的讨论和他们两位的课程使我受益匪浅。感谢以下人士对我的帮助和支持：王秉洛先生、左小平女士、景峰先生、厉色先生、和德华先生（Edward M. Norton）、木保山先生（Bob Mosley）、牛红卫女士、欧晓昆教授、陆树刚教授、章钟云研究员。感谢祁黄雄、袁南果和林勇强对论文部分资料的收集、整理和部分图纸的绘制工作。感谢梅里雪山总体管理规划组的工作伙伴党安荣、庄优波、韩昊英、李然、刘晓冬、陈新等。衷心感谢我的同事庄优波副教授、赵智聪助理教授以及几位博士生和硕士生为出版本书所作出的无私奉献，中国建筑工业出版社杜洁主任和张杭编辑的大力支持和帮助。

2021 年 10 月 30 日

目 录

CONTENTS

序

前言

第 1 章 引言

1.1 研究背景 002

1.2 研究目的 004

1.3 研究内容框架 005

第 2 章 世界国家公园与保护区运动发展趋势

2.1 国家公园在美国的发展 008

2.2 国家公园在其他国家和地区的发展 009

2.3 国家公园相关概念 009

2.3.1 对国家公园的不同认识 009

2.3.2 国家公园和保护区体系 010

2.3.3 世界遗产 012

2.3.4 生物圈保护区 013

2.4 世界国家公园运动发展趋势 015

2.4.1 思想认识方面的进步 015

2.4.2 技术方法方面的进步 016

第 3 章 美国国家公园体系发展的经验教训

3.1 美国国家公园体系的演变过程 028

3.2 美国国家公园体系的基本情况 029

3.3 美国国家公园的立法与执法 031

3.3.1 立法程序 031

3.3.2 国家公园基本法（*the Organic Act*） 032

3.3.3 授权法（*Enabling Legislation*） 033

3.3.4 荒野法（*Wildness Act*） 034

3.3.5 野生与风景河流法（*Wild and Scenic Rivers*） 034

3.3.6 国家风景与历史步道法（*National Scenic and Historic Trails*） 035

3.3.7 国家环境政策法（*National Environmental Policy Act*，NEPA） 035

3.3.8 部门规章（Regulations by NPS） 037

3.3.9 其他相关联邦法律 037

3.3.10 执法 038
3.4 美国国家公园的规划 038
3.4.1 美国国家公园规划的发展过程 038
3.4.2 美国国家公园规划决策体系 042
3.4.3 美国国家公园规划体系评述 043
3.5 美国国家公园体系的管理 045
3.5.1 指令性文件体系 045
3.5.2 基本政策 051
3.5.3 国家公园单位入选标准 052
3.5.4 土地保护管理 054
3.5.5 自然资源管理 056
3.5.6 文化资源管理 063
3.5.7 荒野保护与管理 066
3.5.8 解说与教育 067
3.6 美国国家公园体系的经验教训 067

第 4 章 中国国家公园和保护区体系的现状与问题

4.1 自然保护区 072
4.1.1 历史和现状 072
4.1.2 主要问题 074
4.2 风景名胜区 076
4.2.1 历史和现状 076
4.2.2 主要问题 077
4.3 国家森林公园 079
4.3.1 历史和现状 079
4.3.2 面临的问题 081
4.4 国家地质公园 082
4.4.1 历史与现状 082
4.4.2 主要问题 083
4.5 世界遗产 084
4.5.1 历史和现状 084
4.5.2 当前问题 085
4.6 生物圈保护区 086
4.6.1 历史和现状 086
4.6.2 当前问题 087

4.7 问题综合分析 088
4.7.1 认识不到位 089
4.7.2 立法不到位 091
4.7.3 体制不到位 092
4.7.4 技术不到位 094
4.7.5 资金不到位 095
4.7.6 能力不到位 097
4.7.7 环境不到位 098

第 5 章 建立完善中国国家公园和保护区体系的理论思考

5.1 研究思路 102
5.2 基于相关学科的理论分析 103
5.2.1 基于系统论的理论分析 103
5.2.2 基于控制论的理论分析 111
5.3 建立完善中国国家公园和保护区体系的战略方针 115
5.3.1 科学为本，全面创新 115
5.3.2 上下启动，多方参与 117
5.3.3 三分结合，集散有序 121
5.3.4 一区一法，界权统一 125
5.4 建立完善中国国家公园和保护区体系的行动建议 127
5.4.1 立法 127
5.4.2 机构建设与调整 127
5.4.3 技术支持 128
5.4.4 社会支持 129
5.4.5 规划管理 130
5.4.6 资金管理与税费改革 131
5.4.7 能力建设 131

第 6 章 滇西北国家公园和保护区体系建设规划

6.1 概述 134
6.1.1 研究背景 134
6.1.2 项目区范围 135
6.1.3 研究目的 135
6.2 滇西北资源保护现状与问题 135
6.2.1 现状 135

6.2.2 问题 138
6.3 滇西北国家公园和保护区体系战略研究 139
6.3.1 定位 139
6.3.2 建设目标 143
6.3.3 建设方针与基本思路 143
6.3.4 空间布局 145
6.4 滇西北国家公园和保护区体系管理机制与管理政策研究 150
6.4.1 管理机制 150
6.4.2 管理政策 151
6.5 建立完善滇西北国家公园和保护区体系的行动计划 152
6.5.1 立法方面的行动计划 152
6.5.2 机制完善方面的行动计划 154
6.5.3 技术方面的行动计划 154
6.5.4 资金方面的行动计划 155
6.5.5 人力资源方面的行动计划 155

第 7 章 梅里雪山风景名胜区总体规划技术研究

7.1 规划背景 160
7.2 规划思路与流程 160
7.3 规划特点 162
7.4 创新点之一：资源保护等级光谱（CDS） 162
7.4.1 建立资源保护等级光谱的意义 162
7.4.2 资源分类 163
7.4.3 资源重要性评价 166
7.4.4 资源敏感度评价 168
7.4.5 资源保护等级评价 171
7.5 创新点之二：三层次协同规划体系 174
7.5.1 目标体系规划 174
7.5.2 战略规划 177
7.5.3 行动计划 179
7.6 创新点之三：管理政策分区规划 181
7.6.1 特点 181
7.6.2 分区定义和管理目标 183
7.6.3 分区人类活动控制管理政策 185
7.6.4 分区人工设施控制管理政策 188

7.6.5 分区土地利用管理政策 190
7.7 创新点之四：分区规划图则 191
7.8 创新点之五：解说规划 192
7.9 创新点之六：社区参与与社区规划 194
7.9.1 社区规划目标 195
7.9.2 社区规划原则 195
7.9.3 社区分类规划 195
7.10 创新点之七：管理体制规划 196
7.11 创新点之八：规划管理信息系统 198
7.11.1 系统目标 198
7.11.2 系统设计 199

第 8 章 结论与讨论

8.1 结论 214
8.2 讨论 220

附录 1 美国国家公园体系大事年表（1832—1991 年） 221
附录 2 美国国家公园体系单位基本数据 225
附录 3 美国国家公园管理人员职业分类 235
附录 4 美国国家公园体系相关法律及其主要内容 239
附录 5 中国国家级自然保护区名录 257
附录 6 中国国家级风景名胜区名录 261
附录 7 中国国家森林公园名录 265
附录 8 中国国家地质公园名录 269
附录 9 论文评阅人名单与评阅意见 271

参考文献 287

个人简历 294

Chapter One 第 1 章 引 言

1.1 研究背景

“国家公园（NationalPark）”这一提法最早出现于美国。1832 年，在前往达科他州（Dakotas）旅行的路上，美国艺术家乔治·卡特林（George Catlin）对美国西部大开发影响印第安文明、野生动植物和荒野（Wildness）深表忧虑。他写道：“它们可以被保护起来。只要政府通过一些保护政策设立一个大公园（a Magnificent Park）……一个国家公园（a Nation's Park），其中有人也有野兽，所有的一切都处于原生状态，体现着自然之美[①]”（Mackintosh，2000）。

1864 年，卡特林的理想部分得以实现。这一年美国国会将约塞米蒂峡谷（Yosemite Valley）和玛瑞波萨森林（Mariposa Big Tree Grove）赠予加利福尼亚州政府，由该州政府作为保护资源进行管理，命名为州立公园（State Park）[②]。8 年以后，即 1872 年，美国国会将位于现怀俄明州（Wyoming）西北部的黄石地区辟为资源保护地，由联邦政府内政部（U.S.Department of the Interior）直接管理[③]。黄石地区成为“有益于人民，为人民所享用的公共公园（Public Park）或游憩地（Pleasuring-ground）”[④]。黄石公园被认为是美国，也是世界上第一个真正意义上的国家公园（Sellars，1997；Mackintosh，2000）。

从 1872—2001 年，国家公园运动从美国一个国家发展到世界上 225 个国家和地区，从单一的国家公园概念衍生出“国家公园和保护区体系”“世界遗产”“生物圈保护区”等相关概念[⑤]。截至 1997 年，世界上共有 225 个国家和地区建立有国家公园和保护区体系，国家公园与保护区的数目为 30350 个，总面积约为 1323 万 km^2（相当于中国与印度国土面积之和——作者注），占地球表面积的 8.83%。其中国家公园和保护区体系的第二类，即国家公园，分布在 155 个国家与地区，总数为 3384 个，总面积约 400 万 km^2，占地球表面积的 2.67%（Green and Paine，1997）。

在我国，与“国家公园与保护区”关系最为密切的用地为风景名胜区和自然保护区。相关的保护性用地还包括“生物圈保护区”“世界遗产”“国家地质公园”“国家森林公园”等[⑥]。截至 2002 年 11 月，我国已建立风景名胜区 689 个，其中国家级风景名胜区 151 个，省级风景名胜区 490 个，市（县）

① 英文原文为：“by some great protecting policy of government...in a magnificent park……A nation'spark，containing man and beast，in all the wild [ness] and freshness of their nature's beauty!”

② 所以也有个别学者认为美国的第一个国家公园是约塞米蒂，而不是黄石国家公园。

③ 黄石公园之所以由美国联邦政府直接管理，是由于在该地区当时没有联邦政府可以相信的地方政府。否则世界上第一个国家公园的可能还要晚上若干年。

④ 原文为：“as a public park or pleasuring-ground for the benefit and enjoyment of the people.”（Barry Mackintosh，2000）。

⑤ 上述概念参见第 2.3 节内容。

⑥ 风景名胜区、自然保护区、生物圈保护区、世界遗产、国家地质公园、国家森林公园等在用地上经常存在交叉。

级风景名胜区48个。总面积占国土面积的1%以上（赵宝江，2002）。到2001年底，全国自然保护区达1551个，总面积为12989万hm^2，占陆地国土面积的12.9%。其中国家级自然保护区171个，省级自然保护区526个，地市级自然保护区269个，县级自然保护区585个（白剑峰，2002）①。目前，全国共有人与生物圈保护区22处，世界遗产28处，国家地质公园44处，国家森林公园439处（王学健，2002）。从上面的数字，我们可以看到，目前全国拥有的各类保护性用地约2773处，单是风景名胜区和自然保护区两项面积之和就占到国土面积的14%。

14%的国土面积，相当于22500多个北京古城的面积，单从数字上来讲，其地位已经不言自明，何况这些土地还都是浸透着中华民族自然灵血的资源，是中华大地皇冠上的明珠，是中华文明的历史见证。那么这些珍贵的资源目前的保护和管理状况如何呢？让我们看一看2002年的一些媒体报道——

“将最优美景点纳入帐下，中国首富十亿包装桂林山水”“刘永好吃定桂林山水”……上周多家媒体报道说，新希望集团董事长刘永好与阳朔县政府签订了漓江支流——八公里遇龙河及遇龙河畔303亩土地50年经营权的框架协议，计划在这303亩的土地上开发旅游房地产，建小别墅出售或出租。新希望集团还签下了桂林山水中最著名的月亮山风景区以及榕树公园、美女梳妆、骆驼过江等一批最好景点50年的租赁协议。

——包月阳，《中国经济时报》，2002年4月24日

今年5月初，湖北省在香港召开的鄂港经济合作洽谈会上，十堰市旅游局局长李华山就十堰市所辖的武当山旅游招商引资向社会发布信息：将以合资、合作、拍卖、参股、转让、租赁、承包等方式转让武当山部分景点旅游项目的经营权，允许投资商控股51%至55%，经营年限可达50至70年……针对有关媒体报道“湖北4亿元要‘卖掉’武当山”的说法，李华山解释道：根据总体规划，目前武当山有8大具体项目亟待开发：太子坡景区旅游综合开发需投资8980万元；五龙宫景区生态旅游区开发，需投资4500万元；琼台景区武当文化村建设项目，需投资5000万元；金花树旅游度假村，需投资4000万元；武当武术馆建设，需投资3500万元；实施九道河生态旅游区开发，需投资3000万元；武当旅游商品开发，需投资2000万元；玉虚宫遗址公园，需投资8000万元，这8大项目总投资约4亿元，采取独资、合资、

① 截至2002年12月，全国林业系统建立各类自然保护区1405处，总面积1.09亿hm^2，占国土面积的10.8%，其中林业系统内的国家级自然保护区134个（彭俊，2002）。

合作开发均可。

——新华社，2002 年 6 月 10 日

世界自然遗产这块金字招牌，曾为张家界武陵源每年带来数百万游客，其景观被人誉为“无价的地理纪念碑”。然而，由于景区过度开发，严重污染了自然环境，破坏了风景资源。1998 年，充斥在武陵源景区内的宾馆等建筑面积已超过 36 万 m^2，违章建筑面积 3.7 万 m^2。著名景点锣鼓塔容纳了一座“宾馆城”，美丽的大峡谷金鞭溪每天被迫接受千吨污水，景区甚至濒临被“摘牌”①的境地。如今张家界为拆迁安置和植被恢复项目要投入 2 亿多元。

——新华社北京 2002 年 9 月 17 日电（“新华视点”记者陈芳）

北京的著名风景名胜区——香山，目前正遭受房地产开发商的大肆蚕食。据悉，位于香山南麓，占地面积 5.01hm^2，总建筑面积为 3.4 万 m^2 的“香山艺墅”，将建造 128 栋别墅。目前，有意购买的客户已经超过 800 多家。与此同时，又有 5 家开发商向市政府提交了开发 10 个别墅项目的计划。一旦这些项目实施，香山周围数十平方公里内将建成上百万平方米的高档别墅区。有关开发商声称：要把香山这个全国闻名的风景名胜游览区“变成北京第二个富人聚居区”。

——《21 世纪经济导报》2002 年 8 月 12 日

虽然媒体的报道可能不尽准确、全面，但其反映的现象与趋势却是毋庸置疑的，也是令人极为担忧的。中国的保护性用地正在被蚕食和损害，如不采取果断、坚决和有效的措施，这种现象还会扩大，速度还会加剧。这就是本论文研究所处的国际和国内背景。

1.2　研究目的

论文研究的目的是为建立完善中国国家公园和保护区体系提供理论基础

① 被“摘牌”一说不确切，实际上，是被列入《濒危世界遗产清单》（作者注）。

并积累实践经验。目标包括以下3项：

1. 分析世界国家公园与保护区运动的发展趋势，并重点解剖美国国家公园体系，总结其经验教训。

2. 归纳中国国家公园和保护区体系的管理现状，针对所发现的问题，提出建立完善中国国家公园和保护区体系的战略方针和政策建议。

3. 提供滇西北（区域）和位于滇西北内的梅里雪山（示范点）的研究案例，为更广泛和更深入的实践提供不同空间尺度的实践经验。

1.3 研究内容框架

论文主体部分由理论篇和实践篇组成。

理论篇包括3个层次的内容。第一个层次，回顾了世界范围的国家公园和保护区运动，包括国家公园运动的缘起和发展现状、国家公园和保护区的相关概念，以及世界性国家公园运动在思想认识和技术方法方面的新进展，目的是为中国的国家公园和保护区体系在世界国家公园运动的坐标系中确定位置，并为中国国家公园和保护区体系最终与世界接轨奠定基础。第二个层次，对美国国家公园体系进行了较为深入的研究。首先是介绍美国国家公园体系的演变过程、基本构成；其次从立法、规划和管理3个方面详细介绍了美国国家公园体系的基本情况；最后对美国国家公园体系发展中的经验教训进行了总结。美国国家公园体系是世界性国家公园运动的源头，在其发展过程中遇到了许多问题和矛盾，其中有许多正是我们国家目前所面对的。因此对美国国家公园体系的研究可以为建立完善中国国家公园和保护区体系提供有益的借鉴。理论研究的第三个层次是对中国国家公园和保护区体系自身的研究。可分为两个部分：首先是中国保护性用地现状和问题的研究；其次是解决问题的对策研究。论文以系统论为理论依据，将中国国家公园和保护区体系作为一个开放复杂巨系统，对其组成要素、结构和功能进行了全面分析。同时以控制论、管理学的相关知识为指导，结合世界国家公园运动的发展趋势和美国国家公园体系的经验教训，在对两个相互关联的案例研究基础上，提出了建立和完善我国国家公园和保护区体系的战略方针和政策建议。

实践篇包括区域实践和示范点实践两个案例，它们都是作者作为项目负责人所承担的具体项目。区域实践案例是滇西北国家公园和保护区体系建设规划研究，示范点案例是上述滇西北区域体系中的一个示范项目，即梅里雪山风景名胜区总体规划技术研究。在第一个实践项目中，根据理论研究的成果，尝试建立一个区域性的国家公园和保护区体系，从而在宏观层次上为建立完善整个国家的国家公园和保护区体系积累经验。在这个研究中，作者首先对滇西北的资源状况和问题进行了调研，然后从战略定位、建设目标、基本方针、体系组成和空间分布、管理体制和管理政策等方面深入探讨了建立完善滇西北国家公园和保护区体系的各个方面，最后从立法、机构建设、技术、资金和人力资源 5 个方面提出了建立完善滇西北国家公园和保护区体系的行动计划。这个行动计划中的一个重要内容就是建立示范点，而确定的两个示范点之一就是梅里雪山风景名胜区。在梅里雪山风景名胜区示范点案例研究中，作者探讨了新观念、新方法、新技术在梅里雪山风景名胜区总体规划中的应用，并针对资源保护和管理的需要在 7 个方面有所创新，包括：资源保护等级光谱、目标－战略－实施计划 3 层次协同规划体系、管理政策分区规划、分区规划图则、解说规划、社区规划、管理体制和规划管理信息系统。示范点案例研究的目的是从微观层次、规划技术层面为建立、完善中国的国家公园和保护区体系积累实践经验。

论文的最后一部分是结论，即对论文的创造性成果进行了概括性的总结。论文框架和流程详见图 1-1。

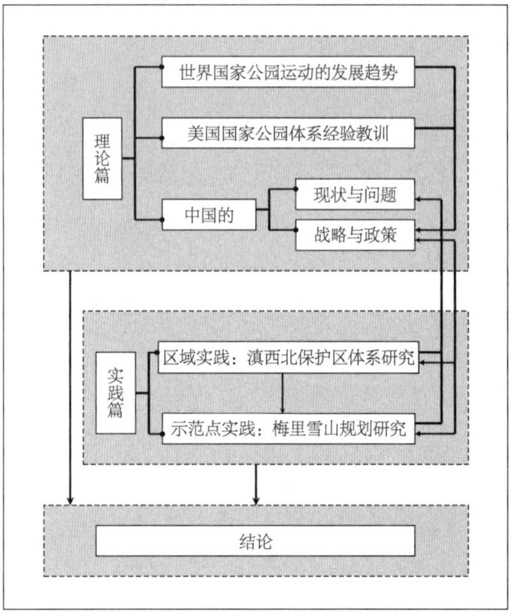

图 1-1 研究内容与框架

Chapter Two

第 2 章 世界国家公园与保护区运动发展趋势

2.1 国家公园在美国的发展

继黄石国家公园之后，美国国会在19世纪90年代和20世纪10年代又相继建立了五个国家公园，包括：萨克尔国家公园（Sequoia NP，1890）、约塞米蒂国家公园（Yosemite NP，1890）①、瑞尼尔山国家公园（Mount Rainier NP，1899）、科瑞特湖国家公园（Crater Lake NP，1902）和格莱希尔国家公园（Glacier NP，1910）（Mackintosh，2000）。

19世纪后期，美国出现了在公共土地上保护史前印第安废墟（Prehistoric Indian Ruins）和其他史前文物的趋势。国会首先采取行动保护上述遗产，如在1889年对亚利桑那州的凯撒格朗特废墟的保护。1906年创立了梅萨沃德国家公园（Mesa Verde NP），该国家公园内有珍贵的卡罗莱那州（Colorado）西南部的崖居。同样是在1906年，美国通过了《古迹法》（*Antiquities Act*），授权总统以文告形式设立国家纪念地（National Monuments），由联邦政府管辖那些“历史地标（Historic Landmark）、史前构筑物（Prehistoric Structures）和其他具有历史和科学价值的遗产”（Mackintosh，2000）。

西奥多•罗斯福总统（President Theodore Roosevelt）充分利用这一授权，在他离任之前宣布了18个国家纪念地。它们不仅包括文化遗产，如新墨西哥州拥有史前岩雕和历史性碑刻（petroglyphs and historic inscriptions）的爱尔莫罗（El Morro）以及亚利桑那州以崖居闻名的蒙特珠玛城堡（Montezuma Castle），同时也包括一些自然遗产如怀俄明州的魔鬼塔（Devils Tower），亚利桑那州的石林（Petrified Forest）和大峡谷（Grand Canyon）。美国国会在随后的时期里先后将石林、大峡谷和其他许多国家纪念地升格为国家公园（Mackintosh，2000）。

从国家公园概念的产生及其最初的发展，我们可以得出以下结论：第一，国家公园的概念是在人类大规模开发大自然的背景下或者说压力下诞生的，最原始的概念是想保护印第安文明、野生动植物和荒野，但并不排斥人类因素；第二，美国国会在国家公园的创立方面发挥了主导性因素②；第三，国家公园是一个生长中的概念，在美国最初的30年间，由国家纪念地发展到国家公园。在随后的一百多年间，又发展到20个相关的概念，379个单位③。

① 由于加州政府对约塞米蒂管理不力，联邦政府于1890年将其收回直接由内政部管辖。由此可见地方政府与中央政府之间的关系一直是美国国家公园运动发展史上的重要一环。

② 当然这与院外集团的游说是分不开的。在黄石国家公园的创立过程中，铁路公司和环保主义者曾联手游说国会。这部分内容将在第3章展开。

③ 参见第3章的有关内容。

2.2　国家公园在其他国家和地区的发展

紧随美国之后，加拿大于 1885 年、澳大利亚于 1879 年、新西兰于 1887 年分别建立了它们各自的国家公园。1930 年前后国家公园运动漂洋过海：南非于 1926 年、日本于 1931 年相继建立了各自的第一个国家公园。但应该注意到的是，国家公园运动大规模的发展是在第二次世界大战以后尤其是从 20 世纪 50 年代以后，随着战后经济地逐步复苏和各国人民收入地不断提高，旅游业开始蓬勃发展，游憩需求日益增大。在这种情况下，已设置国家公园的国家开始扩大国家公园的数量，而南美洲、亚洲和非洲等许多发展中国家也相继建立起自己的国家公园体系（黄耀雯，1998）。

2.3　国家公园相关概念

2.3.1　对国家公园的不同认识

由于经济发展程度，土地利用形态，历史背景以及行政体制方面的不同，世界各国对国家公园的认识，包括名称、内涵、标准、管理机构等方面，在其发展的最初几十年间，也有相当大的区别。例如欧洲国家，像英国、荷兰、卢森堡等，由于土地有限，农业发展历史悠久，原始自然景观已难寻觅，常将风景优美的自然地区及农业、牧业用地划为“自然公园”，这类地区英国也称之为“国家公园”，实际上它们以提供国民户外游憩活动为主，而不在于自然保护，面积上一般也较小（黄万居，1985；游汉廷，1985）。英国的情况在欧洲甚至在日本都具有普遍意义。

日本于 1931 年颁布了《国家公园法》，目的是把突出的风景区保护成国家公园，以促进旅游业的发展。1934 年确定了第一批共 3 个国家公园，第二次世界大战前又确定了 9 个国家公园。在此基础上于 1957 年颁布了《自然公园法》，在该法中将自然公园分为 3 类：国家公园、准国家公园①和县自然公园。实际上后两类与欧洲的自然公园十分类似，都是以提供国民室外休闲活动场所为主（Nakagoshi and Numata，1994；黄万居，1985；游汉廷，1985）。

与欧洲和日本不同，北美的国家公园一开始就强调对荒野（Wildness）的保护。这是因为美国和加拿大都属于地广人稀、农业畜牧业发展较晚的国家，因此有大片的原始景观存在。对原始性的保护从一开始就占据重要地位，这是它们与欧洲和日本的区别所在。

非洲的国家公园与欧洲相比，是另一个极端。它们将大面积的野生动物保护区开放观光，也称为"国家公园"。面积巨大，管理粗放是非洲国家公园的特点。

2.3.2 国家公园和保护区体系

上述情况的存在，使得 20 世纪 60 年代以前关于国家公园及保护区的认识与概念十分混乱，不利于世界国家公园运动的健康持续发展。有鉴于此，联合国教科文组织（UNESCO）和世界保护联盟（IUCN）经过近 40 年的努力，终于于 1969 年在新德里的 IUCN 第十次大会上初步统一了国家公园的内涵，并将其发展成为以国家公园为代表的"国家公园和保护区体系"。随后的几次会议上对国家公园与保护区的概念进行了修改与完善。最新的定义是世界保护联盟 1994 年的版本，这个定义被世界上 100 多个国家广泛认可。

世界保护联盟基于管理目标的不同划定了保护区的不同类别。保护区共分为 6 类，从第Ⅰ类到第Ⅵ类，是按允许在保护区内人类利用程度的递升顺序排列的（图 2-1）②。

Ⅰa 类：严格自然保护区（Strict Nature Reserve）。管理目标为供科学研究所用。定义：严格自然保护区是指那些陆地和（或）海洋地区，它们拥有杰出的或有代表性的生态系统、地质学或生理学（Physiological）上的特征和（或）种类，主要为科学研究和（或）环境监测服务。

Ⅰb 类：荒野保护区（Wildness Area）。主要管理目标为保护荒野资源。定义：荒野保护区是指那些广阔的陆地和（或）海洋地区，其自然特性没有或只受到轻微改变。区内没有永久性的或明显的（人类）居住场所，保护与管理的目的是为了保存这些地区的自然状况。

① 也有人称之为国定公园。

② 作者翻译自"*Guidelines for Protected Area Management Categories*"(IUCN, 1994)。

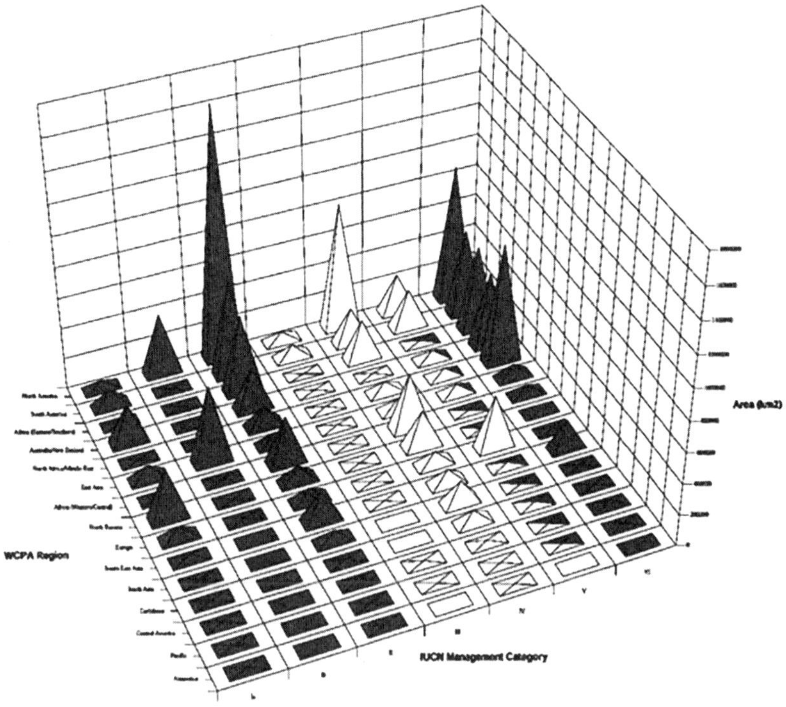

Figure 6　Extent of protected areas within WCPA regions, classified by IUCN management category

图 2-1　国家公园和保护区分类分区分布
（资料来源：IUCN：*Guidelines for Protected Area Management Categories*）

Ⅱ类：国家公园（National Park）。主要管理目标为保护生态系统和提供游憩机会。定义：国家公园是指那些陆地和（或）海洋地区，它们被指定用来（a）为当代或子孙后代保护一个或多个生态系统的生态完整性；（b）排除与保护目标相抵触的开采或占有行为；（c）提供在环境上和文化上相容的精神的、科学的、教育的、娱乐的和游览的机会。

Ⅲ类：天然纪念物保护区（Natural Monument）。管理目标为保护特殊的自然地貌。定义：天然纪念物保护区是指那些拥有一个或多个具有杰出或独特价值的自然或自然 / 文化特征的地区。这些特征来源于它们固有的稀缺性、代表性、美学品质或文化上的重要性。

Ⅳ类：栖息地 / 种群管理地区（Habitat/Species Management Area）。管理目标为通过积极的管理措施保护特定物种种群。定义：栖息地 / 种群管理地区是指那些陆地或海洋上的区域，在这些区域内通过积极的管理行为的介入用以确保（特定物种种群的）栖息地和（或）满足特定物种种群的需要。

Ⅴ类：陆地 / 海洋景观保护区（Protected Landscape/Seascape）。管理目标为保护陆地 / 海洋景观和提供游憩机会。定义：陆地 / 海洋景观保护区是指那些包括适当的海岸或海洋的陆地区域。由于人类和自然长时间的相互作用，使得这些区域变成一个具有重要的美学、生态学和（或）文化价值，同时经常也是生物多样性密集的、具有不寻常特征的地区。在这些地区内，保护这些相互作用对于保护、保持和进化这些地区是至关重要的。

Ⅵ类：受管理的资源保护区（Managed Resource Protected Area）。管理目标主要是为了实现对生态系统的可持续性利用。定义：受管理的资源保护区是指这些区域，它们包含没有受到严重改变的自然系统。可以通过管理来保护和保持这些地区的生物多样性；同时为了满足社区的需要，在可持续性原则下，允许提供自然产品和服务。

2.3.3 世界遗产

国家公园运动中另一个很重要的概念是世界遗产（World Heritage）。它是人类遗产由国家意义走向世界意义，由国家行动走向国际合作的重要里程碑。

世界遗产的概念是在第二次世界大战后出现的。它的发展来源于两条主线：一条是对濒危文化资源地的保护；另一条主线是对自然的保护。第一个引起国际广泛关注的濒危文化资源地是在埃及。事情起源于阿斯旺高坝（Aswan High Dam）的建设将会淹没埃及古文明的重要标志之一——阿布辛贝尔神庙（Abu Simbel Temples）。1959 年，应埃及和苏丹政府的请求，联合国教科文组织（UNESCO）决定发起一项国际运动拯救这一宝贵的历史遗迹，最终阿布辛贝尔神庙和费雷神庙（Philae Temples）被解体（Dismantled），并被迁移到干燥的高地重新组装（Reassembled）。

对阿布辛贝尔神庙的拯救运动大约花费了八千万美元，资金的一半来源于五十多个国家，从而显示了国际责任在保护杰出文化资源方面的重要性。这一拯救运动的成功导致了对其他少数具有世界意义的文化资源的保护，如意大利的威尼斯、巴基斯坦的莫恩角大罗（Moenjodaro）和印度尼西亚的巴罗巴德（Borobodur）。随后由联合国教科文组织发起，在国际古迹遗址理事会（the International Council on Monuments and Sites——ICOMOS）的帮助下准备起草一份宪章以保护世界珍贵文化遗产。

将自然遗产保护与文化遗产保护相结合的想法来源于美国。1965 年，美国白宫举行的一次会议呼吁建立“世界遗产基金”（World Heritage Trust）以促进国际合作，“为当代和后代的世界公民保护那些杰出的自然、风景和历史地区”[①]。1968 年世界保护联盟（IUCN）也提出了类似的建议。这些建议提交到 1972 年在斯德哥尔摩举行的以“人类环境”为主题的联合国大会。1972 年 11 月 16 日，联合国教科文组织第十七次会议在巴黎通过了《保护世界文化与自然遗产公约》（*The World Heritage Convention*）（UNESCO，2000）。

《保护世界文化与自然遗产公约》对文化和自然遗产的定义分别如下。

在公约中，以下各项为“文化遗产”：

文物：从历史、艺术或科学角度看具有突出的普遍价值的建筑物、碑雕和碑画、具有考古性质的成分或结构、铭文、洞窟以及联合体；

建筑群：从历史、艺术或科学角度看，在建筑式样、分布均匀或与环境景色结合方面，具有突出的普遍价值的单立或连接的建筑群；

遗址：从历史、审美、人种学或人类学角度看具有突出的普遍价值的人类工程或自然与人联合工程以及考古地址等地方。

在公约中，以下各项为“自然遗产”：

从审美或科学角度看具有突出的普遍价值的由物质和生物结构或这类结构群组成的自然面貌；

从科学或保护角度看具有突出的普遍价值的地质和自然地理结构以及明确划为受威胁的动物和植物生境区；

从科学、保护或自然美角度看具有突出的普遍价值的天然名胜或明确划分的自然区域。

2.3.4　生物圈保护区

生物圈是指地球表面的一层，其底部在太平洋最深处，大约为海平面以下 11km，顶部大约在大气层距地面 18km 的地方，总共不到 30km。这里有水、空气、土壤和阳光，温度比较适中，能够维持生命。生物圈是人类生存和活动的基地，它不仅构成人们生活的环境，还是资源的主要来源。人类要在地球上生存和发展，就必须保护好生物圈，珍惜现有的各种资源，充分利用生态系统的相互作用，让资源能够有效的循环使用。

① 英文原文为：to protect "the world's superb natural and scenic areas and historic sites for the present and the future of the entire world citizenry"。

1970年联合国教科文组织通过了“人与生物圈计划”（简称MAB计划），它是针对人口、资源与环境问题发起的一项政府间的国际科学研究计划。1971年计划开始执行以来，已有100多个国家和地区参加了这项计划。30多年来，先后有10000多名科学家直接参加了研究工作，研究课题数超过1000项。世界各国建立的具有不同代表性的生物圈保护区已经有200多个，形成了一个全球性的生物圈保护网。此项计划的实施，将增进人类对整个生物圈的了解，加强对各种区域生态结构和功能的系统研究，帮助预测人类活动将如何影响生物圈和资源，以及生物圈和资源的变化又对人类产生什么样的影响。研究成果将为合理利用和保护生物圈资源，保存遗传基因的多样化，以及改善人类与环境的关系提供科学依据。

“生物圈保护区”的产生是为了解决保护生物多样性与生物资源可持续利用之间的关系。生物圈保护区的概念于1974年由联合国教科文组织“人与生物圈”的一个工作小组提出，是指得到国际上承认的“陆地生态系统和沿海/海洋生态系统的综合地带”。具体来说，每个生物圈保护区应包括3个部分：一个或几个核心区、一个具有明确边界的缓冲带、一个灵活的过渡区（或合作区域）。核心区是根据明确的保护目的，受到严格保护或极少受到人为干扰的生态系统，该区只能从事对生态系统没有什么干扰的研究和其他影响较小的活动（例如教育）。缓冲带通常环绕核心区或与核心区毗邻，可用于开展与生态实践相应的合作活动，包括环境教育、娱乐、生态旅游与基础研究。过渡区可包括各种农业活动、居民区和其他开发活动。在这一区域中，当地社区、管理部门、科学家、政府组织、文化团体、经济股权业和其他合作者可为管理和持续开发该地的资源通力合作。虽然这三个地带起初被构想为一系列同心圆，但为适应当地的条件和需要，最后则是按多种不同的形式建立的。事实上，生物圈保护区概念的一个强大功能就在于其在实施时根据各种不同的情况所表现出来的灵活性和创造性。

1976年“人与生物圈计划”开始建立生物圈保护区网络，1992年后，“人与生物圈计划”的重点集中于通过生物圈保护区网络的建设来研究和保护生物多样性，促进自然资源的可持续利用。截至1995年3月，该网络已拥有分布在82个国家的324个保护区。2001年全球有411个保护区列入“世界生物圈保护区网”，分布在94个国家。

2.4 世界国家公园运动发展趋势

2.4.1 思想认识方面的进步

2.4.1.1 保护对象：由视觉景观保护走向生物多样性保护

从 1872 年到 2002 年的 130 年间，世界国家公园运动的一个发展趋势是保护对象的扩展与变化，即保护对象由视觉景观保护走向生态系统和生物多样性的保护，由单一陆地保护走向陆地与海洋综合保护。1872 年到 20 世纪 60 年代的近 100 年间，世界上的国家公园主要是保护视觉美学价值，因为在此期间，人类尤其是公众对生态系统和生物多样性与人类的关系认识得还不够深刻。直到 20 世纪 60 年代，随着环境保护运动地蓬勃开展，国家公园的保护对象也发生了巨大的变化，生态系统和生物多样性保护成为重要的保护内容。具有说服力的例子是 1969 年 IUCN 通过的国家公园定义将国家公园的管理目标定义为两项：保护生态系统和提供游憩机会。

2.4.1.2 保护方法：由消极保护走向积极保护

130 年间，国家公园在保护方法方面也走过了一些曲折的道路。保护方法从绝对保护走向相对保护，从消极保护走向积极保护。在 20 世纪 30 年代，保护主义者曾经提出一种排斥人类的保护方法，也就是说，将保护区的整个管理范围圈起来完全保持自然的原始状态和自然过程，认为人类的介入只会对资源保护起到负面的作用。这种消极的、绝对的保护方法后来遭到了摒弃，因为这种方法是不现实的，尤其是在一些发展中国家或经济落后的国家：在国家公园相关社区的温饱还没有解决的情况下，资源保护的目标是不可能顺利实现的。另一方面，随着 LAC①理论、分区管理等技术和方法的出现与发展，国家公园和保护区是可以通过技术手段在一定程度上实现“保护与利用统筹”这一目标的。

2.4.1.3 空间结构：由散点状走向网络化

最初的几十年间，对国家公园和保护区的保护是属于“散点状”的，也

① 参考 2.4.2 的内容。

就是将它们作为一个个“岛屿”孤立起来进行保护。随着生态学的发展，科学家们发现，“岛屿式”的保护只适合那些以美学价值为主的地质地貌保护区。如果要保护生物多样性和生态系统，“岛屿式”保护就显示出很多缺点。由此，产生的一个趋势就是对国家公园和保护区的保护从散点状走向网络状，也就是说在保护一个国家公园和保护区时，要考虑它与周围保护区之间的生态联系，将它作为保护区网络的一部分加以考虑，并使它与别的保护区实现管理信息的共享。

2.4.2 技术方法方面的进步

130年来，国家公园和保护区在保护、规划和管理技术等诸方面取得了很多进展，这些进展使得上述思想认识方面的进步得以实现。有关的技术主要是以下7种：

2.4.2.1 LAC理论

LAC理论，英文全称为“Limits of Acceptable Change”，中文可译为“可接受的改变极限”。它是从游憩环境容量概念中生长出来的一种理论，用于解决国家公园和保护区中的资源保护与利用问题。20世纪90年代以后广泛应用于美国、加拿大、澳大利亚等国家国家公园和保护区的规划和管理之中，取得了很好的效果。

环境容量的概念最早出现于1838年，是由比利时的数学生物学家P. E•弗胡斯特（P. E. Forest）提出的，随后被应用于人口研究、环境保护、土地利用、移民等领域。与国家公园和保护区相关的游憩环境容量（Recreation Carrying Capacity）提法最早出现在20世纪30年代中期，当时美国国家公园局呼吁对国家公园的承载力（Carrying Capacity）或饱和点（Saturation Point）进行研究，但直到30年后的1964年，对游憩环境容量的系统研究才真正出现。这一年，美国学者韦格（J. Alan Wagar）出版了他的学术专著《具有游憩功能的荒野地的环境容量》。韦格认为，游憩环境容量是指一个游憩地区能够长期维持旅游品质的游憩使用量。1971年里蒙（Lim）和史迪科（George H.Stankey）提出：游憩环境容量是指某一地区，在一定时间内，维持一定水准给旅游者使用，而不破坏环境和影响游客体验的利用强度。1971年，里蒙和麦宁（Manning）建议将环境容量分成如下4种类型进行研究：生物物理容量（Biophysical Capacity）、社会文化容量（Social-cultural Capacity）、心理容量（Psychological Capacity）和管理容量（Managerial Capacity）。20 世纪 60 年代～20 世纪 80 年代，尤其是 20 世纪 60 年代至 20 世纪 70 年代，是游憩环境容量研究的高峰年代。到 20 世纪 70 年代末，美国的主要大学几乎都有学者研究环境容量问题，发表的论文达数千篇之多。

也就是在这一时期，研究者们发现环境容量虽然是一个很好的、很诱人的概念，但如果将环境容量简单地理解成数字问题或数学计算的话，在实践中往往得到失败的结果。因为环境容量作为一个数字来讲，变量太多，很难得到一个准确的答案。而一旦在管理过程中依据一个不科学也不准确的答案，其后果却是很难预料的。至少有 4 个原因使得确定环境容量的数据变得很困难：

1. 环境容量体系很复杂：笔者曾将环境容量分为 18 个子容量，每一个子容量都包括很多变量，这几乎不可能计算出一个准确甚至较为准确的环境容量数据。

2. 游客的旅游目的不同：而不同的游客体验需求会产生不同的环境容量数字。

3. 只要有使用，环境就会产生变化，困难在于人们很难确定“多大的变化是太大的变化（How Much is Too Much）”（Hendee et al. 1978）。

4. 应用游客人数作为环境容量的唯一指标是有问题的，因为即使是在游客人数相同的情况下，不同的游客行为、小组规模、游客素质、资源状况、时间和空间等因素对资源的影响也会有很大的区别。

为了把上述问题说清楚，我们打一个比方，为了保护两片草种相同、面积均为 1000m^2 的草地，规定每小时每片草地的环境容量是 100 人。第一片草地进入的是 100 名躺在草地上读书的人，第二片草地上进入的是 100 名扭秧歌的人，1 小时过后，我们可以看到对草地不同的影响结果。这是不同的行为类别对环境容量的影响。接着打比方，两片同样为 1000m^2 的草地，一片为耐践踏的野牛草，另一片为娇嫩的百慕大草，同样规定每小时每片草地的环境容量是 100 人。假定两片草地进去的全是 100 名扭秧歌的人，他们的行为方式也完全相同，1 小时后两片草地的保护状况还是会有很大的不同。这是资源敏感度对环境容量的影响。进一步假设，两片同样为野牛草的 1000m^2 草地，使用者还是各 100 名扭秧歌的人。第一片草地上的 100 人为一个大组，集中在 100m^2 的场地内的活动；第二片草地上的 100 人分成10个小组，每个小组10人进行活动，每个组占用 $100m^2$ 的空间。1小时后这两片草地受到的破坏还是不同。这是空间分布对容量的影响。再来假设，还是两片草地，同样为野牛草，使用者还是那些扭秧歌的人，同样规定环境容量为1小时100人，两边草地上的人都是100人一个大组，第一片草地上的人进去20分钟就出来了，第二片草地上的人整整玩足了1小时，同样的环境容量下，对草地的破坏还是不同。这是时间因素的影响。最后一个假设，所有其他因素全部相同，两片草地分别由不同的管理者管理。第一片草地的管理者认真而严格，只允许穿软底鞋的人进入；第二片草地上的管理者不认真，皮鞋、钉鞋，穿什么样鞋的人都让进去，1小时后两片草地遭破坏的情况还是会有很大不同。这是管理水平对资源状况的影响①。

从上面的数据分析我们可以看到，仅将环境容量作为一个数据控制的话，并不能达到有效保护资源的目的。正是因为环境容量作为一个数据，在实践中的可操作性很不理想，国外的学者们开始反思，也开始研究解决环境容量问题（实际上也就是资源保护与旅游利用之间矛盾）的新思路。LAC理论就是在这种背景下产生的史迪科（Stankey，1980）。提出了解决环境容量问题的3个原则：

1. 首要关注点应放在控制环境影响方面，而不是控制游客人数方面；

2. 应该淡化对游客人数的管理：只有在非直接（管理游客）的方法行不通时，再来控制游客人数；

3. 准确的监测指标数据是必须的，这样可以避免规划的偶然性和假定性。

史迪科的贡献在于他将人们从“计算”环境容量的泥潭中拉了出来，重新审视环境容量这个概念所要解决的问题。环境容量所要解决的问题是资源保护和利用之间的关系。环境容量作为一种数据本身并不是目的，它只是解决保护与利用问题的一个手段。环境容量作为一个概念是一个很伟大的发现，因为它提出了“极限”这一概念，即任何一个环境都存在一个承载力的极限。但要说明的是，这一极限并不单是指游客数量的极限，更是指环境受到影响的极限。游客数量仅是解决资源保护与旅游利用之间关系的一个方法，而不是唯一方法。LAC理论就是在对环境承载力概念的继承和对环境容量模型方法的革命性批判中产生的。

虽然对LAC的系统研究和广泛应用是从20世纪80年代中期开始的，

① 受Stankey等人比喻的启示。Heedee John C, Stankey George H, Lucas Rober C, Wilderness Management 2nd, North American Press.

但 LAC 的概念在 20 世纪 60 年代就已经出现了，只是刚开始并没有引起人们的广泛关注而已。“可接受的改变极限（Limits Of Acceptable Change）”这一用语是由一位名叫佛里赛（Frissell，1963）的学生于 1963 年在他的硕士学位论文中提出来的。佛里赛认为：如果允许一个地区开展旅游活动，那么资源状况下降就是不可避免的，也是必须接受的。即使是很低强度的旅游活动，也必然会对环境造成负面影响。关键是要为可容忍的环境改变设定一个极限，当一个地区的资源状况到达预先设定的极限值时，必须采取措施，以阻止进一步的环境变化。1972 年这一概念经佛里赛和史迪科进一步发展，提出不仅应对自然资源的生态环境状况设定极限，还要为游客的体验水准设定极限，同时建议将它作为解决环境容量问题的一个替选方法。1984 年 10 月史迪科等发表了题为《可接受改变的极限：管理鲍勃马苏荒野地的新思路》的论文，第一次提出了 LAC 的框架。1985 年 1 月，美国国家林业局出版了包括史迪科在内的几位专家撰写的题为《荒野地规划中的可接受改变理论》的报告，这一报告更为系统地提出了 LAC 的理论框架和实施方法。

LAC 理论基本框架的 9 个步骤[①]：

1. 确定规划地区的课题与关注点

包括：（1）确定规划地区的资源特征与质量；（2）确定规划中应该解决哪些管理问题；（3）确定哪些是公众关注的管理问题；（4）确定规划在区域层次和国家层次扮演的角色。这一步骤的目的是使规划者更深刻地认识规划地区的资源，从而对如何管理好这些资源得出一个总体概念，并将规划重点放到主要的管理课题上。例如对于鲍勃马苏荒野地来说，这样的课题还包括游憩运动用品商店的位置、人马驿道的管理、濒危物种的管理以及有限体验机会的提供等。

2. 界定并描述旅游机会种类

每一个规划地区内部的不同区域，都存在着不同的生物物理特征、不同的利用程度、不同的旅游和其他人类活动的痕迹，以及不同的游客体验需求。上述各个方面的多样性，要求管理也应该根据不同区域的资源特征、现状和游客体验需求而有所变化。机会种类用来描述规划范围内的不同区域所要维持的不同的资源状况、社会状况和管理状况。需要特别强调的是，旅游机会的提供必须与规划地区的总体身份相协调。例如，如果一个规划地区是国家公园，则所有的旅游机会必须与国家公园的目标相一致。旅游机会的界

① 根据 Heedee John C, Stankey George H, Lucas Rober C, Wilderness Management 2nd, North American Press. 第 9 章的相关内容简述。

定并不能成为破坏国家公园资源的借口。

3. 选择有关资源状况和社会状况的监测指标

指标是用来确定每一个机会类别其资源状况，或社会状况是否合适，或可接受的量化因素。因为在实践中，不可能测量每一个资源或社会特征的所有指标。LAC 理论的创始者们建议选择指标时应该注意以下原则：(1) 指标应该反映某一区域的总体“健康”状况；(2) 指标应该是容易测量的。举例来说，资源状况指标可以是某一宿营地裸露地面的百分数，社会指标可以是每一个旅游团，每天碰到的其他旅游团的数目。指标是 LAC 框架中极为重要的一环。需要注意的是，单一指标不足以描绘某一特定区域的资源和社会状况，应该用一组指标来对相应的地区进行监测。

4. 调查现状资源状况和社会状况

现状调查是规划中一项费时的工作，LAC 框架中的现状调查，主要是对步骤 3 所选择出的监测指标的调查。当然也包括其他一些物质规划必要因素的调查，如桥梁、观景点等。调查的数据将被标示在地图上，这样，资源的状况和各指标所处的空间位置就会一目了然。现状调查也能为规划者和管理者制定指标的标准提供依据。

5. 确定每一旅游机会类别的资源状况标准和社会状况标准

标准是为指标确定的，每一项指标都有相应的标准。标准是指管理者“可以接受的”每一旅游机会类别的每一项指标的极限值。举例来说，如果指标为某一宿营地裸露地面的百分数，则 40% 可能是这一指标的标准；如果指标是每一个旅游团，每天碰到的其他旅游团的数目，则 10 个旅游团是该指标的数目。符合这一标准，则表示这一地区的资源状况和社会状况（主要是游客体验状况）是可以接受的，是“健康的”。一旦超过这一标准，则应启动相应的措施，使指标重新回到标准以内。步骤 4 是确定标准的重要基础，因为标准必须是现实和可实现的，同时应该好于现实状况，这种比较必须通过步骤 4 来实现。此外标准在恢复某一地区的过程中也会扮演十分重要的角色。

6. 制定旅游机会类别替选方案

一般来说，一个国家公园或保护区，可以采取不同的空间分布而都不违背国家公园或保护区的性质。第 6 个步骤就是规划者和管理者根据步骤 1 所确定的课题、关注点和步骤 4 所确定的现状信息，来探索旅游机会类别的不同空间分布。不同的方案满足不同的课题、关注点和价值观。

7. 为每一个替选方案制定管理行动计划

步骤 6 确定替选方案，只是制定最佳方案的第一步。管理者和规划者应该知道从现实状况到理想状况的差距有多大，还需知道必须采取什么样的管理行动才能达到理想状况。从某一种角度来讲，在步骤 7 中，应该为每一个替选方案进行代价分析。举例来说，某一替选方案，可能会建议设立大规模的植被恢复区，但它的代价是不可承受的资金压力，这种情况下，该方案就不可能成为最佳方案。

8. 评价替选方案并选出一个最佳方案

经过以上 7 个步骤后，规划者和管理者就可以坐下来评价各个方案的代价和优势，管理机构可以根据评价的结果选出一个最佳方案。评价应该尽可能多地考虑各种因素，其中第 1 步骤所确定的课题、关注点和第 7 步骤的行动代价，是必须考虑的因素。评价除了能为管理机构的决策提供依据外，也可以为公众的有效参与创造有利条件。

9. 实施行动计划并监测资源与社会状况

一旦最佳方案选定，则管理行动计划开始启动，监测计划也必须提到议事日程上来。监测主要是对步骤 3 中确定的指标进行监测，以确定它们是否符合步骤 5 所确定的标准。如果监测的结果是资源和社会状况没有得到改进，甚至是在恶化的话，应该采取进一步的，或新的管理行动，以制止这种不良的趋势。

LAC 理论的诞生，带来了国家公园与保护区规划和管理方面革命性的变革。美国国家公园局根据 LAC 理论的基本框架，制定了“游客体验与资源保护”技术方法（VERP——Visitor Experience and Resource Protection）；加拿大国家公园局制定了“游客活动管理规划”方法（VAMP——Visitor Activity Management Plan）；美国国家公园保护协会制定了“游客影响管理”的方法（VIM——Visitor Impact Management）；澳大利亚制定了“旅游管理最佳模型”（TOMM——Tourism Optimization Management Model）。这些技术方法和模型在上述国家的规划和管理实践中，尤其是在解决资源保护和旅游利用之间的矛盾上取得了很大的成功。

2.4.2.2　ROS 技术

游憩机会类别（Recreation Opportunity Spectrum，ROS）是解决资源保护与游客体验之间关系的一种技术，它与 LAC 理论紧密相关，可以用它来给不同的游客体验（Visitor Experience）制定目标。游憩机会类别（ROS）是一种描述如何在一个资源保护地内管理不同区域的旅游活动的方法。它的使用前提是假设某些活动最适于在某些区域进行，例如，野外跋涉在相对无人触及的林区进行比在农耕地区进行要更加适合。它还要假设这些活动必须要提供给游客某种体验或机会，比如安静或冒险。举例来说，在坦桑尼亚的乞力马扎罗山（Tanzania's Mt. Kilimanjaro），规划人员建立了一个徒步旅行区，在这一区域里游客人数受到控制，而且游客很少能接触到其他的徒步旅行者；而另一个更加受限制的荒野区域只允许最小限度地使用。在这样的区域里，所有的茅屋和永久性设施都被拆除，只允许搭帐篷露营。由于避免了人类的永久存在，所以那里能提供最安静的感受。

为了区分不同的活动，游憩机会类别系统使用了一种被称为“机会等级”的预先制定好的分类方法。它可以把保护地的自然资源和它们最适合的活动相匹配。例如在一个混合型遗产地，一个空间区域可能是考古旅游，而另一个可能为观鸟旅游。机会等级描述不同分区的理想状态，并为管理目标提供指导方针。在美国，公园和林业管理机构使用的是一套预先制定的机会分类法，它包括原始的、半原始非机械化的、半原始机械化的、乡村的和现代城市的。应用 ROS 的其他国家也都各自设计了与他们具体地区的自然资源相适应的分类法。

每种机会等级都包含一套为游客准备的体验和活动。而且每种都有对生态环境、社会环境和管理环境的指导方针。举例来说，一个被列为原始等级的地区可能就要作为一片荒野继续保持下去，不允许有车辆通行，游客可以在那里尽情体验体能的挑战和安静的感觉。由于这样的地区会吸引游客前来寻找一种野外的体验，所以可以开展一些适当的活动，像背包徒步旅行和划独木舟等运动。

保护地内的乡村地区，例如农田，在机会频谱中，就有不同程度的人类的影响，因而游客希望在那里能接触其他的人，那么类似野外徒步旅行的活动可能在那里就不太适合了。而另一方面，沿着田间道路观察鸟类可能就成为比较合适的旅游活动。

为不同活动服务的基础设施建设和该地区的机会等级是密切相关的。游憩机会类别系统能够使基础设施的建设目标和提供给游客的体验协调一致。举例来说，如果旨在提供一种孤独的野外体验，那么只要建设一些最基本的设施就可以了。如果是在有人居住的乡村地区，那么基本设施可能就需要更完善一些，要有满足游客需求的膳宿接待（Author，2002）。

2.4.2.3　VERP 方法

VERP 方法是美国国家公园局根据 LAC 理论和 ROS 技术等开发的一种适用于美国国家公园总体管理规划的方法，它基本上包括 9 个步骤：

1. 组织一个多层次，多学科小组；
2. 建立一个公共参与的机制；
3. 确定国家公园的目标、重要性，首要解说主题，规划主要课题等；
4. 资源评价和游憩利用现状分析；
5. 确定管理政策的不同类别（Zone Description）；
6. 将管理政策落实在空间上（Zoning）；
7. 为每一类分区（Zone）确定指标和标准，建立监测系统；
8. 监测指标的变化情况；
9. 根据指标变化情况，确定相应的管理行动。

VERP 的特点主要有以下 5 个方面：它应用承载力的概念和 LAC 理论将保护和利用之间的妥协关系明确量化；游览机会的提供取决于资源状况而不是现有的游览体验和服务设施；提供多样化的游客体验，采用定性属性定义游客体验；强调多学科参与和公众参与；将监测管理和规划实施纳入整个规划工程（NPS，1997）。

2.4.2.4　SCP 技术

SCP（Site Conservation Plan）是美国大自然保护协会（TNC，The Nature Conservation）制定的一个用于保护生物多样性的方法。该方法主要包括以下 3 点：

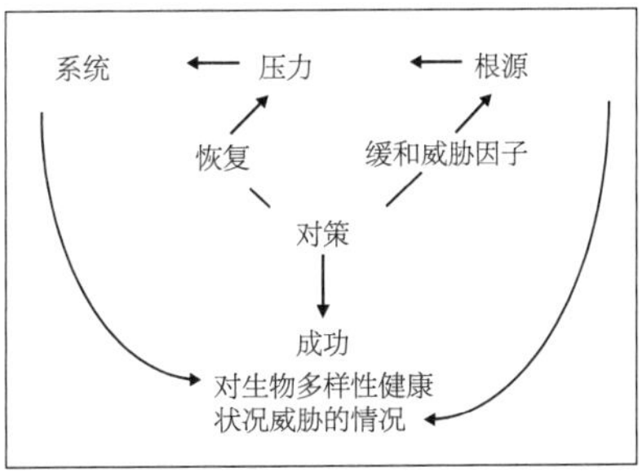

图 2-2　SCP 技术的逻辑关系
（资料来源：美国大自然保护协会）

1. 确定重点保护的生态系统，并分析其活力；

2. 了解这些生态系统产生不利影响的各种危机及其根源，并对它们进行排序；

3. 慎重评估各保护项目的实施效果，以便对目标地区的保护行动进行适当调整。

SCP 技术的逻辑关系很直观（图 2-2）。首先是确定规划地区的保护对象，通过对保护对象的保护，使这一地区的生物多样性（不包括外来物种）均得到有效保护。从理论上说，生物多样性得到有效保护就是使它们所受到的威胁减轻。因此，消除造成各种危机的根源就会使生态系统所受到的威胁得到缓和，从而增强保护对象的活力。有些根源是不可能消除的，或当这些根源消除后而危机仍会继续存在。在这种情况下，就需要对保护对象进行直接的恢复。因而，制定并实施保护对策是为了：（1）使引起危机的关键根源得到控制；（2）使生态系统得到恢复。此外，还要进行一些能力建设项目，从而使生物多样性保护得以延续下去，同时，让关键利益相关者更多地参与到生物多样性保护活动中来。评估则是看这些保护活动对于减轻威胁因子、恢复和维持可存活保护对象及这一地区的生态功能是否有效，即进行威胁状况与缓和程度测定及生物多样性安全状况监测。

SCP 技术首先需要收集各种资料，再经过一些分析步骤，最后才能制定出保护对策。收集各种资料应相互关联，并围绕以下几个方面进行：（1）确定这一地区的主要保护对象并判断其存活能力；（2）对关键威胁因子进行分析和优选排序；（3）对利益相关者进行针对性考察，以了解他们与保护对象及其威胁因子之间的联系。明确了保护的总体目标和优先重点之后，规划人员就可以着手进行规划。规划应包括：（1）给出一组优选对策，这些对策将有助于改善保护对象的保护状况、缓和关键威胁因子和加强保护能力建设；（2）提出一整套监测指标，以评估这一目标地区各种保护行动的效果。这一规划过程的一个重要特点是其互动性。即它是一个可以不断完善和更新的框架，可以对它不断进行调整，以保障那些对于改善生物多样性保护状况和减轻其威胁因子十分有效的保护活动能不断得到延续。

2.4.2.5 市场细分的概念

市场细分是 20 世纪 50 年代中期由美国学者史密斯提出的，主要有两个依据：即顾客需求的异质性和企业资源的有限性。细分的目的是为了进行更为有效的市场竞争，并针对不同的市场提供不同的游憩机会。传统的市场细分包括：地理细分（游客区域、城镇规模等）、社会经济和人口学细分（教育、性别、年龄、职业等）、心理学细分（社会阶层、生活方式等）和行为细分（旅游动机等）。市场细分的目的在于识别出未来可能的目标市场（Target Market）。目前市场细分的方法包括因子混合聚类方法（A Hybrid of Factor Cluster）和先验细分方法（A Priori Segmentation）[①]。

2.4.2.6 Zoning 技术

土地分区管理（Zoning）是美国和加拿大在城市发展管理中的一种常用手段。它起源于 19 世纪末的德国，美国在 20 世纪初开始采用，后来加拿大也开始采用这种方法。土地分区管理的方法应用到国家公园，起源于美国国家公园局的实践。美国国家公园的土地使用分区制有一个不断发展的过程。二分法是美国国家公园最早的分区方式。二分法把资源的保护和利用作为一对对立物，土地被分为自然和游憩两大区。接着，由于保护核心自然区的小气候、地质以及生态系统完整性的需要和降低人为直接冲击的要求，开始实行三分法，即在周边游憩区与核心自然保护区之间设置一条带状缓冲区。随着国家公园范围的不断扩大，设施种类的不断增多以及解说教育方式的不断改变，三分法的分区方式已无法满足国家公园的管理要求，于是，在 1960 年拟定了以资源特性为依据的分区模式，分别建议各区的位置、资源条件、适宜的活动和设施及经营管理政策。1982 年，美国国家公园局规定，各国家公园应按照资源保护程度和可开发利用强度划分为：自然区、史迹区、公园发展区和特殊使用区 4 大区域，并就每个分区再划分为若干次区。这种分区制，是适合美国国家公园种类多样、资源丰富、土地广阔的特点的，也是到目前为止世界上较为完整的分区技术。1998 年美国国家公园局又对它的分区体系做了进一步调整。

2.4.2.7 环境与社会影响评价

环境影响评价又称环境影响质量预测评价，是指在某一地区进行可能产生影响的重大工程建设、规划或城市建设与发展、区域规划等活动之前，对这一活动可能对周围环境地区造成的影响进行调查、预测和评价，并提出防止污染和破坏的对策，其目的在于使环境保护与经济发展相协调。

1964 年，在加拿大召开的国际环境质量评价会议上，首次提出了“环

① 吴必虎 . 区域旅游规划原理 . 北京：中国旅游出版社，2000：110.

境影响评价”概念。但在世界范围内，美国首开环境影响评价制度先河。1966 年 10 月，在美国众议院所属科学研究开发小组委员会进行的进展报告中，首次正式采用了“环境评价”这一术语。1969 年，美国制定了《国家环境政策法》（*National Environmental Policy Act*，NEPA）①，首次明确了环境影响评价（EIA）制度，同时 NEPA 被作为“保护环境的国家基本章程”。1970 年 4 月 3 日开始执行的《改善环境质量法》是 NEPA 的很好补充，该法授权国家环境质量局为环境质量委员会提供专业管理人员。

环境影响评价制度是美国环境政策的核心制度，在美国环境法中占有特殊的地位。美国自 20 世纪 70 年代初至今，不论是联邦一级还是州一级法律都建立了较完备的环境影响评价法律体系。美国的环境影响评价制度，不仅为实施国家的环境政策提供手段，而且为实现国家环境目标提供法律保障。实践证明，NEPA 自产生至今，对美国的环境一直发挥着重要作用，它规定的环境影响评价制度迫使行政机关将对环境价值的考虑纳入决策过程，使行政机关正确对待经济发展和环境保护两方面的利益和目标，改变了过去重经济轻环保的行政决策方式。

虽然 NEPA 不是针对国家公园体系而定，但它对美国国家公园局和国家公园体系的影响丝毫不逊于国家公园基本法。相关内容详见第 3.3.7 节。

① 请参见第 3.3.7 节的内容。

Chapter Three 第 3 章

美国国家公园体系发展的经验教训

3.1 美国国家公园体系的演变过程

美国国家公园体系发展历史可分为 6 个阶段：

第一阶段为萌芽阶段（1832—1916 年）。19 世纪初，美国艺术家、探险家等有识之士开始认识到西部大开发将对原始自然环境造成巨大威胁，同时颇有势力的铁路公司也发现了西部荒野作为旅游资源开发的潜在价值。于是保护自然的理想主义者和与强调旅游开发的实用主义者一拍即合，联合起来共同反对那些坚持伐木、采矿、修筑水坝等类型的实用主义者，并最终成功说服国会立法建立了世界上第一个国家公园。19 世纪末，美国公众又开始关注史前废墟和印第安文明的保护问题，从而导致国会于 1906 年通过了《古迹法》，授权总统以文告形式设立国家纪念地。

第二阶段为成形阶段（1916—1933 年）。截至 1916 年 8 月，内政部共辖 14 个国家公园和 21 个国家纪念地，但没有专门机构管理它们，保护力度十分薄弱。国家公园重新面临着资源开发的巨大压力。这种情况下，马瑟（Stephen Tyng Mather）成功筹建了国家公园管理局，制订了以景观保护和适度旅游开发为双重任务的基本政策，同时积极帮助扩大州立公园体系以缓解国家公园面临的旅游压力，并在美国东部大力拓展历史文化资源保护方面的工作，从而使美国国家公园运动在美国全境基本形成体系。

第三阶段为发展阶段（1933—1940 年）。1933 年对美国国家公园体系来讲是又一个十分重要的年份，在这一年富兰克林·罗斯福总统签署法令将战争部、林业局等所属的国家公园和纪念地，以及国家首都公园划归国家公园管理局管理，极大增强了国家公园体系的规模，尤其是国家公园管理局在美国东部的势力范围。同时随着罗斯福新政的展开，国家公园管理局与公民保护军团（CCC）配合，雇用了成千上万的年轻人在国家公园和州立公园内完成了数量众多的保护性和建设性工程项目，这些项目对国家公园体系产生了深远影响。另外，1935 年和 1936 年分别通过的《历史地段法》和《公园、风景路和休闲地法》，进一步增强了国家公园管理局在历史文化资源和休闲地管理方面的控制力度。

第四阶段为停滞与再发展阶段（1940—1963 年）。这一阶段包括了“二战”期间的停滞时期和战后由于旅游压力而形成的迅速发展时期。“二战”

期间国家公园体系的经费和人员急剧减少，但国家公园管理局却成功地抵制了军事飞机制造业、水电业等开发公园内自然资源的蛮横要求。战后由于国家公园的游客大增，旅游服务设施严重不足，国家公园管理局启动了“66 计划”，即从 1956 年起，用 10 年时间，花费 10 亿美元彻底改善国家公园的基础设施和旅游服务设施条件。“66 计划”在满足游客需求方面是成功的，但在生态环境保护方面考虑不足，被保护主义者们批评为过度开发。

第五阶段为注重生态保护阶段（1963—1985 年）。20 世纪 60 年代以前，美国国家公园局保护的仅是自然资源的景观价值，而对资源的生态价值没有充分认识，因此在公园动植物管理中犯了很多严重的错误，如在公园内随意引进外来物种等。随着美国环境意识的觉醒，在学术界和环保组织的压力下，国家公园管理局在资源管理方面的政策终于向保护生态系统方面做出了缓慢但却是重要的调整，如不再对观赏型野生动物进行人工喂养，逐步消灭外来树种等。

第六阶段为教育拓展与合作阶段（1985 年以后）。国家公园的教育功能在 1985 年以后得到了进一步强化：在教育硬件设施方面进行了较大规模的建设，在人员配备、资金安排等方面给予了优先考虑。国家公园体系成为进行科学、历史、环境和爱国主义教育的重要场所。由于里根以后的几届政府不断压缩国家公园管理局的人员和资金规模，因此这一时期的另一趋势是国家公园管理局开始强调和其他政府机构、基金会、公司及其他私人组织开展合作。

美国国家公园体系发展大事年表见附录 1。

3.2　美国国家公园体系的基本情况

国家公园与国家公园体系在美国是相互联系的两个概念。国家公园是指面积较大的自然地区，自然资源丰富；有些也包括些历史遗迹。在国家公园内，禁止狩猎、采矿和其他资源耗费型活动。美国的国家公园多数位于西部，现有 54 个，面积约 20 万 km^2。数量上仅占国家公园体系总数的 14%，但面积却占到国家公园体系总占地面积的 60%。美国的国家公园体系则是指由美国内政部国家公园管理局管理的陆地或水域，包括国家公园、纪念地、历史地段、风景路、休闲地等。美国国家公园体系目前包括 20 个分类，379 个单位[①]；总占地面积 33.74 万 km^2，占美国国土面积约 3.64%；每年接待的游客接的 3 亿人次，2000 年财政预算为 20 亿美金（图 3-1）。美国国家公园体系单位的基本数据见附录 2。

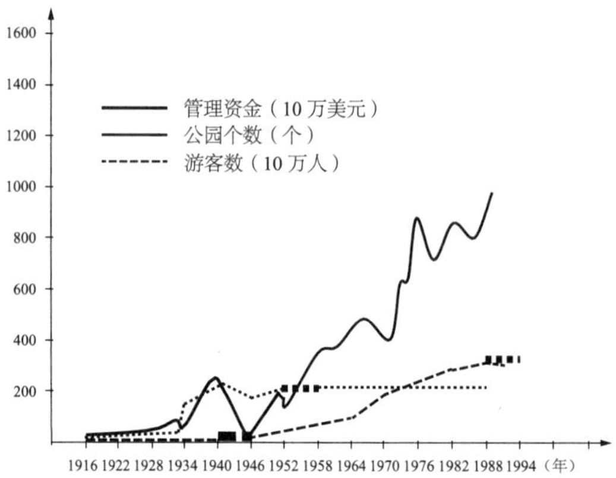

图 3-1 美国国家公园体系的发展趋势
（资料来源：Our National Park System）

美国国家公园体系的管理者为内政部国家公园管理局。该局成立于 1916 年，现有永久雇员 15729 人、季节性雇员 5548 人、志愿人员 90000 人。工作人员所涉及的职业种类达 288 种之多（图 3-2，附录 3）。

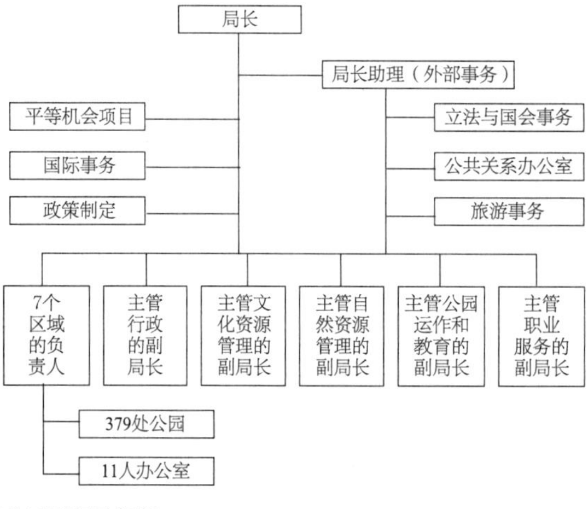

图 3-2 美国国家公园局行政框架
（资料来源：美国国家公园局）

① 参考表 5-7。

3.3　美国国家公园的立法与执法[1]

美国的法律体系，自上而下包括 5 个层次，即：宪法（Constitution）、成文法（Statute）、习惯法（Common Law）、行政命令（Executive Order）和部门法规（Regulation）。宪法是一切法律法规的根本依据；成文法是根据立法机构的意愿制定的宣布、要求或禁止某一行为的法令；习惯法是根据习俗（Usage）、习惯（Custom）和法庭以前的判例（Prior Court Decisions）构成的法律原则和条例；行政命令是指由总统或总统授权的某一行政机构，基于解释、实施宪法和法律而颁布的命令或条例；部门法规是由各政府机构制定的，用于执行法律意图（Intent）的规定。美国国家公园体系的所有法律都来自宪法中的“财产条款（Property Clause）”[2]，即美国国会有权“制定规则以统辖和管制（联邦）土地……”

3.3.1　立法程序

美国国家公园体系的管理与立法紧密相连，每个有关国家公园体系的法律[3]的完成都要经过如下程序：

1. 法案建议：可提出法案建议的包括参议员、众议员、国会专门委员会、行政机构、政党领袖、公民团体或院外集团等。

2. 由该法案的赞助机构起草并呈交国会，参议院或众议院均可作为呈交对象（以下程序以众议院作为提交对象为假设）。

3. 众议院一读后，众议院议长将法案转交给适当的专门委员会。

4. 专门委员会或其下属委员会举行听证会。

5. 听证过程完成后，草案将面临两种结果：或者是被搁置，或是被专门委员会通过。如果是后者的话，该草案将被列入议会议程。

6. 其后，众议院的条例委员会将会推动该法案提交众议院进行讨论。

7. 二读法案。表决结果可能有两种：议案被退回专门委员会或进行补充修改。如果修改后，法案未遭否决，则会在众议院进行三读。

8. 法案在众议院进行投票表决。如果未获通过，则可能在日后重新讨论或被搁置起来；法案如果通过，则被提交给参议院进行讨论。

① 此节中各项法律内容部分参考 Mantell, Michael A. Managing National Park System Resources: A Handbook on Legal Duties, Opportunities, and Tools. Washington, DC: The Conservation Foundation, 1990.

② 见美国宪法第 1 条，第 8 款。英文原文为：To make Rules for the Government and Regulation of the land.

③ 这里主要指成文法，美国总统令则要简单得多。

9. 参议院一读后，法案将被提交给参议院的有关专门委员会。

10. 参议院的专门委员会或其下属委员会举行听证会。

11. 听证会后，法案或被搁置或被专门委员会通过（不做修改或进行若干修改）。如果是后者，该法案将被列入参议院的议事日程。

12. 参议院的多数党领袖将推动该法案的进程。

13. 法案在参议院进行二读。二读的结果有三种：要么是被通过，要么是被退回专门委员会，要么是被参议院修改。

14. 如果法案被参议院修改，则以后的过程稍微复杂。法案将会被返回众议院，众议院将会表决参议院所修改的部分。如果众议院反对这样的修改，一个由若干参、众两院议员组成的委员会将被指定去解决参、众两院的分歧。当该委员会完成了它的报告，则将该报告同时提交参、众两院进行表决。如果没有新的修改意见，法案将进行三读，并将在全体参议员中进行表决。

15. 如果获得通过，则法案将由参议院议长签署并登记在册。

16. 法案被众参两院一致通过后，将被提交给美国总统进行签署。

17. 如果总统签署了该法案，则它成为法律；如果总统没有签署也没有于 10 日内退回国会，则该法案自动成为法律；如果总统否决了这项法案，并将它退回国会，那么这项法案要成为法律，须得到参众两院三分之二多数的同意（杨锐，2000）。

3.3.2 国家公园基本法（*the Organic Act*）

在成文法层次，以美国国家公园为立法对象的法律主要包括国家公园局基本法（1916 OrganicAct）、各国家公园的授权法（Enabling Legislation）和其他成文法，如荒野地区法（Wildness Area）、野生和风景河流法（Wild and Scenic River）、国家风景和历史道路法（National Scenic and Historic Trails）。其中最重要的成文法是国家公园基本法。这个法律是 1916 年成立美国国家公园局时通过的，规定了美国国家公园局的基本职责：*"美国国家公园局应该根据如下基本目标来改善和管制国家公园、国家纪念地和其他保护地区……的利用：在保护风景资源、自然和历史资源、野生动物资源并在保证子孙后代能够欣赏不受损害的上述资源的前提下，提供（当代人①）欣赏上述资源的机会②"*。上述条文是被美国国家公园研究者引用最多的一段话，引起的争议也最多。争议主要集中在以下几个方面：保护（Conserve）的概念是什么？它与

① "（当代人）" 为作者所加。

② 英文原文为："The National Park Service shall promote and regulate the use of national parks, monuments and reservations hereinafter specified……by such means and measures as conform to the fundamental purpose of the said parks……which purpose is to conserve the scenery and the natural and historic objects and the wild life therein and to provide for the enjoyment of the same in such manner and by such means as will leave them unimpaired for the enjoyment of future generations.

当今所提的保存（Preserve）概念是否一致？不受损害（Unimpairment）是否意味着绝对没有任何改变（Absolutely no alteration）？在“不受损害地保护资源”和提供“欣赏资源的机会”之间是否存在内在的矛盾？

随着国家公园体系的不断扩大，国家公园的种类日趋多样化。由最初的“国家公园”和“国家纪念地”两类发展到“国家军事公园”“国家休闲地”等 20 个分类。这些后来加入的国家公园单位（Park Units），许多在其授权法中的授权与 1916 年国家公园局基本法的精神相抵触。鉴于此，美国国会在 1970 年修改了国家公园基本法：“从 1872 年设立黄石国家公园后，国家公园体系不断扩大，包括了美国每一个主要区域杰出的自然、历史和休闲地区……这些地区虽然特征各异，但是由于目标和资源的内在关系被统一到一个国家公园体系之中，即它们任何一处都是作为一个完整的国家遗产的累积性表达……本修正案的目标是将上述地区扩展到体系之中，而且明确适用于（国家公园）体系的权限。[①]”1970 年的修正案同时规定，每一个国家公园单位不仅要执行各自的授权法和国家公园基本法的要求，同时要执行其他针对国家公园体系的立法。

1978 年，美国国会再一次修改了基本法：“授权的行为应该得到解释；应该根据最高公众价值和国家公园体系的完整性实施保护、管理和行政，不应损害建立这些国家公园单位时的价值和目标，除非这种行为得到过或应该得到国会直接的和特别的许可。[②]”这是一段英文原文读起来也很晦涩难懂的文字，它的立法背景主要是 20 世纪 70 年代中期红杉树等国家公园面临来自公园边界外围的资源破坏威胁，国会为了加强内政部保护公园资源的权利，同时也为了保护国家公园体系的完整性（Integrity）而采取的立法行动。

3.3.3　授权法（*Enabling Legislation*）

授权性立法文件是美国国家公园体系中数量最大的法律文件。每一个国家公园体系单位（Park Units）都有其授权立法文件。这些文件如果不是国会的成文法，就是美国总统令。一般来说，这些授权法（包括总统令）都会明确规定该国家公园单位的边界、它的重要性，以及其他适用于该国家公园单位的内容[③]。由于是为每个国家公园单位独立立法，所以立法内容很有针对性，是管理该国家公园的重要依据。最有名的也是引用最多的授权法是《黄石公园法》。

① 英文原文为：that the national park system which began with the establishment of Yellowstone National Park in 1872, has since grown to include superlative natural, historic, and recreation areas in every major regions of the United States……that these areas, though distinct in character, are united through their inter-related purposes and resources into one national park system as cumulative expressions of a single national heritsge……and that it is the purpose of this Act to include all such areas in the System and to clarify the authorities applicable to the system.

② 英文原文为：The authorization of activities shall be construed and the protection, management and administration of these areas shall be conducted in light of the high public value and integrity of the National Park System and shall not be exercised in derogation of the values and the purposes for which these various areas have been established, except as may have been or shall be directly and specifically provided for by Congress. 文中的例外一般是在个体国家公园授权法中体现。

③ 是指它是否在自然、文化或休闲资源方面具有重要意义。

3.3.4 荒野法（*Wildness Act*）

荒野法是适用于美国整个国家公园体系的成文法之一，通过于1964年。它使美国国会有权命名联邦公有土地成为国家荒野保护体系（National Wildness Preservation System）的一部分。被命名荒野的地区可以由下述联邦机构中的一个进行管理：林业局（Forest Service）、国家公园局（National Park Service）、鱼类和野生动物局（Fish and Wildlife Service）、土地管理局（Bureau of Land Management）。在总共3608km^{2}①的国家荒野地区中，属于国家公园局管理的地区有1490km^{2}②，占41.3%。

荒野地区的入选标准必须满足以下4个条件：提供原始的和无拘无束的游憩机会；基本没有人类活动的干扰；相当大的规模以保存其原始状况；具有科学研究的价值③。荒野地区对人类活动的限制十分严格：不得钻井（Drilling）、伐木（Logging）、机械式交通（Mechanized Forms of Transportation）、永久建设包括修路（Permanent Development, Including Roads）。在荒野地区允许的游憩活动包括徒步旅行（Hiking）、原始性野营（Primitive Camping）、越野滑雪（Cross Country Skiing）、非机械划船（Nonmotorized Boating）、骑马旅行（Horseback Riding）。

3.3.5 野生与风景河流法（*Wild and Scenic Rivers*）

野生与风景河流法是从1968年开始实施的，目的是为了建立一个系统以保护那些具有杰出的风景、休憩、地质、野生动物、历史、文化和相似价值的河流，使其保持自然状况。野生与风景河流体系包括根据河流受干扰的程度分为3大类：野生（Wild River）、风景（Scenic River）和游憩（Recreational River）。共有72条河流或河流片断被命名为“野生与风景河流”，总长度为11836km，占美国河流总长度的0.2%。

与别的美国国家公园体系单位不同，野生与风景河流法建立的是一个河流保护由联邦—州合作的管理模式，也就是说，即使一段河流被命名后，它仍然可以继续由州或地方政府管辖，如果需要的话，也可以由联邦政府、州政府和地方政府合作管理。当然联邦政府也可通过购买相关土地所有权的方式控制野生与风景河流，禁止联邦水坝的建设。一处野生与风景河流获得命名可以有两种方式：一是国会立法，二是各州提出申请，联邦内政部长

① 89.1 million acres，1986年数据。
② 36.8 million acres，1986年数据。
③ 英文原文为：Awildness area must provide opportunities for primitive and unconfined types of recreation, be largely untouched by human activities, be of sufficient size to be preserved in an unpaired state, and posses features of scientific interest. 中文为意译。

予以审批。对于野生与风景河流而言，最重要的保护工具是规划，由国会立法命名的河流其管理的主要依据除立法外，是由内政部或农业部长签署的规划。任何联邦机构不得批准或资助野生与风景河流上的水资源建设项目（Mantell，1991）。

3.3.6 国家风景与历史步道法（*National Scenic and Historic Trails*）

国家风景与历史步道法通过于 1968 年，目的是为了促进国家风景步道网络的建立。该法一经通过，国会立刻命名了两处风景步道：一处为阿帕拉奇步道（AppalacianTrail）①，另一处为帕茨菲克科瑞斯特步道（Pacific Crest Trail）；同时提名 14 处进行研究。前者由国家公园局管理，后者由国家林业局管理。根据风景步道的性质，其允许的游憩活动主要是徒步旅行（Hiking）和原始性宿营（Primitive Camping）。

与国家野生与风景河流类似，风景与历史步道并不要求其土地一定归联邦政府所属。该法鼓励联邦、州和地方政府合作以建立和保护这些步道，使其免受不当开发的威胁。拿阿帕拉奇步道为例，它是通过多种途径加以保护的，其中包括联邦政府购买土地，联邦和州政府购买土地通行权（Easement）、私立土地基金和步道俱乐部。

截至 1986 年，共有 8 条国家风景步道（约 23330km）和 6 条国家历史步道（约 16895km）得到命名。

3.3.7 国家环境政策法（*National Environmental Policy Act*，NEPA）

国家环境政策法通过于 1969 年，是“保护环境的基本国家章程”②，是美国环境保护方面的基本大法。NEPA 要求每一联邦政府机构应该在规划和决策过程中，系统利用自然和社会科学的方法，应用环境设计的艺术，考虑政府行为对于人类环境的影响。它要求每一联邦机构，在采取对人类环境质量有重要影响的行动前，都应准备详细的环境影响评价文件，包括联邦政府资助的、批准的和颁发执照的一切行动。这一要求深刻地影响着联邦机构的决策过程。对美国国家公园局来讲，这一影响包括 3 个方面：第一，使国家公园局在行使管理权时，具有更广阔的视野，换句话说，它要求国家公园局综合考虑联邦各项法律做出决定，这些法律除上述几项外，还包括《濒危物

① 目前已成为国家公园体系的一个单位。
② 英文原文为：Our basic national charter for protection of the environment.

种法》《国家历史保护法》以及有关湿地和洪水平原的法律；第二，它引入了决策过程中的公众参与机制；第三，它使国家公园局能够依据NEPA的程序，参与其他政府机构的决策过程，从而在国家公园周边土地和资源的管理上拥有更多的发言权和影响力。

虽然NEPA不是针对国家公园体系而定，但它对美国国家公园局和国家公园体系的影响丝毫不逊于国家公园基本法。举例来说，NEPA中提供了一套环境规划的内容：现状环境条件（Existing Environment Conditions）；行动的必要性与现实性（Problems to Be Addressed by An Action）；替选方案（Alternative Solutions）；替选方案对人类环境的影响（the Impacts of the Alternatives on Human Environment）；决策结果。美国国家公园的总体管理规划基本是按照这一内容制定的。美国国家公园局的所有决策都必须遵守NEPA的要求。尽管如此，不同的决策行为需要提供的环境影响评价文件的内容深度和公众参与的程度有所不同。NEPA要求的文件格式可分为3个层次：绝对免除（Categorical Exclusions，CE）、环境评价（Environmental Assessment, EA）和环境影响报告（Environmental Impact Statement, EIS）。

"绝对免除"针对不需要做环境评价或环境影响报告的行为，即那些不会对人类环境产生重大影响的独立的或累积的政府行为。对国家公园而言一般包括：没有建设行为的商业利用（Commercial Use Licenses Involving no Construction）、标志牌、展示牌和电话亭的安装等（Installation of Signs，Displays, and Kiosks, etc）、更新或增加已有电线杆上的高架缆线（Upgrading or Adding New Overhead Utility Facilities to Existing Poles）、在不改变原有线杆走线的情况下更换电线杆（Replacement Poles That Do not Change Existing Pole Line Configuration）。CE一般由个体国家公园局的局长签署并归档，不需要公开，所以CE的公众参与程度最低。

环境评价（EA）是NEPA要求的另一种文件形式，它对文件深度的要求和公众参与的程度介于CE和EIS之间。EA的作用主要有3点：分析行动是否会对环境产生重要影响①，或者说分析是否要做环境影响报告；在不需要做EIS时满足NEPA的要求；当需要做EIS时成为其基础研究的一部分。EA完成后，一般需要公示30天。根据公众反应和EA中的分析，对EA的审查一般会有两种结果：颁布无重大影响公告（Fonsi）或要求进行环境影响报告（NOI）②。Fonsi由个体国家公园局局长草签，并呈报区域局长最后正式签署。

① Finding of no significant impact，FONSI. FONSI也是一种文件形式。

② Notice of Intent to Prepare an EIS.

与 EA 相比，环境评价报告（EIS）对内容的要求更深，对公众参与程度的要求更高。EIS 的文件内容包括以下几项：封面、概要、目录、行动的目的与必要性、替选方案（Alternatives）、对所影响环境的描述、替选方案的环境后果、起草人员名单、报告寄出名单（包括政府机构、民间组织和个人）；索引与附录。虽然不需要举行公众会议或听证会（Public Hearings），EIS 仍需要完成一个公众调查程序（Scoping Process）。EIS 草案完成后，必须公示 60 天以取得联邦、州、地方行政机构以及印第安部落的书面意见。这些书面意见连同其他公众的意见都将在 EIS 的终稿中刊印出来并得到答复。终稿将寄给所有提过意见或建议的机构、组织和个人。在 EIS 终稿公布 30 天内，不得开始实施任何行动。调查程序的最后一步是“决策记录（Record of Decision, ROD）”的公布。ROD 将明确决策的内容以及为做出这个决策所考虑的所有替选方案，同时也会明确对环境影响最有利的方案，还会讨论如何减轻不可避免的环境影响的方法。ROD 公布后，除非在法院得到诉讼，否则就可以开始实施规划行动了。

3.3.8　部门规章（Regulations by NPS）

一般来说，成文法只规定能做什么，不能做什么，不涉及怎么做的问题。这种情况下，国家公园局的部门规章将起到相应的作用。当然国家公园局制定规章的授权也是由“1916 年国家公园基本法”明确的：内政部长应该制定和公布那些他认为对国家公园局管辖下的公园、纪念地和保留地的利用和管理有必要或是适当的规则和规章①。美国国家公园局根据这一授权制定了很多部门规章，这些规章同样具有法律效力。如果一项成文法清晰地指出国家公园局的权利与义务，而国家公园局的部门规章又很清楚地细化了成文法的相关内容，法院就会认可这些部门规章，同时国家公园局就可据此管理国家公园体系。

3.3.9　其他相关联邦法律

除上述各项法律外，以下联邦法律也对美国国家公园体系的管理产生重要影响，它们是：清洁空气法（the Clear Air Act，CAA）；清洁水资源法（the Clear Water Act，CWA）；濒危物种法（the Endangered Species Act）；国家历

①英文原文为：The Secretary of the Interior shall make and publish such rules and regulations as he may deem necessary or proper for the use and management of the parks，monuments，and reservations under the jurisdiction of the National Park Service.

史保护法（the National Historic Preservation Act）等。这些法律不仅提供了国家公园局管理公园内部事务的依据，而且也是解决公园边界内外纠纷的有力工具（附录4）。

3.3.10 执法

值得一提的是，如果美国任何公民或机构根据国家公园体系的相关法律认为国家公园局的某项管理行动是错误的，或在应该采取行动的时候未采取行动（即行政不作为），他们都可以对美国国家公园局提起诉讼。以自然资源管理举例，环境人士和环保组织可以起诉国家公园局未完成某项环境影响评价报告或起诉其未采取足够行动保护红杉树国家公园（Redwood National Park）中的红杉树；特殊利益集团也可以起诉国家公园局在资源保护方面超出了法律规定的严格程度，如在有些国家公园牺牲原告的特殊利益（如狩猎、商业性捕鱼等）来保护这些公园里的自然资源（Mantell，1991）。这样一来，美国国家公园局必须按照法律的授权范围和程度来小心翼翼地管理国家公园，从而在相当大的程度上保证了执法的准确性。

美国人认为法律是艺术而不是科学，也就是说，在法律界没有绝对的真理。法律是会随着社会价值观和新情况的出现而不断变化，即法律和法律解释不断被国会、律师和法官给予重新定义。在法律条文不很明确时，法院将根据下述几个因素做出判决：立法本意；国家公园局对法律的解释；先例（Precedents），即其他法院所判决的案例；法学著作和法学文章的评论与解释（Mantell，1991）。

3.4 美国国家公园的规划

3.4.1 美国国家公园规划的发展过程

美国国家公园的规划实践始于20世纪10年代前后，当时黄石国家公园开始制定一些建设性规划以更好地从整个黄石公园的角度布置道路、游步道、游客接待设施和管理设施等。其他国家公园开始仿效这种做法。1910 年，美国内政部长理查德·白林格（Richard Ballinger）倡议为各个国家公园制定“完整的和综合的规划（Complete and Comprehensive Plan）”。1914 年，马克·丹尼尔斯（Mark Daniels）被任命为第一任美国国家公园“总监和景观工程师”（General Superintendent and LandscapeEngineer）。丹尼尔斯认为美国国家公园需要系统规划（Systematic Planning）。1916 年美国景观建筑师学会的詹姆斯·普芮呼吁为每个国家公园制定“综合性的总体规划”（Comprehensive General Plans）。但直到 20 世纪 30 年代，大规模的综合性规划才得以开展（Sellars, 1997）。

大体来说，美国国家公园的规划发展可以分为 3 个阶段：物质规划阶段（Master Plan）、综合行动计划（Comprehensive Action Plan）阶段和决策体系（Framework of Decision Making）阶段。各阶段的特点见表 3-1。

美国国家公园规划发展阶段特点　　表 3-1

规划阶段	年代（年）	规划特点
物质规划阶段 Master Plan	1930—1960	1. 内容上以旅游设施建设和视觉景观为规划的主要对象，忽视对自然资源的保护和管理； 2. 规划的主要成果为总体规划（Master Plan）； 3. 解决的问题主要是如何建设而非如何管理； 4. 注重概念与设计； 5. 以预测为前提制定规划； 6. 只关注规划边界内的事务； 7. 以景观建筑师为主体制定规划，忽视生物学家等的作用
综合行动计划阶段 Comprehensive Action Plan	1970—1980	1. 内容上开始以资源管理为规划的主要对象； 2. 规划的主要成果为总体管理规划（General Management Plan）； 3. 解决的主要问题转变为如何管理而非如何建设； 4. 注重行动计划及其可能产生的影响； 5. 开始引进公众参与机制； 6. 多方案比较； 7. 以预测为前提制定规划； 8. 只关注边界内的事务； 9. 科学家尤其是生态学家开始进入到规划决策的过程之中
决策体系阶段 Framework of Decision Making	1990 年以后	1. 规划内容强调层次性，不仅包括各种层次的目标规划，也包括实施细节；

续表

规划阶段	年代（年）	规划特点
决策体系阶段 Framework of Decision Making	1990 年以后	2. 规划的主要成果包括 4 个部分：总体管理规划（General Management Plan）、战略规划（Strategic Plan）、实施计划（Implementation Plan）和年度执行计划（Annual Performance Plan）； 3. 不同层次的规划解决不同的问题：总体管理规划主要解决目标确定的问题；战略规划主要解决项目的优先次序问题；实施计划解决资金落实情况下项目实施问题；年度完成计划在具体操作层次提供一种逻辑性强的、有据可循的和理性的决策模式； 4. 公众参与全面引入规划过程； 5. 注重规划的效果，将规划与决策更多地连接起来； 6. 以监测为基础制定规划（引入 LAC 理论）； 7. 多方案比较； 8. 不仅关注边界内的事务，同时关注边界外部事务； 9. 全面的多学科介入，规划决策队伍学科背景的多样化

20 世纪 70 年代以前的规划属于物质规划阶段。物质规划的思想主要来源于马克·丹尼尔斯。丹尼尔斯认为国家公园的价值主要体现在“经济价值和美学价值（Economic and Ethestic）”两个方面，而且这两种价值密不可分。在他看来，国家公园的功能与城市和州立公园（State Park）没什么不同，因为它们都需要向人民提供“游戏场地和休闲场所”[①]。1915 年，丹尼尔斯十分强调在国家公园内开发旅游设施的紧迫性，他说：“道路要建，桥梁要建，步道要建，旅馆要建，卫生设施的建设也应予以重点关注”。丹尼尔斯的做法被有些观察家描述为用城市规划的方法对国家公园进行“艺术性发展（Artistic Development）”。丹尼尔斯的继任者罗伯特·马修继承了丹尼尔斯在国家公园内进行大规模旅游建设的做法。马修提倡在国家公园内建设网球场、高尔夫球场和滑冰设施以促进其“国家游戏场（National Playground）”的功能。马修认为通过这些建设和商业化的管理（Businesslike Management），国家公园完全可以吸引更多的游客，同时这些游客可以自我支付——“几年之内，我们可以拥有大批的游客。这是值得的。它花不了多少钱，而且最终这些游客将支付我们在国家公园里为他们提供的娱乐。[②]”丹尼尔斯和马修的观点是 20 世纪 70 年代之前美国国家公园体系内部的主流观点，尤其在美国新政（New Deal）[③]和“66 计划”（Mission 66）[④]时期，所谓规划完全就是设施规划，资源保护与管理方面的

① Supplying of playgrounds or Recreation grounds to the people.

② In a few years we will have enormous population in the national parks. It is worthwhile. It dose not cost much money, and eventually the people will pay for the pleasure we givet hem.”

③ 是指 20 世纪 30 年代，由富兰克林·罗斯福总统颁布实行的一种政策，旨在恢复经济、改革社会。

④ 是由美国国家公园管理局局长康纳德.瑞斯（Conrad Wirth）发起的一项运动，计划从 1956 年起，利用 10 年时间和 10 亿美金改善美国国家公园的设施状况。

内容被忽视，生物（或生态）学家被排斥在规划决策体系之外。

20 世纪 70 年代之后的从物质规划向综合行动计划的转变，其社会背景是美国 20 世纪 60 年代蓬勃开展的生态保护运动，这一运动的结果直接导致了 1969 年国家环境政策法（NEPA）的通过①。这项法令要求将自然与社会科学应用到国家公园的规划和决策之中，同时明确提出"环境影响评价"的有关内容应该成为公共土地管理规划的内容之一。公众参与机制也在这一阶段成为规划的必要程序。与物质规划相比，综合行动计划的最大特点是规划重点从如何建设向如何管理过渡。这一转变应该说是一个质的转变，它将国家公园的规划与"城市和州立公园"的规划区别开来，也就是说在国家公园中资源管理是最重要也是最根本的任务。这一转变最显著的表现就是国家公园总体规划的名称由"Master Plan"改为" General Management Plan"。这一阶段另一个很重要的变化是生物（生态）学家开始介入到规划决策的过程之中。1971 年，美国国家公园局丹佛规划设计中心（Denver Service Center）成立时，开始设立了相应的科学研究岗位，以增加规划决策中的科学含量（图 3-3）。

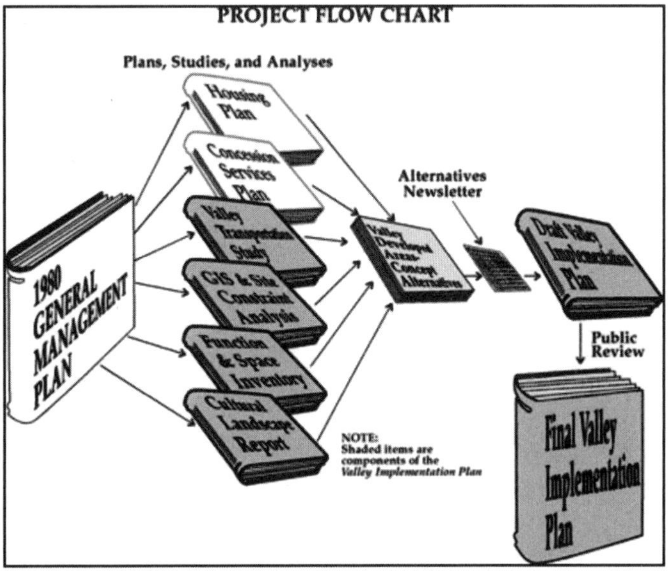

图 3-3　20 世纪 70 年代和 20 世纪 80 年代总体管理规划的组成
（资料来源：美国国家公园局）

进入 20 世纪 90 年代以后，美国国家公园规划又进行了第二次较为重大的变革。这次变革的原因主要有 4 点。首先是美国国家公园管理面临的

① 有关 NEPA 的情况，参见第 3.3.7 节的内容。

复杂性越来越大，这就要求管理过程中更富有创新性和合作精神，同时由于周边环境变化速度加快，15 年期的总体管理规划明显不能适应这种变化的要求。第二，美国国家公园局进行了机构重组，决策的权利更多地下放到了基层国家公园。决策模式的改变相应地要求规划成果的变化，也就是说，规划应该成为基层管理者的工具，而不是强加给他们的“紧箍咒”。第三，1993 年美国国会通过了《政府政绩与成效法》①，该法要求政府部门在工作中更强调成效而不是努力，同时要求明确实施规划的责任主体（Accountability）。第四，联邦预算削减，要求以最小的花费获取最大的效益，同时要求规划要制定明确的优先次序。

3.4.2 美国国家公园规划决策体系

根据这些变化，20 世纪 90 年代以后的美国国家公园规划用一个规划决策体系替代了较为单一的总体规划（Master Plan）或总体管理规划（General Management Plan）。这一规划决策体系包括 4 个层次的规划成果：总体管理规划、战略规划（Strategic Plan）、实施计划（Implementation Plan）和年度执行计划（Annual Performance Plan）。这个规划决策体系的逻辑关系见图 3-4。它将规划的时间分成 3 种，即无限期、长期（5 年）和年度（1 年）。在不同的规划期限下，分别回答 3 个层次的问题：为什么（Why）、是什么（What）、怎么做（How）。

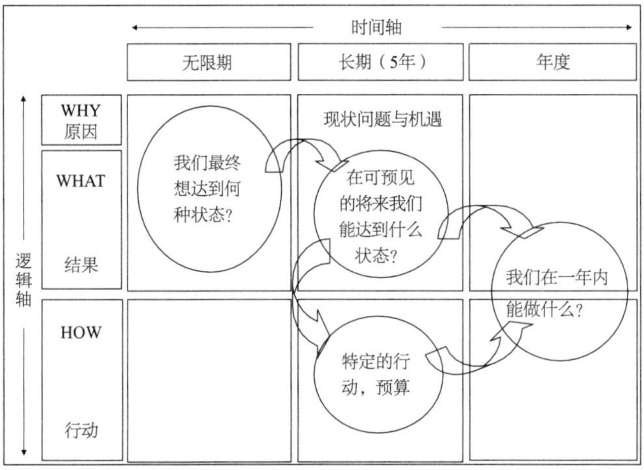

图 3-4　规划决策体系的逻辑关系
（资料来源：美国国家公园局）

① *Government Performance and Results Act*，1993。

3.4.3　美国国家公园规划体系评述

3.4.3.1　以法律为框架

不论是内容还是程序，美国国家公园的规划都是以相关的法律要求为框架。以它的两个演变过程为例：20 世纪 70 年代由物质规划向综合行动计划的演变，源于《国家环境政策法》的通过执行，该法要求联邦一级各政府机构的规划（计划）必须引入公众参与机制和环境影响评价内容；20 世纪 90 年代综合行动计划向规划决策体系的演变，则与《政府政绩和成效法》的通过施行有着千丝万缕的联系。法律是规划的框架、依据和出发点，这是美国国家公园规划一个十分突出的特点。总体管理规划和实施计划的主要法律框架是《国家环境政策法》和《国家历史保护法》[①]，战略规划和年度计划的主要法律框架是《政府政绩和成效法》。由于国家公园不是一片片"孤岛"，所以国家公园的有效管理需要国家公园局和其他政府部门和利益各方的妥协和合作。这种情况下，以法律为框架的规划，除了能保证国家公园规划的合法性外，还能使国家公园管理当局能够以法律为平台，与其他联邦机构和利益相关方进行公平有效的沟通、磋商和交流，以解决规划实施过程中可能出现的各种矛盾与问题。

3.4.3.2　规划面向管理

从美国国家公园规划的演变过程，我们可以看到的是规划与管理的关系越来越密切。最初的物质规划（Master Plan）强调的是对设施的安排与配置，而综合行动计划（Comprehensive Action Plan）则强调的是如何通过管理行动达到管理目标。规划决策体系（Planning and Decision Making Framework）则将管理目标分解为长远、长期和年度 3 个层次，分别通过总体管理规划、战略规划、实施计划和年度计划 4 种规划形式，制定实现不同层次目标的行动和措施。国家公园的主要矛盾是资源保护与资源利用之间的矛盾，其实不论是资源保护还是资源利用都要通过管理来实现。规划面向管理，为管理服务，成为管理人员的重要工具，规划的可操作性就能加强。

3.4.3.3　以目标引领规划

美国国家公园规划决策体系中非常强调目标制定的重要性。规划决策首

①《国家历史保护法》，NHPA, *National Historic Preservation Act*。

先是对目标的决策，没有一个明确的且与相关法律一致的目标，就不可能取得良好的管理效果。美国国家公园规划中存在一个目标体系，这一目标体系的顶层是由各种法律法令所确定的使命（Mission）。国家公园所有的规划决策依据都来源于 3 个方面（图 3-5）：首先是各个国家公园的使命（即建立该国家公园的目的以及该国家公园的重要性），这是由美国国会在该国家公园授权法中确定的；其次是国家公园局的使命，这是由一系列有关国家公园局和国家公园体系的法律和法令所限定的；最后是一些适用于特定国家公园的命令或协议（Special Mandates and Commitments）。使命类似于我们风景名胜区规划中的“性质”，不同的是，美国国家公园的使命是由相关授权法限定的，而风景名胜区规划的“性质”是由规划本身确定的。美国国家公园规划中通过对使命不同程度的具体化和细化形成了一个目标体系，包括长远（无限期）、长期（5 年）和年度（1 年）3 个层次。所有的规划措施与行动都与一个具体目标挂钩。这样做的好处，是减少了管理中的盲目性，提高了规划措施的一致性和效率。

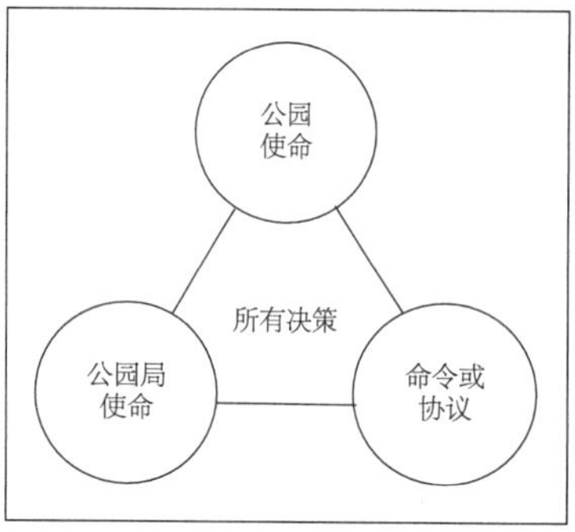

图 3-5　美国国家公园规划决策依据
（资料来源：美国国家公园局）

3.4.3.4　强调公众参与和环境影响评价

美国国家公园规划中公众参与的兴起是与其社会背景相适应的。20 世纪 60 年代，受自由主义的复兴和民权运动的影响，美国公众的自我意识开始觉醒，对社会提出了自我权利的要求。这种民意的反映在政府和制度两方面得到了体现（孙施文，2002）。反映在法律上，1969 年通过的《国家环境政策法》明确要求联邦政府所制定的规划要引入公众参与机制。公众参与机制提高了规划的透明度，同时使与国家公园有关的利益各方，如民间环保部门、其他联邦机构和国家公园内的土地所有者等都能参与到规划决策体系当中，不仅提高规划的质量和针对性，同时也较大程度地减少了规划实施过程中可能出现的矛盾。

与公众参与类似，环境影响评价也是 20 世纪 60 年代的产物，也是由《国家环境政策法》给予其法律地位的。美国国家公园规划决策体系中明确要求总体管理规划和实施计划要进行多方案比较（Alternatives），通过多方案比较选中一个推荐方案（Preferred Action）。而所谓比较主要是对方案不同的自然环境、文化环境和经济社会环境（Socioeconomic Environment）影响进行分析比较，从而选择影响最小的一个作为推荐方案。环境影响评价体现了美国国家公园体系以资源保护为第一目标的价值取向，同时也可减少国家公园管理过程中有意或无意造成的环境破坏。

3.4.3.5　软性规划与硬性规划相结合

软性规划主要指对解说（Interpretation）、游客服务线（Visitor Service）、教育（Education）、资源管理和监测（Monitoring）以及基础研究方面（Basic Research）的规划；而硬性规划主要是指对于物质设施方面的规划，如道路、建筑物和基础设施等。从美国国家公园规划的演变过程中我们可以看到，早期的规划主要是物质性的规划，即对设施的规划，而 20 世纪 90 年代之后的规划体系则越来越重视对上述软性规划内容的规划。这实质上是一种进步，因为国家公园规划要服务的对象是资源管理而不单是设施管理。

3.5　美国国家公园体系的管理①

3.5.1　指令性文件体系

所谓指令性文件体系（Directives System）是指由 3 个层次的文件所组成的美国国家公园体系管理指导文件集成，是美国国家公园局制定的在整个国家公园局内部执行的政策要求和程序建议。

① 本节内容参考 2001 NPS Management Policies 以及 Director's Order#1: National Park Service Directives System, March 29, 2000 整理。

第一层次的文件是管理政策（Management Policies），是美国国家公园局的正式出版物。它反映了美国国家公园的管理哲学。管理政策为美国国家公园体系和国家公园局各项计划的管理建立了框架、提供了指导并规定了决策的相关程序。管理政策制定的依据是国会通过的各项法律和美国内政部制定的各项政策。

第二层次的文件是美国国家公园局局长令（Director's Orders）。它是管理政策的细化和具体化，也用来分配相应的职责和权力。局长令在制定过程中会吸收各个国家公园园长和区域局长的意见和建议，同时给提供利益相关者（Stakeholders）提出不同意见的机会。为了保证能够反映最新的变化，局长令具有时限性，一般为 4 年或 4 年以下。到期后根据实际情况，依照管理政策的相关程序或者修订局长令或者废除该局长令。局长令一般避免涉及技术细节，而技术政策则是由局长助理负责制定的。表 3-2 局长令的制定依据是“管理政策”。局长令一般包括以下内容：

1. 实施日期和废止日期。

2. 制定该局长令的目的，这一部分也会涉及该局长令与“管理政策”、国家公园局战略规划之间的关系。

3. 将被取代的以前颁布的文件目录。

4. 制定该局长令的法律依据。

5. 具体政策、指令和要求。

6. 各部门的职责与义务。

美国国家公园局局长令以及相关技术文件一览表 表 3-2

编号	国家公园局长令	相关技术文件	责任部门
1	指令性文件体系	—	政策办公室
2	公园规划	规划者参考	专业服务
3	部门授权	—	行政
4	潜水管理	—	运营
5	纸质文件与电子文件管理	华盛顿办公室通信手册	行政
6	解说	—	运营
7	公园志愿者	—	运营
8	预算与计划	—	行政

续表

编号	国家公园局长令	相关技术文件	责任部门
9	执法计划	—	运营
10a	结构图	—	专业服务
10b	制图与图纸编码	—	专业服务
11	信息管理	—	专业服务
12	环境分析	关于 12 号局长令的参考手册	自然资源
13	环境领导	—	运营 / 自然资源 / 文化资源
14	NPS 无线电频率管理	—	运营
16a	雇员可达性	—	平等机会项目
16b	工作场所多样性	—	平等机会项目
16c	歧视申述程序	—	平等机会项目
16d	平等雇佣机会	—	平等机会项目
16e	性骚扰	—	平等机会项目
17	旅游	—	旅游办公室
18	荒野火灾管理	—	运营
19	记录管理	—	行政
20	协议	20 号局长令参考手册	行政
21	捐款与基金募集	—	文化资源及伙伴关系
22	费用征收	—	运营
23	博物馆收藏品管理	—	文化资源及伙伴关系
24	土地保护	—	专业服务
25	青年计划	—	文化资源及伙伴关系
26	成本分摊挑战	—	文化资源及伙伴关系
27	文化资源管理	文化资源管理指南	文化资源及伙伴关系
28	人种学计划	—	文化资源及伙伴关系
30a	灾害和固体垃圾管理	—	运营
30b	有害物质溢出反应	—	自然资源
30c	损害评估	—	自然资源

续表

编号	国家公园局长令	相关技术文件	责任部门
31	差旅程序	—	行政
32	合作社团	32 号局长令参考手册	运营
33	考古学	—	文化资源及伙伴关系
35a	公园外部水电销售	—	自然资源
35b	公园内部水电销售	—	运营
36	住房管理	—	运营
37	公园住房内的家庭商业	—	运营
38	房屋出租	—	运营
39	水坝及其附属工程	—	运营
40	原野保护与管理	41 号局长令参考手册	运营
41	残疾游客的可达性	—	运营
42	美国国家公园局制服	—	运营
43	资产管理	—	行政
44	国家步道体系	—	文化资源及伙伴关系
45	野生和风景河流	—	文化资源及伙伴关系
46	声景保护和噪声管理	—	运营
48a	特许经营管理	—	运营
48b	商业利用授权	—	运营
50a	工人补偿案例	50a 局长令参考手册	运营
50b	风险管理	50b 局长令参考手册	运营
50c	游客安全	—	运营
51	紧急医疗服务	—	运营
52a	国家公园使命宣传与交流	—	政策办公室 / 伙伴关系
52b	图标设计标准	—	HFC①中心
52c	公园标记	—	HFC 中心运营
52d	箭头符号	—	政策办公室
53	公园特别使用	53 号局长令参考手册	运营
54	管理职责	—	行政

① HFC, Harpers Ferry Cente, Department of Publications.

续表

编号	国家公园局长令	相关技术文件	责任部门
55	国际事务	—	国际事务办公室
56	雇员健康	57 号局长令参考手册	运营
57	建筑物防火管理	—	运营
60a	飞行管理	—	运营
60b	动物捕获	—	自然资源
61	国家墓地	—	文化资源及伙伴关系
62	资产获取	—	行政
63	地理名称	—	政策办公室
64	纪念工程与纪念壁	—	政策办公室
65	爆炸与爆破作业管理	—	运营
66	信息自由法与受保护的资源信息	—	行政 / 自然资源 / 文化资源
67	版权与商标	—	文化资源
68	公告草案	—	行政
69	局长会议	—	政策办公室
70	互联网和局域网上的出版	—	专业服务
71a	与印第安部落的关系	—	印第安联络办公室
71b	印第安圣地	—	印第安联络办公室
72	研究与（标本）收集	—	自然资源 / 文化资源
73	媒体关系	—	公共关系
74	立法计划	—	立法事务
77a	湿地保护	77a 局长令程序手册	自然资源
77b	漫滩管理	—	自然资源
77c	家畜管理	—	自然资源
77d	野生动物保护中的物资使用	—	自然资源
77g	综合害虫管理	—	自然资源
77h	濒危物种管理	—	自然资源
77i	公园内标本借用	—	自然资源

续表

编号	国家公园局长令	相关技术文件	责任部门
78	社会科学	—	自然资源
79	重新选址地政策与程序	—	行政
80	设施管理计划	—	运营
81	维护管理计划	—	运营
82	公众适用报告	—	运营
83	公众健康	饮用水 / 废水 / 食物安全等	运营
84	图书馆资源	—	专业服务
85	扣押债权与征收	—	行政
87a	公园道路	—	运营
87b	交通替代体系	—	运营
87c	交通系统基金	—	运营
87d	非国家公园局道路	—	运营
87c	行政记录	—	政策办公室
88	空间管理	—	行政
89	价值分析	—	专业服务
90	顾问委员会	—	政策办公室
91	人力资源	—	行政
92	冲突调解	—	行政
93	申诉与听证	—	政策办公室

资料来源：Status of Director's Orders as of August 28, 2001（www.nps.gov/refdesk/DOrders/Dostatus.html）& Policies and Procedures in Transition（www.nps.gov/refdesk/Dorders/）.

第三层次的文件是技术性文件，包括参考指南（Reference Manual）、手册（Handbook）和其他相关资料。第三层次的文件是各国家公园单位和国家公园局各项计划日常管理的技术支持。这一层次的文件可以由国家公园局局长助理、区域局长和项目主管发布和修订。指南与手册一般包括如下内容：

1. 相关立法、政策或程序方面的要求。

2. 相关术语和定义一览表。

3. 增进有效管理的技术建议。

4. 可资借鉴的范例。

5. 获取进一步信息的资料来源。

3.5.2 基本政策

美国国家公园管理的基本政策是由1916年的《国家公园基本法》、1970年的《国家公园局总体授权法》以及1978年对授权法的修正案所确定的。这就是"在保护风景资源、自然和历史资源、野生动物资源并在保证子孙后代能够欣赏不受损害的上述资源的前提下，提供（当代人[①]）欣赏上述资源的机会"。根据1916年的《国家公园基本法》，1918年5月13日，当时的美国内政部部长富兰克林·K·雷恩给国家公园局长斯蒂芬·马瑟写了一封信，阐述了他对基本法的认识和他认为的国家公园管理的三条基本原则：

第一，为了子孙后代同时也为了我们这一代的使用，国家公园必须维持其不受损害的形态。

第二，国家公园的设立要为人们的使用、观察、健康和愉悦服务。

第三，国家利益是制定公园决策的根本依据，不管这些决策影响到的是公众事业还是私人产业[②]。

虽然对于雷恩的这封信环境保护主义者还有一些不满的意见，尤其认为雷恩的第二条观点带有相当大的功利色彩[③]，但主流意见仍然认为这三项基本原则是美国国家公园管理的里程碑（Landmark）和基本信条（Basic Creed），是美国国家公园体系管理的基本政策。84年来，雷恩的三项基本原则一直是美国国家公园局解决"保护与利用"问题的基本出发点和评判标准。

从美国国家公园管理的基本政策中我们可以得出以下结论：

第一，美国国家公园设立与管理的首要目标是保护国家公园的资源与价值。受保护的资源包括以下内容：形成国家公园并不断发展变化的生态、生物和物理过程；白天与夜晚的自然能见度（Natural Visibility）；自然景观；自然音景（Natural Soundscapes）和气味；水和空气资源；土壤；地质资源；化石资源；考古学资源；文化资源；人种史学资源；历史和史前遗迹、建/构筑物；博物馆收藏以及本土植物与动物。至于价值，美国人认为国家公园的价值（Value），实际上就是国家公园的重要性（Significance）。这种重要

① "（当代人）"为作者所加。

② First, that the national parks must be maintained in absolutely unimpaired form for the use of future generations as well as those of our own time; second, that they are set apart for the use, observation, health and pleasure of the people; and third, that the national interest must dictate all decisions affecting public or private enterprise in the parks. Management Policies 2001, p15, NPS.

③ Richard West Sellars, Preserving Nature in the National Parks, p57.

性体现在对国家尊严（National Dignity）的贡献上，体现在对最高环境品质的贡献上，体现在对人民心灵激励的积极作用（Inspiration），当然也体现在为人民提供欣赏国家公园的机会方面。

第二，美国国家公园的设立和维护是要为美国人民提供享受（Enjoyment）国家公园资源的机会。这里需要强调的是，机会要提供给所有的人民，不仅是那些游览国家公园的人，也包括没有游览国家公园的人；不仅包括当代的美国人，还包括子孙后代。同时享受不仅是指“游览”国家公园，也包括从国家公园中获取科学知识和受到心灵激励等其他各种方式。

第三，当保护与利用产生矛盾时，保护是压倒一切的（Predominant）。这主要是考虑到“代际公平”，因为美国国会认识到只有美国国家公园的资源与价值“不受损害（Unimpaired）”，才能提供给子孙后代享受美国国家公园的同等机会。所以美国法院在有关国家公园的案例判决中，对国家公园基本法做出的解释经常包括以下用语：“资源保护是首要目标（Resource Protection the Primary Goal）”“资源保护是全部的关注（Resource Protection the Overarching Concern）”“只有一个目标，那就是，保护（But a Single Purpose，namely，Conservation）”（NPS，2001）。

从许多文献中（Sellars 1997; Wirth, 1980; McCurdy, 1985; NPS, 2001）我们可以看到对“不受损害（Unimpaired）”这个短语的讨论。保护的目的就是使国家公园内的资源和价值“不受损害”。根据美国国家公园局的官方观点，“损害（Impairment）”主要是指对于国家公园资源和价值“完整性（Integrity）”的伤害。可能引起损害的活动，包括游客活动、美国国家公园局的管理活动或由特许经营、合同等引发的商业活动。当然是否会对“完整性”造成伤害，取决于具体资源或价值的特性（主要是敏感度）以及该项活动的强度、持续时间和发生时间等因素。

3.5.3 国家公园单位入选标准

美国国家公园体系是一个成长中的体系，其基本入选标准包括 4 项：国家重要性、适宜性、可行性和 NPS 不可替代性。

3.5.3.1 国家重要性（*National Significance*）

一个候选地必须具备下列 4 条标准，才能被认为具有国家重要性：其一，是一个特定类型资源的杰出代表；其二，对于阐明或解说美国国家遗产的自然或文化主题[①]具有独一无二的价值；其三，可以提供公众“享受”这一资源或进行科学研究的最好机会；其四，资源具有相当高的“完整性”。

3.5.3.2　适宜性（Suitability）

一个候选地是否适合进入美国国家公园体系要从两个方面考察它的适宜性：其一，它所代表的自然或文化资源是否已经在国家公园体系中得到充足的反映；其二，它所代表的资源类型没有在其他联邦机构、印第安部落、州、地方政府和私人机构的保护体系中得到充分反映。适宜性考察将以个案（Case by Case）方式以比较分析的形式进行，主要比较分析它与类似资源在特征、质量、数量和综合资源方面的异同。适宜性比较分析也会涉及资源的稀有性（Rarity）及用于解说和教育的潜力等内容。

3.5.3.3　可行性（Feasibility）

一个候选地要具备进入国家公园体系的可行性，必须具备如下两个条件：其一，必须具备足够大的规模和合适的边界以保证其资源既能得到持续性保护，同时也能提供美国人民享用国家公园的机会；其二，美国国家公园局可以通过合理的经济代价对该候选地进行有效保护。对于可行性的考察，一般考虑如下因素：占地面积、边界轮廓、对候选地及临近土地现状和潜在的使用、土地所有权状况、公众享用的潜力、各项费用（包括获取土地、发展、恢复和运营）、可达性、对资源现状和潜在的威胁、资源的损害情况、需要的管理人员数目、地方规划和区划对候选地的限制、地方和公众的支持程度、命名后的经济和社会经济影响。可行性评价还将考虑国家公园局在资金和人员方面的限制。

3.5.3.4　NPS 不可替代性（Direct NPS Management）

从 20 世纪 80 年代以后，美国国家公园局开始强调合作的重要性。这一方面是因为美国国家公园体系本身已达到近四百家单位，基本涵盖了美国重要的国家遗产，同时国家公园局的人力财力已经达到极限；另一方面许多民间保护机构的出现也为美国资源保护形式的多样化提供了条件。这种情况下，美国国家公园局鼓励民间保护机构、州和地方一级保护机构，以及其他联邦机构在新的资源保护地管理方面发挥领导作用。除非经过评估，清

① 美国曾制定过国家公园体系总体规划，该规划曾列出过国家公园体系需要反映的不同的自然与文化自然主题。

楚地表明候选地由美国国家公园局管理是最优的选择，是别的保护机构不可替代的，否则国家公园局会建议该候选地由一个或多个上述保护机构进行管理。

如果一个候选地确实满足国家重要性的标准，但不能满足其他三条标准，同时又希望拥有国家公园的相关称号，美国国家公园局会赋予它们一种特殊地位，即“国家公园体系附属地区（Areas Affiliated with National Park System）”。举例来说，一个候选地的资源完全具备国家重要性的要求，但它的土地却非联邦政府所有，这种情况下，它们一般会成为“国家公园体系附属地区”。截至1989年，这类地区一共有32个。对于附属地区的管理有两点是值得关注的：首先，与其他国家公园体系单位一样，附属地区必须满足国家重要性的要求，也必须执行国家公园管理的相关政策和标准；其次，管理该地区的非联邦机构必须与国家公园局签订协议以保证资源得到持续性保护。

3.5.4 土地保护管理

土地保护政策是美国国家公园局有效管理国家公园资源和价值的基本工具之一。每一个美国国家公园单位都会有一个拥有法律地位的明确边界，除少数国家公园体系单位外，一般来说边界内的土地大部分属于联邦政府所有。对于那些非联邦土地，国家公园局每年都有专款用于购买（Purchase）。除购买外，国家公园局会采取多种方式获取它的所有权或管理权，包括：交换（Exchange）、合作协议（Cooperative Agreement）、获得馈赠（Gift）、租借（Lease）、遗赠（Devise）、购买地役权（Easement①）、转让（Transfer）和征用（Condemnation②）等。

交换是指国家公园局与其他联邦机构或私人土地所有者进行的土地所有权之间的交易。土地之间的交换必须有利于美国国家公园体系的保护与管理。价格超过50万美元的交易必须上报美国参众两院拨款委员会、内政部及相关机构分委员，做30天的复查。转让是指土地所有权从一个联邦机构向另一个联邦机构的转移，如从林业管理局向国家公园局的转移。虽然转让的情况时有发生，但与单向转让相比，各联邦机构之间更愿采用交换的方式。馈赠和遗赠的方式是类似的，都是从私人或私人机构手中向国家公园局进行的土地所有权转移。当然馈赠或遗赠有时是附带一定条件的，例如如果

① 地役权，是一个法律名称，指给购买人提供有限的使用其地产的权利。
② 也用Eminent Domain一词，两个英文单词的意思都是“征用权”。

馈赠后的土地不是作为公园的用途，这些土地将会归还给赠予者。征用是指国家公园局通过法院强令国家公园边界内的土地所有者将土地转让给美国国家公园局，转让的价格由法院确定。

在与国家公园内的住户进行土地所有权交易时，国家公园局有时会允许产权主继续保留使用权若干年，这主要是看国家公园对该土地需要的迫切程度。最高不超过 25 年或不超过产权主的自然寿命。该项规定仅限于那些面积不超过 3 英亩（约 1.2hm^2）的土地。允许住户保留使用权将降低国家公园局的购买费用。一般情况下，一年的使用权可以节省 1% 的费用。

购买、交换、馈赠、遗赠和征用都涉及土地所有权的转移。但实际情况是，有时美国国家公园局不可能或没有足够的资金获得土地所有权。这种情况下，国家公园局一般会采取一些变通的办法以获得对相关土地的有效管理权。常用的方式包括：合作协议和购买地役权。合作协议是指土地所有者在保留其土地所有权的情况下，与国家公园局就土地的运营、开发等达成的管理协议。这些管理协议不能违背有关国家公园的法律、政策和规划。购买地役权，是指国家公园局购买私人土地所有者的部分土地使用权，有些情况下，也指花钱限制土地所有者的一些权利。前一种情况的例子是，国家公园局购买土地的通过权，以使游客能够穿越私人业主的土地，到达某一风景游览地区。后一种情况的例子是，国家公园局购买土地的风景权（Scenic Easement）以防止私人业主在自己的土地上砍树或建造永久建筑。

用于购买土地所有权或地役权的资金多数来源于“土地与水资源保护基金（LWCF①）”。LWCF 是于 1963 年 2 月 14 日由肯尼迪总统签署法令建立的一项基金，主要用途是帮助联邦机构、州政府和地方政府购买和发展用于户外休闲活动的土地。基金的来源包括联邦拨款、其他各级政府拨款以及民间捐助等。联邦拨款是从 1965 年开始的，平均每年为 1 亿美元。最高的拨款年份是 1979 年，达到了 3.69 亿美元，2002 年的拨款为 1.4 亿美元。LWCF 中的联邦拨款部分主要用于美国国家公园局获取国家公园边界内的、非联邦政府所有的土地和水资源，以实现国家公园局在资源保护和游憩管理方面的目标。

美国国家公园局不仅关注国家公园边界内的土地保护问题，也关注边界外的土地保护问题。这是因为美国国家公园的边界一般是根据土地所有权边界来确定的，而非根据生态系统和资源的完整性来确定的。这种情况下，要实现国家公园局保护资源完整性的目标，必须妥善解决来自国家公园边界

① 土地与水资源保护基金——Land and Water Conservation Fund，简称 LWCF。

外围的威胁。为了解决这类问题，美国国家公园局采用的方法包括：入口社区规划和伙伴计划（Gateway Community Plan and Partnership Arrangement）；NPS 教育计划；规划决策过程中的公众参与等方式。

3.5.5 自然资源管理

3.5.5.1 自然资源的定义

美国国家公园局管理的自然资源包括：物质资源，如水、空气、土壤、地形特征（Topographic Features）、地质特征（Geologic Features）、化石资源（Paleontological Resources）、自然音景（Natural Soundscape）和洁净天空（Clear Skies）；自然过程，如气候、侵蚀（Erosion）、洞穴形成过程（Cave Formulation）以及山火（Wildland Fire）；生物资源，如本地植物（Native Plants）、本地动物和生物群落（Communities）；生态过程，如光合作用（Photosynthesis）、自然演替（Succession）和进化（Evaluation）；生态系统（Ecosystems）以及上述资源的高价值附属特征，如风景（Scenic Views）。

从上面的内容我们可以看到，受美国国家公园局保护的自然资源是十分广泛的，不仅包括静态的"资源"，也包括动态的"过程"；不仅包括"看得见"的资源，也包括"看不见"的资源，如"听得见"的资源——音景（Soundscape）、"闻得见"的资源如自然气味（Odors）等。

3.5.5.2 自然资源管理的基本策略

1. 整体保护策略

美国国家公园局对自然资源的保护首先强调的是对其整体性的保护，即保护构成整个国家公园生态系统的各个组成部分，不厚此薄彼。除了对濒危物种（Threatened or Endangered Species）外，不对单一物种或自然过程施行特殊保护。而整体保护，首先是对生物多样性的保护。

2. 减少干涉策略

美国国家公园局在其管理政策中强调：自然变化也是国家公园生态系统的一个组成部分，因此在管理国家公园的过程中，只要自然资源和自然过程还处于相对原生的状态[①]，就应该尽量减少人类对自然系统的干涉程度。

当然不论是整体性策略还是减少干涉策略，都是美国国家公园在发展

① 即尚未受到人类的干扰。如果生态系统已经受到了人类的严重干扰，则美国国家公园局将会采取修复自然系统的方式，以使其恢复到接近原生的状态。参见本节中有关修复自然系统的论述。

过程中付出许多代价后得出的结论。在美国国家公园的早期管理中，他们将动物分成受欢迎的动物和不受欢迎的动物。受欢迎的动物是那些有蹄类动物（Ungulates），如麋鹿（Elk）、野牛（Buffalo）等，因为这些动物都是游客喜欢的动物。相反不受欢迎的动物则是狼、山狗（Coyotes）和山狮（Cougars），因为这些食肉类动物既不受游客的欢迎，也是有蹄类动物的天敌。于是对上述两类动物采取了不同的管理政策。拿黄石国家公园为例，1902 年公园当局开始执行所谓“保护”有蹄类动物的计划：一方面实施包括冬季喂养、驱拢圈养（Roundups）、剔除老龄个体等计划；另一方面，实施食肉类动物控制计划，雇佣猎手捕杀食肉类动物。这样做的结果是 20 世纪 20 年代的中期，食肉类动物开始从有些美国国家公园中消失，与此同时有蹄类动物的数量得到了空前的提高。拿北美野牛为例，黄石国家公园内北美野牛的数量由 1902 年的不足 50 只上升到 1929 年的 950 只，增加了 19 倍，其他有蹄类动物的数量也有了飞速的增长。结果是黄石国家公园的生态系统变得极不稳定和平衡，草皮退化引起了一系列的生态问题，如病虫害的加剧等。这种情况下，公园管理当局又开始雇佣猎手捕杀有蹄类动物或将他们捕获后运往动物园和屠宰场，仅 1935 年被黄石国家公园捕杀的麋鹿就达到 3300 多只（Sellars，1997）。1995 年又为黄石公园请回了灭绝多年的灰狼（Grey Wolves）。经过近一个世纪的“折腾”，美国国家公园局终于认识到尽量减少对“自然过程”的人工干涉，才是保护自然资源的最好方法。

美国国家公园局《2001 年管理政策》中规定，除非遇到以下情况，国家公园局将不会干涉自然生物或物理过程：国会指示的；在人类生命财产受到威胁时；在修复自然生态系统的功能时；当公园规划认定某一干涉行为是必须进行的。即使进行有限干涉时，也要求降低干涉的程度，同时监测干涉所造成的环境影响，以便及时做出调整。

3. 修复自然系统策略

减少干涉策略是针对自然状况和自然过程没有受到干扰和破坏时采取的策略，而修复自然系统策略则是在自然状况和自然过程受到破坏，尤其是严重破坏时，为使自然系统恢复到接近原生状态而采取的策略。这些破坏包括引进外来物种（Exotic Species）；对大气、水和土壤的污染；水文状况（Hydrologic Conditions）和泥沙流动状况（Sediment Transport）的改变，如修建水库等行为[①]。当然美国国家公园局也允许对自然灾害所造成的破坏进行修复活动，这些自然灾害包括滑坡、地震、洪水和飓风等。

① 修建水库时，会造成水文状况的变化，以及石头泥沙等沉积物的堆积。堆积的结果是造成水文生态的破坏，从而影响到水生动植物的栖息环境。因此目前美国人认为国家公园内的水库建设是一种破坏自然状态和自然过程的行为，是不可接受的。

修复自然系统的行为一般包括：迁出外来物种；拆除造成污染的非历史性建筑物和设施；对弃置矿井用地、废弃道路用地、过度放牧地进行地形与植被恢复；恢复自然水道和驳岸地自然状态；对由于 NPS 管理活动、开发活动（如砍伐灾害树①、取沙）造成破坏的地区进行地形和植被修复；修复自然音景；重植本地植物以及重新引进本地动物物种。为了修复自然系统，美国国家公园的管理当局甚至不惜拆除用于公园服务的建筑物，在其他合适地点选址另建。

4. 合作保护策略

美国国家公园局认为要对自然资源进行有效的保护，仅靠自己一方的力量是不够的，因为公园的生态系统并未在公园的边界处戛然而止。因此他们十分强调与利益相关方（Stake Holders）的合作，尽可能地与其他联邦、州、地方政府、印第安部落和私人业主签订协议以保护国家公园的自然资源。

3.5.5.3 生物资源管理

在美国国家公园体系中，受保护的生物资源是指国家公园内的所有本地植物和动物（Native Plants and Animals）。本地物种是与外来物种（Exotic Species）对应的一组词汇。美国国家公园局将本地物种定义为：作为自然过程的结果，在命名地内曾经存在或正在生存的物种。本地物种在进化过程中一般是相互依存的。而外来物种则是指作为有意或无意的人类活动的结果直接或间接占据国家公园土地的物种。由于外来物种在进化过程中与本地物种并非相互依存，所以美国国家公园局认为外来物种不是国家公园自然生态系统的组成部分，因此不受保护。受保护的本地动物和植物指所有 5 种生物形式——原核生物②（Monera）、原生生物③（Protist）、真菌（Fungus）、植物（Plant）和动物（Animals），例如开花植物（Flowering Plants）、蕨类植物（Ferns）、苔藓（Mosses）、地衣（Lichens）、藻类（Algae）、霉菌（Fungi）、细菌（Bacteria）、哺乳动物（Mammals）、鸟类（Birds）、爬行类（Reptiles）、两栖类（Amphibians）、鱼类（Fishes）、昆虫（Insects）、无脊椎虫类（Worms）、甲壳纲动物（Crustaceans）、显微植物（Microscopic Plants）和显微动物（Microscopic Animals）。

美国国家公园生物资源管理的基本目标包括以下 3 项：

1. 保存和修复本地动植物种群和群落的丰富性、多样性、动态分布、栖

① 砍伐灾害树，英文为 Hazard Tree Removal。20 世纪初，美国国家公园的管理者认为山火之后的树木（即 Hazard Tree）对生态系统来说是无用的，因此他们就将这些树砍伐后作为商业木材。后来科学家发现，这些灾害留下来的树木对新植被的生长来说是十分重要的。因此美国国家公园局现在认为砍伐灾害树是一项干扰自然过程的破坏行为。

② 长久以来，生物被分为植物及动物两个类别。近年来，生物学家趋向以新的五界分类法，取代传统的二界分类法。就是说，生物现被分为五个主要类别。目的是使分类系统更为清晰，并涵盖那些既非动物，又非植物，或兼具动植物特征的生物。原核生物指所有缺乏细胞核和膜的生物。

③ 原生生物包括单核的真核生物（即具有真正的细胞核），多为单细胞生物，也有部分是多细胞的，但不具组织分化功能。与人类关系密切的原生生物有海带和紫菜等。

息地以及它们赖以生存的生态系统；

2. 当由于过去的人类行为而造成灭绝时，修复本地动植物种群；

3. 将人类对动植物物种、种群、群落和生态系统的影响减少到最低程度。

在基本目标下，美国国家公园局制定了详细的分类管理政策以应对生物资源管理的不同方面。这些分类管理政策包括动植物种群管理政策、基因资源管理政策、本地动植物管理政策、濒危动植物管理政策、外来物种管理政策、有害生物（Pests）管理政策等。

3.5.5.4　火管理①

美国国家公园局将国家公园内的着火现象分为自然山火（Wildland Fire）、管理用火（Prescribed Fire）和人为火灾（Human Ignited Fires）共 3 个不同的类别。自然山火是指由自然现象引起的火灾；管理用火是国家公园管理者为了实现某一管理目标的需要而进行的计划中“着火”；“人工火灾”则是人为因素造成的“非计划中”火灾。美国国家公园局认为自然山火是许多生态系统的组成部分，而人工火灾则会对国家公园造成非自然性的破坏。所以他们对这两者采取不同的管理政策：对前者一般采取的是“控制（Control）”政策，而对后者采取的是坚决“扑灭（Suppression）”政策。当然火管理的实施都要以《火管理规划》为依据。每一个具有可燃物的国家公园单位都要制定单独的《火管理规划》。这个规划是一种实施性计划。该规划将根据《总体管理规划》中制定的自然与文化资源保护目标，游客、工作人员和设施的安全要求以及国家公园临近的公共和私人财产的安全需要，具体制定各国家公园的火管理细节。

3.5.5.5　水资源管理

美国国家公园局水资源管理的目标是永久保护作为完整的水与陆地生态系统的组成部分——地面水和地下水。水资源管理的内容包括水权管理、水质管理、泛洪平原管理（Floodplain）、湿地管理和分水岭及河流作用的管理。

对于水权管理，国家公园局认为国家公园内地面水和地下水的抽取必须基于国家公园的管理和利用。利用后的水经过处理后应该返回到国家公园的水循环之中。当国家公园边界以外存在为国家公园游客服务的住宿设施，同时这些设施除国家公园的水资源供给外，别无出路时，国家公园管理者可

① 这里称火管理，而非防火管理，主要是因为并非对国家公园内的“着火现象”一味采取防和灭的政策，而是根据不同的种类采取不同的政策。

以与设施提供者签订供水合同。但前提是不得危害国家公园水文生态的完整性。

国家公园局对水质的管理主要依据《清洁水法》(*Clear Water Act*)执行。《清洁水法》是美国国会1977年通过的一项法律,其正式名称是《联邦水污染控制法》(*Federal Water Pollution Control Act*)。

美国人认为泛洪平原(Floodplain)具有多种文化、自然、资源等方面的功能,具体包括:(1)分蓄和削减洪水;(2)通过洪水中污染物的沉淀、过滤、净化,改善水质;(3)保持地下水平衡;(4)提供植物群落的生存环境;(5)提供鱼类及野生生物的生息环境;(6)保持地域的自然特征;(7)为人类提供良好的生活、休闲空间;(8)提供生态、历史、考古等科研、考察场所等[①](刘树昆,2001)。因此作为一种自然资源,应该对其价值和功能予以保护。管理原则包括:保护、保存和修复泛洪平原的生态功能;避免由于占据泛洪平原而造成的长期或短期环境影响;避免对泛洪平原用地的开发行为和可能导致洪水风险的行为给予直接或间接的支持。

对于湿地(Wetland)[②]的管理,国家公园局的基本政策是:采取行动防止湿地遭到破坏、流失和损害;保护和强化湿地的自然和有益功能;避免对湿地上建造建筑物的行为进行直接或间接的支持;实施"无湿地净损失(No Net Loss of Wetlands)"政策,并争取在国家公园内修复已经丧失的湿地以增加湿地总量。当然根据湿地的特点,国家公园局对湿地并未采取简单保护的政策,而是在不干扰湿地自然功能的前提下,开发利用湿地在教育、休闲和科学方面的功能。

对于分水岭(Watershed)和河流作用(Stream Process)的管理,美国国家公园局的管理政策中强调要保护分水岭和溪流水岸的自然特性,避免人类行为的干扰。当基础设施(如管道建设)和溪流保护发生矛盾时,国家公园局首先考虑的是重新为设施建设寻找用地或更改设计,而非随意改变溪流的自然状况。

3.5.5.6 大气资源管理

美国国家公园局大气资源管理的法律基础是《国家公园局基本法》和《清洁空气法》(*The Clear Air Act*)。《清洁空气法》是1977年通过的。该法授予美国联邦土地管理机构[③]保护一类地区(Class I Areas)——即1977年8月7日存在的、面积大于6000英亩(24.3km^2)的美国国家公园和面积大

① 刘树坤,国外防洪减灾发展趋势分析,2001,// www.cws.net.cn/CWSnet/jzzhxin/2001-lwxj/28.html.

② 根据联合国1971年《关于特别是作为水禽栖息地的国际重要湿地公约》(简称湿地公约),湿地系指不问其为天然或人工,长久或暂时之沼泽地、泥炭地或水域地带,带有或静止或流动,或为淡水、半咸水或咸水水体者,包括低潮时水深不超过6m的水域。《中国湿地保护行动计划》扩展了湿地的内涵,指出湿地还可以包括与邻接湿地的河湖沿岸、沿海区域以及湿地范围的岛屿或低潮时水深超过6m的水域。所有季节性或常年积水地段,包括沼泽、泥炭地、湿草甸、湖泊、河口三角洲、滩涂、珊瑚礁、红树林、水库、池塘、水稻田以及低潮时水深浅于6 m的海岸带等,均属湿地范畴。

③ 联邦土地管理机构,Federal Land Managers(FLMs),包括美国国家公园局(NPS)、美国森林局(US Forest Service)以及美国鱼类和野生动植物管理局(US Fish and Wildlife Service)。联邦政府所拥有的土地,一般是由这3个部门管理的。

于 5000 英亩（20.3km^2）的美国国家荒野地（National wildness Areas）——使其免受空气污染的负面影响。保护对象是所谓“空气质量相关价值（Air Quality-Related Values, AQRVs）”，即植被、视觉景观、水质、野生生物、历史和史前建构筑物、文化景观等对大气污染比较敏感的资源所具有的价值。保护的手段主要是审查临近一类地区的新建或扩建工业设施的（排放）许可证。即如果联邦土地管理机构认为这些排放将对一类地区的“大气质量相关价值”产生负面影响，则所在州的许可证管理机构将否决该许可申请①。当然美国国家公园体系的大部分地区都属于二类地区（Class II Areas）。对于这些地区美国国家公园局也将采取各种方法保护其大气质量。

3.5.5.7　地质资源管理

美国国家公园局将地质资源分为地质作用（Geologic Process）和地质特征（Geologic Features）两类。地质资源管理的主要内容包括：评估自然过程和人类活动对地质资源的影响；保持和修复现状地质资源的完整性；向游客解说公园地质资源。

美国国家公园局对于地质作用保护的基本原则是保证地质演变过程不受人类阻碍（Unimpeded）。受管理的地质作用包括：页状剥落（Exfoliation）、风化侵蚀（Erosion）、沉积（Sedimentation）、冰川作用（Glaciation）、喀斯特作用（Kasrst Process）、海岸线形成（Shoreline Process）、地震和火山运动（Seismic and Volcanic Activity）等。对于地质灾害——包括地震（Earthquake）、火山爆发（Volcanic）、泥石流（Mudflows）、滑坡（Landslides）、洪水（Flood）、海啸（Tsunamis）、雪崩（Avalanches）——的管理中，美国国家公园局强调在进行人类干涉以前，首先考虑替代方案，如关闭某一游览地区或为游客和基础设施重新选择位置。

美国国家公园局认为地质特征是指地质作用的物质结果。受美国国家公园局保护和管理的地质特征包括岩石（Rocks）、土壤（Soils）和矿物（Minerals）；地热系统中的间歇泉（Geysers）和温泉（Hot Springs）；洞穴（Cave）和喀斯特地貌（Karst Systems）；侵蚀景观中的峡谷（Canyons）和拱形物（Arches）；沉积景观中的沙丘（Sand Dunes）、冰碛（Moraines）、阶地（Terraces）；古生物学和古生态学资源（Paleontological and Palaeoecological Resources），如动植物化石（Fossilized Plants or Animals）和它们的痕迹（Traces）。

① Federal Land Managers' Air Quality Related Values Workgroup, http://www2.nature.nps.gov/ard/flagfree/brief.doc.

3.5.5.8 自然音景[①]管理

美国国家公园局认为自然之声也是非常重要的自然资源，是游客愿意亲近大自然的重要原因之一。他们把自然之声叫作自然音景（Natural Soundscape），指国家公园内所有存在的自然声音，包括：鸟类（Birds）、蛙类（Fogs）、树冬虫（Katydids）为保护领地和寻觅配偶而发出的声音；蝙蝠（Bats）为放置猎获物或海豚（Porpoises）为巡航所发出的声音；鼠类（Mice）或鹿类（Deer）为躲避食肉动物所发出的声音；由自然现象所引发出的自然之声，如风在树梢上发出的声音、雷声、瀑布之声等。

对于自然音景的保护主要是对人类噪声的控制。美国国家公园的管理规划中为不同地区制定了噪声标准，比如旅游设施密集地区允许的噪声强度就高于荒野地区允许的噪声强度。

3.5.5.9 自然光景管理

美国国家公园局认为自然光包括无光线时的黑暗都是国家公园内的自然资源和价值的体现：比如洞穴中或深层水底昏暗的光线是栖息在其中的物种生存和进化所必需的；漆黑夜晚的磷光（Phosphorescence of Waves）可以帮助海龟找到大海的方向；星光和月光也会影响人类和许多物种的活动，如鸟类依靠星光来导航，而被捕食的动物则会在月夜减少他们的活动。因此美国国家公园局会尽各种可能以保护自然黑暗（Natural Darkness）和自然光景（Natural Lightscape）。

为了保护自然光景，国家公园局一方面将会要求国家公园的游客、邻居和地方政府给予充分合作，以减少国家公园夜空中的人造照明，另一方面也会在自己的管理中采取以下措施：利用能够减少不良影响的照明技术；为了阻止对夜空、自然洞穴等的影响，对人造灯光予以遮蔽。

3.5.5.10 自然化学信息与气味管理

美国国家公园局认为自然化学信息和自然气味也是自然生态系统的组成部分。这些化学物质和气味一旦形成将会通过空气和水在有机体之间传递，并在自然生态过程中起到十分重要的作用。可以举出的例子包括：动物通过气味标记（Scent Posts）即撒尿、排粪或其他方式留下的气味与种群中其他动物进行联系；花香会吸引昆虫、鸟类为其授粉；雌性昆虫会释放信息

① 笔者最早将Natural Sound-scape翻译为“自然音景”现较多翻译为“自然声景”。其实就是我们中国文化中所说的“天籁”。

素（Pheromones）以吸引雄性昆虫；一些种类的甲虫会利用植物分泌出的化学物质寻找他们的栖息场所；鱼类会利用土壤或河床发出的，具有特征的化学物质寻找它们洄游的路线和排卵的场所。为了保护这些自然化学物质和气味，美国国家公园局要求在管理中尽量减少人类活动对自然气味的干扰，或者说，要将这种干扰造成的不良影响减少到最低程度。这些管理措施包括：限制杀虫剂的使用；尽可能保持原生植物的分布；限制设施建设区的规模；减少机动车的废气排放等。

3.5.6　文化资源管理

美国国家公园局将文化资源分为考古学资源（Archeological Resources）、文化景观（Cultural Landscapes）、人种学资源[①]（Ethnographic Resources）、历史和史前建构筑物（Historic and Prehistoric Structures）以及博物馆收藏（Museum Collections）共 5 类。他们很重视文化资源目录的建设——每一类文化资源都对应着一个文化资源清单[②]，分别是：考古遗址清单（Archeological Sites Inventory，ASMIS）；文化景观清单（Cultural Landscape Inventory，CLAIMS）；人种学资源清单（Ethnographic Resources Inventory，ERI）；建构筑物分类清单（List of Classified Structures，LCS）以及博物馆收藏国家清单（National Catalog of Museum Objects，ANCS）。其中前两个和最后一个还分别对应着一个管理信息系统。

除博物馆收藏外，其他 4 类文化资源的评估将根据注册国家历史地区评估标准（National Register of Historic Places Criteria for Evaluation）进行。符合标准的文化资源将进入注册国家历史地区名录（National Register of Historic Places）之中。注册国家历史地区是美国国家级文化资源的官方保护名单，它是根据 1966 年的国家历史保护法"*National Historic Preservation Act*"建立的，由美国国家公园局负责管理的一个国家保护名录。进入这一名录的文化财产可以是某一区域、地段、建筑物、构筑物等在历史、建筑、考古、工程和文化方面具有国家、州和地方重要性的资源。目前进入美国注册国家历史地区的文化资源共有 75000 多项，其中包括所有美国国家公园体系内的历史地区，以及 2300 多处国家历史标志（National Historic Landmarks[③]）。进入注册国家历史地区名录的财产将享受有税收方面的优惠并可以申请联邦保护基金，但同时如联邦或联邦相关项目中触及注册国

① 人种学或称种族人类学，研究人种之间的异同、人种的分类及其在地球上的分布，以及人种形成的历史原因和人种类型的变化规律。何星亮，人类学的研究与发展，《光明日报》2001 年 10 月 26 日。

② 美国国家公园局为每一类资源，包括自然资源和文化资源都建立了清单，其中包括资源的分布、状况等详细内容。清单实际上是美国国家公园进行管理和监测的基本数据库。

③ 国家历史标志（National Historic Landmarks）是由美国内政部部长批准的，具有国家级重要意义的历史地区。

家历史地区中的财产[①]，其规划过程要经过（国家）历史保护顾问委员会（ACHP[②]，the Advisory Council on Historic Preservation）的审核同意。

3.5.6.1 考古学资源的管理

考古学资源一般采取原址保护的原则。保护的方法主要是以“防”为主，即提前采取预防措施（Proactive Measures）以防止故意破坏和抢掠的行为，其中既包括修建护栏、警示牌、遥感报警设施等“硬”方式，也包括培训和公众教育等“软”方式。国家公园局也鼓励当地居民参与到考古资源的巡逻和监测之中。考古学资源的加固必须建立在充分研究的基础之上，并采用对自然环境和自然进程破坏性最小的方法。保护历史和史前地景艺术品（Earthworks）时，即使这些艺术品的原始状况是裸露岩石，也不应破坏其周围的本地植被（Native Vegetation），以防止侵蚀。

3.5.6.2 文化景观的管理

文化景观是指人类活动与其自然环境融为一体的景观。它被定义为“既包括文化资源也包括自然资源，既有野生动物也有家畜的地理区域，这一区域与一个历史事件、一项人类活动、一个历史人物有关，并展现着文化与美学价值[③]（Charles A. Birnbaum，2002）”。美国人将文化景观分为4类：设计类历史景观（Historic Designed Landscape）、乡土历史景观（Historic Vernacular Landscape）、历史地段（Historic Sites）和人种学景观（Ethnographic Landscape）。设计类历史景观是指景观建筑师、建筑师、园艺师等设计的、代表一定时期历史风格的景观；乡土类历史景观是指由居住于景观区域内的人类生产和生活活动所形成的景观，如古村落和葡萄园等；历史地段是指与历史时间或历史人物密切相关的景观，如历史战场和名人故居；人种学景观是指其中包含各种与人类密切相关的自然和文化资源的景观，如宗教场所和现代住区等。

对待文化景观的方式有3种：维持原状（Preservation）、使用（Rehabilitation）与修复（Restoration）[④]。维持原状是指维护文化景观的形态、完整性和原始材料，外观不作任何变动，内部的变化仅限于对机械、电子和给水排水设施的更新。在这种方式中，强调的是维护（Maintenance）和修理（Repair）这两项工作，替代（Replacement）将被限制在最小范围。一般来说，当一个文化景观其现状维护、利用和解说状况尚可的情况下，应

① 由于美国是私有制国家，所以根据美国法律，列入注册美国国家历史地区的私有财产，其所有者拥有自由支配权。

② ACHP 是一个独立的联邦机构，是美国总统和国会在国家历史保护政策方面的顾问。这个顾问委员会由 20 名成员组成，每年开会 4 次，成员是由美国总统直接任命的。

③ Protecting Cultural Landscapes: Planning, Treatment and Management of Historic Landscapes Charles A. Birnbaum, ASLA; http: //www.cr.nps.gov/hps/tps/briefs/brief36.htm.

④ Preservation, Rehabilitation 和 Restoration 这几个词的译法参照了王瑞珠《国外历史环境的保护与规划》一文。

该采取的是维持原状这种保护方式。

与维持原状相比，使用是在不破坏那些承载着历史、文化和建筑价值部分的前提条件下，通过修理（Repair）、改变（Alteration）和添加（Addition）等方法使该文化景观具备与其价值相协调的用途。

修复主要是为了恢复某一历史时期文化景观的形态与特征。修复的方式包括拆除其他历史时期的添加物以及重建该历史时期的形态与特征等。美国国家公园局认为，修复必须具备以下 3 项前提：预拆除的部分经过了专业评估，其重要性给予了充分考虑；修复对于公众理解该文化景观是必要的；拥有预修复历史阶段的充足信息，可以保证修复的精确性。

3.5.6.3　人种学资源的管理

人种学资源是指那些对“国家公园的原住民”具有重要意义的文化与自然资源。所谓“原住民”是指使用国家公园内特定的文化与自然资源已经满两代（40 年）以上的，并且他们的利益在国家公园建立以前就存在的人群，比如美国印第安人（Indians）、因纽特人（Inuit）、夏威夷土著居民（Native Hawaiians）、非洲裔美国人（Africa Americans）、讲西班牙语的美国人（Hispanics）、华裔美国人（Chinese-Americans）、欧洲裔美国人（Euro-Americans），以及农夫、放牧者、渔夫等传统上与某一特定国家公园有密切联系的人群。他们所使用的文化与自然资源包括：墓地、历史人物出生地、部族起源地、迁移通道和收割储藏的场所等。

美国国家公园局认为不论这些资源是否属于某一国家公园建立的依据，他们都是国家公园生态系统的一个组成部分，应该在有效管理的前提下允许“原住民”的继续使用，并保证国家公园局的管理行动不破坏这些资源的完整性。

3.5.6.4　历史与史前建构筑物的管理

与文化景观一样，历史与史前建构筑物的处理方式也包括维持原状、使用和修复 3 种方式。

在修复这种方式里面包括重建（Reconstruction）这种形式。由于国家公园局认为，无论如何，重建的建构筑物都是用现代的东西去传达和解释历史信息，因此他们对重建是十分慎重的，除非满足以下条件，一般不采用重建的方式：除重建外没有其他替选方式来承担国家公园的解说教育目标；拥有足够的历史资料能够保证准确地复原历史建构筑物；重建的建筑是在原址上复原的；重建所造成的考古资源信息的流失必须进行数据恢复（Data Recovery）；重建必须得到国家公园局局长的批准。

3.5.6.5 博物馆收藏的管理

博物馆收藏（Museum Collections）也是受美国国家公园局保护的文化资源之一。收藏主要集中在考古学、人种学、历史、生物、地质、古生物学等领域，目的是为了使游客能够更深入地了解国家公园所具有的科学和文化价值。藏品包括器物、标本、档案和手稿等。处理（Treatment）的方式有保存（Preservation）、修复（Restoration）和复制（Reproduction）等3种。

3.5.7 荒野保护与管理

荒野（Wildness）的保护与管理是美国国家公园体系管理中的重要内容。美国最早出现“荒野地区”的命名是在1924年。当时国家林业局的新墨西哥办公室在其所辖的吉拉国家森林中命名了一块“荒野地区”，在这一地区，没有任何形式的道路，这就是美国的第一块荒野地区。1964年美国国会通过了《荒野法》，使荒野的保护与管理成为美国国家公园局的法定任务。荒野地区必须具备以下5项标准：该地区的大地及其生物群落不受人类约束（Untrammeled By Man），人类只是访客；该地区未受人类开发并保持着原始特征和影响，没有人类的永久住所；影响该地区的主要是自然力量，人为因素是不明显的；该地区保护和管理的目标是保存自然状况；该地区提供的游憩机会以孤独和原始为特征。

荒野地区的设立主要是为了在美国联邦政府拥有的土地上保存若干片不受人类干扰的“净土”。因此对于荒野地区的管理采取的是“最小需求（Minimum Requirement）”评估程序和“无人类痕迹原则（Leave-no-trace）”。最小需求程序是一个确定影响荒野资源和荒野游客体验的管理行动是否必要的一个工作程序，它分为两个步骤：

第一，要采取的管理行动对荒野地区来讲是否是必须的和适当的；同时对于荒野资源和特征不会产生重要影响；

第二，该项管理行动的相关技术是否能将对荒野资源和特征的影响减少到最小。

"无人类痕迹原则"适用于所有荒野游憩利用活动，即荒野的利用者必须将他们制造的所有废物带出荒野，不得在荒野地区留下任何痕迹。

3.5.8　解说与教育

解说（Interpretation）与教育（Education）是美国国家公园管理的重要内容，因为通过解说和教育，将使游客理解并欣赏国家公园的各种价值，同时通过他们还可以将资源、游客、社区和管理紧密地结合起来，从而扩大公众对保护国家公园资源的支持。

解说形式分为有人服务（Personal Service）和无人服务（Non-personal）两种。有人服务指由解说人员直接参与的解说服务，包括讲演、图解讲座、辅导性活动、示范、表演艺术、初级园景导游、特别讲解项目等，形式活泼多样。无人服务是指不需要解说人员直接服务的解说与教育服务，包括公园主页和其他出版物、博物馆和游客中心的展示、路边展示、互联网展示、视听演示、广播信息系统等。

提供解说和教育服务的不仅是国家公园局的雇员。作为国家公园局解说与教育服务的补充，志愿者、特许经营者、合作机构以及有兴趣的个人都可以提供解说和教育服务。但是为了保证解说的质量，国家公园局的解说管理人员将参与非国家公园局解说项目的规划、批准、培训、监测和评估的全过程。

3.6　美国国家公园体系的经验教训

国家公园运动在不同国家有着不同的社会与文化背景，但作为一项国际性运动，它们又有着许多共通之处。其中很重要的一点就是它们所需要处理的矛盾与关系基本相同。这些矛盾与关系包括：资源保护与旅游发展之间的关系；中央政府与地方政府之间的关系；国家公园用地与周边土地之间的关系；不同政府部门之间的关系；立法机构、行政机构和民间团体之间的关系；管理者与经营者之间的关系以及国家公园管理机构与民间保护团体之间的关系。美国的经验教训也就是处理这些关系时的经验教训。

国家公园管理中最主要的矛盾是保护与利用之间的矛盾。管理者的自身定位，将直接影响到资源保护的最终效果。美国国家公园的管理者将自己定位于管家或服务员的角色（Steward），而不是业主（Owner）的角色。他们认为像国家公园这样的国家遗产，其继承人是当代和子孙后代的全体美国公民，管理者对遗产只有照看和维护的义务，而没有随意支配的权利。这种国家自然文化遗产保护中的伦理观念，在我国的遗产保护中应予以提倡。

美国国家公园的保护和管理建立在较为完善的法律体系之上，几乎每一个国家公园都有独立的授权法。美国国家公园局的设立及其各项政策也都以联邦法律为依据。20 多部联邦法律，几十部规则、标准和执行命令既保证了美国国家公园作为国家遗产在联邦公共支出中的财政地位，也避免了美国国家公园局与林业局等其他政府部门之间的矛盾。

1965 年美国国会通过了《特许经营法》，要求在国家公园体系内全面实行特许经营制度，即公园的餐饮、住宿等旅游服务设施向社会公开招标，经济上与国家公园无关。国家公园管理机构是纯联邦政府的非营利机构，专注于自然文化遗产的保护与管理，日常开支由联邦政府拨款解决。特许经营制度的实施，形成了管理者和经营者角色的分离，避免了重经济效益、轻资源保护的弊端。

美国的国家公园和州立公园分工明确：国家公园以保护国家自然文化遗产，并在保护的前提下提供全体国民观光机会为目的；州立公园主要为当地居民提供休闲度假场所，允许建设较多的旅游服务设施。州立公园体系的建立既缓解了美国国家公园面临的巨大旅游压力，又满足了地方政府发展旅游、增加财政收入的需要。

科学的规划决策系统是保证国家遗产有效管理的有力工具。这一方面美国也积累了一些有益的经验，如用地管理分区制度、公众参与、环境影响评价、总体管理规划 - 实施计划 - 年度报告三级规划决策体系等。

美国在国家公园保护和管理过程中的教训与经验几乎一样多。美国国家公园局由于在 20 世纪 60 年代以前不重视科学研究的作用，对国家公园内的生态系统造成了相当大的破坏，例如在黄石等国家公园内大肆猎杀土狼等食肉类动物以增加鹿、野牛等观赏性动物的数量，引进外来树种进行所谓风景林培育等，这些做法对国家公园的生态系统甚至对其风景美学价值都带来了不可弥补的损失，遭到了严厉批评。国家遗产的保护与管理是一项技术性很强的工作，美国的教训提醒我们，在遗产保护过程中要形成制度以听取生态专家和文物保护专家的意见，逐步消除遗产管理中的随意性、粗放性和盲目性。

国家公园和保护区的管理不能脱离它所处的周边环境——“鸡窝里面飞不出金凤凰”。美国在这一方面的教训也不少。美国国家公园局在很长时间内只是关注公园内部的管理事务，没能及早参与处理国家公园外围环境中存在的问题，给国家公园边界内的资源保护造成了极大的隐患。

美国国家公园局曾在 20 世纪 70 年代做过一个庞大的国家公园体系规划，后因无法操作而不了了之。由于国家公园体系结构本身缺少现实可行的规划与设计，造成体系内种类繁多，数量过大，品质良莠不齐，在资金和人员方面均面临较大的压力。目前的美国国家公园体系包括自然、历史与休闲 3 大块，20 种分类，375 处个体单位。休闲系统纳入国家公园体系产生了较多的问题，引起了很多争论。自然与历史方面的单位也因数量过大，影响了高品质国家公园单位的保护力度。

Chapter Four

第 4 章 中国国家公园和保护区体系的现状与问题[1]

① 本章内容和数据均未包括我国的港澳台地区。

对照 IUCN 关于“国家公园与保护区”的概念，我们可以看出：我国与“国家公园与保护区”关系最为密切的用地为风景名胜区和自然保护区；相关的保护性用地还包括“国家森林公园”“国家地质公园”“世界遗产”和“人与生物圈保护区”等。截至 2002 年 11 月，我国已建立风景名胜区 689 个，其中国家级风景名胜区 151 个，总面积占国土面积的 1% 以上（赵宝江，2002）。截至 2001 年底，全国不同类型和级别的自然保护区达 1551 个，总面积为 12989 万 hm^2，占陆地国土面积的 12.9%（国家环境保护总局自然生态保护司，2002）。截至 2002 年 12 月，全国林业系统建立各类自然保护区 1405 处，总面积 1.09 亿 hm^2，占国土面积的 10.8%，其中林业系统内的国家级自然保护区 134 个（彭俊，2002）。目前，全国共有人与生物圈保护区 22 处，世界遗产 28 处，国家地质公园 44 处，国家森林公园 439 处（王学健，2002）。

4.1 自然保护区

4.1.1 历史和现状

国务院1994年颁布的《中华人民共和国自然保护区条例》(以下简称“条例”）指出：自然保护区“是指对有代表性的自然生态系统、珍稀濒危野生动植物物种的天然集中分布区、有特殊意义的自然遗迹等保护对象所在的陆地、陆地水体或者海域，依法划出一定面积予以特殊保护和管理的区域”。条例规定：“国家对自然保护区实行综合管理与分部门管理相结合的管理体制。国务院环境保护行政主管部门负责全国自然保护区的综合管理。国务院林业、农业、地质矿产、水利、海洋等有关行政主管部门在各自的职责范围内，主管有关的自然保护区”。根据自然保护区的主要保护对象，自然保护区分为 3 个类别 9 个类型，见表 4-1。

自然保护区类型划分表及统计表[①]　　表 4-1

类别	类型	主要保护对象	国家（个）	省级（个）	地市县（个）
自然生态系统	森林	森林植被及其生境所形成的自然生态系统	74	235	460
	草原与草甸	草原植被及其生境所形成的自然生态系统	2	12	19
	荒漠	荒漠生物和非生物环境共同形成的自然生态系统	7	8	5
	内陆湿地和水域	水生和陆栖生物及共生环境共同形成的湿地和水域生态系统	10	44	83
	海洋和海岸	海洋、海岸生物与其生境共同形成的海洋和海岸生态系统	12	6	22
野生生物	野生动物	野生动物物种，特别是珍稀濒危动物和重要经济动物种种群及其自然生境	49	139	137
	野生植物	野生植物物种，特别是珍稀濒危植物和重要经济植物种种群及其自然生境	7	36	68
自然遗迹	地质遗迹	特殊地质构造、地质剖面、奇特地质景观、珍稀矿物、奇泉、瀑布、地质灾害遗迹等	6	35	9
	古生物遗迹	古人类、古生物化石产地和活动遗迹	4	11	11

注：根据有关资料整理，统计数据截至 2001 年底。

我国自然保护区建设事业始于 1956 年，这一年广东建立了第一个具有现代意义的自然保护区——鼎湖山自然保护区。1980 年以前仅中国科学院和林业部门建立了保护区。此后，环保、农业、地矿和海洋部门也先后建立了自然保护区。在我国参加了《保护世界文化和自然遗产公约》，以及黄山、泰山被批准列入世界自然遗产名录后，建设部门也开始介入保护区的管理之中[②]。

1551 个已建的自然保护区中，国家级 171 个，面积 5903.84 万 hm^2；省级 526 个，面积 5725.92 万 hm^2；地市级 269 个，面积 423.24 万 hm^2；县级 585 个，面积 936.01 万 hm^2（图 4-1）。这些自然保护区的建立，使我国 70% 的陆地生态系统、80% 的野生动物和 60% 的高等植物，特别是国家重点保护的珍稀濒危野生动植物都在自然保护区内得到了较好的保护。同时，这些

① 国家环境保护局，国家技术监督局：自然保护区类型与级别划分原则，中华人民共和国国家标准，1993。

② http: //www.wildlife-plant.gov.cn/na/bhqgs.htm.

自然保护区还起到了涵养水源、保持水土、防风固沙和稳定地区小气候等重要作用。

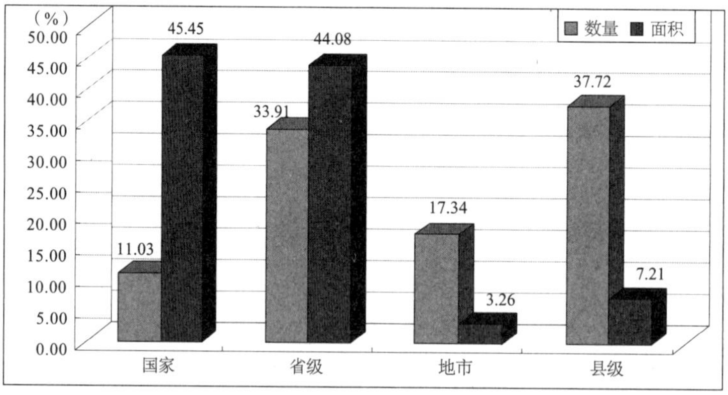

图 4-1　各级别自然保护区数量和面积比重图

近年来，国家一系列有关生态保护和建设的重大方针和政策的出台为保护区的建设提供了有利条件，同时国民经济建设的发展和综合国力的提高也为保护区建设提供了物质基础，主要表现在：（1）《中国自然保护区发展规划纲要（1996—2010 年）》《全国生态环境建设规划》和《全国生态环境保护纲要》相继经国务院批准颁布实施，使自然保护区建设事业获得前所未有的发展机遇；（2）天然林保护工程、退耕还林、退耕还草、退耕还湿等重大生态保护措施促进了自然保护区事业的发展，尤其是自然保护区建设专项工程和野生动物保护工程、湿地保护工程的实施，直接地推动了保护区建设；（3）国家加大了对自然保护区建设的投资力度，由国家计划委员会批准，国家林业局实施的投资百亿元左右的自然保护区专项工程已正式起动。

截至 2001 年的国家级自然保护区名录见附录 5。

4.1.2　主要问题

自然保护区目前存在的主要问题包括①：

1. 法规制度建设滞后

1994 年颁布实施的《中华人民共和国自然保护区条例》对我国自然保护区事业的发展发挥了巨大作用。但该条例起草于 20 世纪 90 年代初，很多条款已不能适应新形势下自然保护区发展的需求，一些重要问题还有待国家法律进行规范。同时，自然保护区相关标准规范较少，现行的分类体系欠科

① 国家环境保护总局自然生态保护司：2001 年全国自然保护区统计分析报告，2002: 3-6.

学合理，与国际不接轨，不便于对外交流。

2.“批而不建、建而不管、管而不力”问题仍未得到根本转变

近两年来，机构建设问题虽得到重视，但全国仍有 37.65% 的自然保护区未建立管理机构，26.76% 的自然保护区未配备专职管理人员。

3. 自然保护区级别比例严重失调

目前，国家级自然保护区总数达 171 个，面积占自然保护区总面积的 44.08%，如果加上 2001 年通过国家级评审的青海三江源等 28 个自然保护区，国家级自然保护区面积占总面积的比例可达 57%，且国家级自然保护区的申报工作仍然非常踊跃，如此发展下去，全国自然保护区的结构失调，国家级自然保护区的价值以及建设管理将出现新的问题和冲突。

4. 已建自然保护区功能区划结构欠合理

从近几年申报国家级自然保护区的资料来看，目前绝大多数保护区核心区仅占总面积的 10%～20%，而实验区则占 50% 左右。实际管理工作中，实验区往往得不到应有的保护。因此，我国自然保护区占国土面积虽然已达 12.9%，但处于严格保护下的区域（核心区和缓冲区）占国土面积的比例实际不到 7%。

5. 经费投入不足

研究表明，全国自然保护区仅 1/3 具有较健全的管理机构，经费基本够用的保护区只占 11.5%（黎洁，2002）。据 1999 年对 85 个自然保护区的调查，保护区平均得到的经费是 52.7 美元 /km^2，其中 46 个国家级自然保护区是 113 美元 /km^2。而发达国家这一数字是 2058 美元 /km^2，发展中国家是 157 美元 /km^2（韩念勇，2000）。

6. 资源开发与自然保护的矛盾呈上升趋势

随着我国国民经济建设速度的加快，涉及保护区的经济开发活动日益增多，尤其是当前西部的许多基础设施建设，以及一些打着生态旅游旗号的开发建设活动，给不少保护区的自然环境和资源造成威胁。与此同时，不合理的生态建设行为、盲目引种、不合理的林业经营活动等造成生物多样性的丧失。

7. 科研和监测工作薄弱

由于缺乏资金投入，有关自然保护区研究、监测课题难以列项，对自然保护区的研究工作开展甚少，自然保护区的监测观察工作水平低，不利于自然保护区事业的长远发展。

4.2 风景名胜区

4.2.1 历史和现状

建设部[①] 1987 年颁发的《风景名胜区管理暂行条例实施办法》中指出："风景名胜区系指风景名胜资源集中，自然环境优美、具有一定规模和游览条件，经县级以上人民政府审定命名、划定范围，供人游览、观赏、休息和进行科学文化活动的地域"。同时规定："城乡建设环境保护部和地方县级以上城乡建设部门主管风景名胜区工作，对各级风景名胜区实行归口管理"。风景名胜区分布在全国除上海和内蒙古以外的各个省级行政区内，在数量上又以东部和南部地区为主，尤以浙闽皖、云贵川和辽冀晋三片地区相对集中。这种格局既是受我国自然环境结构地域差异的影响，又与我国社会经济发展水平有关。

我国风景名胜区的保护、规划、建设和管理工作是逐步走上轨道的。1978 年国务院召开第三次全国城市工作会议之后，中共中央批发了中发（1978）13 号文件，提出要加强名胜、古迹和风景区的管理，限期退出被侵占的部分，对破坏文物、古迹的要追究责任，严肃处理。同时还提出要保护名胜古迹原貌，在重点保护的风景名胜周围禁止建设其他新建筑。1978 年底召开全国城市园林绿化工作会议，1979 年国家城市建设总局以（1979）城发园字 39 号文件发出了这次会议讨论通过的《关于加强城市园林绿化工作的意见》，进一步落实中央 1978 年 13 号文件的精神，提出了建立全国风景名胜区体系，进行分级管理；风景名胜区内要实行统一规划、统一管理；禁止损害风景名胜面貌和损害环境的建设等意见。1979 年春，国家建设委员会在杭州召开了风景区工作座谈会，进一步研究了重点风景区的保护和规划工作。会后对一些重点风景区，如杭州西湖、峨眉山、庐山、泰山、黄山和千山等开始了资源调查和总体规划的编制工作。1979 年 3 月，国务院国发（1979）70 号文件明确了风景名胜区的维护与建设由城市建设部门归口管理。1980 年国务院有关部门如计划委员会、建设委员会、城市建设总局、国务院环保领导小组、文物局、旅游局、宗教局、林业部、商业部等多次讨论风景名胜区工作，统一思想，协调步骤，研究有关方针政策。1981

① 2008 年之前为"建设部，"十一届全国人民代表大会将"建设部"改为"住房和城乡建设部"。本书涉及的国家部委、单位名称均为 2003 年之前的名称。

年 3 月，国务院以国发（1981）38 号文件批转国家城市建设总局、国务院环保领导小组、国家文物局和旅游总局《关于加强风景名胜区保护管理工作的报告》。这个文件对风景名胜区的资源调查、管理体制和机构设置、规划建设，以及保护管理的方针政策都做了明确的规定，是搞好风景名胜区工作的重要指导文件。到 1982 年初共有 22 个省、市、自治区人民政府提出了 55 处风景名胜区，要求国务院批准为国家重点风景名胜区。接着，全国政协和城市建设总局分别邀请部分在京的政协委员和有关园林、建筑、城市规划、地理、美学、文物、旅游、环保、经济、宣传等方面的专家、学者评议了名单，并讨论了风景名胜保护问题。同年 11 月国务院以国发（1982）136 号文件批转了城乡建设环境保护部、文化部和国家旅游局的报告，审定了第一批 44 处国家重点风景名胜区（柳尚华，1999）。

随着我国经济社会的快速发展，风景名胜区事业进入有史以来发展最快、变化最大、受全社会关注程度最高的时期。2001 年全国已有国家重点风景名胜区 119 个，总面积达 51264km^2；总游人量达 98765 万人次，比十年前增加了 6 倍；从业人员达 133234 人，比十年前增加了 3 倍；固定资产投资额达 212501 万元。2002 年 5 月 17 日国务院又审定公布了 32 处第四批国家重点风景名胜区，使国家重点风景名胜区达到 151 个，面积达 62719km^2，增加了 22%①。

截至 2002 年的国家重点风景名胜区名录见附录 6。

4.2.2　主要问题

风景名胜区事业全面发展的同时，一些风景名胜区也开始出现所谓“错位开发，超载开发”的现象，表现为②：

1. 景区“城市化”开始出现

一些风景名胜区人口迅速增长，各种生产经营活动日趋活跃：修建房屋和各种公共设施；办厂开店、发展乡镇工业和商业服务业。原有的村庄和居民点扩大，新的集镇不断形成。风景名胜区内环境污染严重，自然风貌黯然失色。

2. 乱搭乱建，破坏景观

只注重眼前利益，急功近利，把风景名胜区当作“摇钱树”“聚宝盆”，大兴土木，乱搭乱建，使景区成为大型游乐场和“吃喝玩乐综合体”，历史

① 汪光焘：《在全国风景名胜区保护工作会议上的讲话》，《建设情况通报》，第 35 期。2002 年 9 月 5 日。

② 谢凝高：《保护自然文化遗产 复兴山水文明》中国园林 2000 年 02 期；楚汉. 关爱风景名胜区. 长江建设，2002,（4）: 4-5。

文化风貌和自然景观受到严重损害。

3. 过量开发，人满为患

一些著名风景名胜区特别是核心景区，原本容量有限，生态环境脆弱。但由于过量开发，导致景区尤其是核心景区游人过量集中，人满为患，不仅不安全因素大量增加，而且环境破坏加重，一些古树死亡，草甸退化，冰川融化，临近“濒危”状态。

4. 摆摊设点，秩序混乱

为了搞活经营，一味追求增加收入，许多景区专门设置商业街市，更多的是路边摆设摊点，个体商贩流动叫卖，向游客推销食品、饮料、土特产品和手工艺品，熙熙攘攘，秩序混乱。再加上烹调烧烤，油烟缭绕，垃圾随地丢弃，污水乱泼，不仅影响景观，也污染环境。

有学者分析上述现象产生的原因主要为以下几个方面①：

1. 景区管理条块分割严重

许多国家级景区虽然设立了县级以上人民政府，但也受到管理权限条块分割的困扰。如武陵源风景区设立的人民政府，它对天子山、索溪峪拥有顺畅的管理权，但对景区内的张家界国家森林公园却无法行使有效管理。张家界国家森林公园管理处是由张家界市人民政府和湖南省林业厅双重领导的事业单位，与武陵源区人民政府级别相同，于是出现了一个景区内存在着两个处级管理机构的多头管理问题。张家界国家森林公园管理处没有规划建设行政管理职能，武陵源区政府虽有行政管理职能，但无法对森林公园区域实施监督管理，致使森林公园区域的规划、建设与总体要求脱节。设立了县级人民政府的景区尚且如此，采取管理委员会形式的景区受到的管理权限条块分割的困扰就更严重了。

2. 景区管理法律法规不健全

管理法律法规条款不够具体，缺乏可操作性、配套性和统一性。执法队伍力量不够，执法水平低，执法授权不足，不能对景区内违规事件实行强有力的执法，不能对影响和破坏景区形象的建设项目依法整改或拆除，也不能依法根治环境污染。

3. 景区内原有居（村）民控制困难

几乎所有的景区都有世居的农民，现在他们的生活来源除少数人员耕种土地外，80% 以上居（村）民靠旅游接待服务经营发家致富。景区内农民人口逐渐增多，希望扩大经营；子女长大成人要求分户居住，原有住房不适

① 张平，李向东，吴敏．我国国家级风景名胜区管理体制现状和问题分析．经济体制改革，2001（5）：135-136.

应居住要求改建等，造成景区内农民建房无法控制，对景区资源、环境造成威胁。

4. 保护和建设资金不足，人员素质不高

由于景区管理体制不顺，法律环境不健全，市场资金无法在有效监督和管理的条件下介入，再加上国家拨款逐渐减少，导致景区资金尤其是保护资金的严重不足；许多景区都处在边远地区，难以吸引人才，造成景区管理人才和专业人才极为缺乏。

5. 一些风景名胜区的管理机构庞大臃肿，精力分散

设立县级人民政府的风景名胜区，以政府行政权力管理景区，有立法权和执法权。因此，凡是人民政府所设立的机构它都必须对应设立，导致了机构庞大，人浮于事，效率低下。作为一级人民政府，必须管理景区内的国计民生等经济、社会问题，如学校、医院、城市人口就业、计划生育以及工农业的发展等，这样就大大分散了景区领导的精力，使其不能集中精力、人力、物力、财力抓景区建设和保护。以管委会模式管理的景区，由于不能依法享有县级以上人民政府的行政管理权力，因此不具有执法主体资格，没有独立的公安、工商、税务、财政等管理权。由于被授予的行政管理权限不够，对景区的管理力度不够，对景区的资源保护和合理利用都很不利。

4.3　国家森林公园

4.3.1　历史和现状

原林业部（现国家林业局）1994 年颁布的《森林公园管理办法》中指出："本办法所称森林公园，是指森林景观优美，自然景观和人文景物集中，具有一定规模，可供人们游览、休息或进行科学、文化、教育活动的场所。"原林业部（现国家林业局）1996 年颁布的《森林公园总体设计规范》进一步指出："森林公园是以良好的森林景观和生态环境为主体，融合自然景观与人文景观，利用森林的多种功能，以开展森林旅游为宗旨，为人们

提供具有一定规模的游览、度假、休憩、保健疗养、科学教育、文化娱乐的场所。”

到目前为止，我国的森林公园建设大致经历了两个阶段。第一个阶段是从1982—1990年，以张家界国家森林公园的建成为起点，属于森林公园的起步阶段。这个阶段的森林公园建设具有以下特点：（1）每年批建的森林公园数量少，9年中总共只批建了16个国家森林公园。（2）国家对森林公园建设的投入相对较大：1982—1986年，原林业部以批复计划任务书的形式，与省级林业主管部门联合建设浙江天童（联投120万元/部投60万元）、陕西楼观台（130万元/80万元）、山东海滨（420万元/120万元）、湖南张家界（996万元/400万元）、安徽琅琊山（976.5万元/250万元）、河南嵩山（602万元/300万元）、浙江千岛湖（1200万元/500万元）、广东流溪河8处森林公园，总投资4844.5万元，其中原林业部直接投入1910万元。（3）行业管理较弱，在法制建设、机构设置、人才培养等方面都还很欠缺。第二个阶段是从1991年开始的。1992年8月，原林业部在大连召开了全国森林公园工作会议。之后，建立森林公园的热潮在全国蓬勃兴起。这个阶段的森林公园建设具有以下特点：（1）森林公园数量快速增长，从1991—2000年的10年时间里，共批建国家森林公园328个。（2）国家对森林公园的投入减少，主要通过地方财政投入、招商引资、贷款及林业系统自身投入等方式进行公园建设。随着前几年联营资金的陆续到位，森林公园建设于1987年起纳入营林基本建设投资计划，但一直没能设立专项户头，只能根据当年实际情况做内部调剂。森林公园年度投资额从400万元（最高为605万元）降到1994年的200万元左右，维持至今。1992年7月，原林业部成立了森林公园管理办公室，各省（市、区）也相继成立了森林公园领导管理机构。1994年1月，原林业部颁布了《森林公园管理办法》，同年12月成立了“中国森林风景资源评价委员会”，1996年颁布了《森林公园总体设计规范》。

我国的森林公园体系分为三级，即国家森林公园、省级森林公园和市、县级森林公园。据国家林业局森林公园管理办公室2002年5月统计，截至5月我国已建立各类森林公园1100多处，公园经营总面积1127万hm^2；其中国家森林公园439处，成为世界上森林公园数量最多的国家①。截至2001年的346处国家森林公园名单参见附录7。这些森林公园覆盖除西藏以外的所有省、自治区和直辖市。

① http://www.ccn.com.cn/20020512 document/21970.htm.

4.3.2　面临的问题

我国森林公园建设目前存在的主要问题包括以下几个方面[①][②]：

1. 一哄而起、盲目建设

当前，一些地方掀起了兴建森林公园热：有的林场热衷于建公园，有的是部门领导强加给林场建公园的任务，致使一些森林公园建在既无景点又远离城镇且景色平平的地方；有的公园借机兴建大量建筑物、人文景观充实内容，改变了森林公园的性质。

2. 重复建设、没有特色

现实中，存在着具有相同或相近景观的森林公园，在相距几百公里甚至几十公里范围内重复建设的现象。园内景点仿建、抄袭现象也较严重，各自不能形成自己的特色。

3. 仓促开业不循规划

一些森林公园在基础服务设施还很不完善、基础管理也很薄弱的情况下，盲目上马，仓促营业，这样既降低了游客的旅游兴趣，其旅游生活也不能得到保障。还有的公园缺乏战略眼光和长远发展目标，不按照《总体规划》建园，甚至在破坏森林资源和环境资源的前提下盲目开发和发展森林旅游。其严重的短视行为，势必影响公园的后期发展。

4. 渠道不畅，森林公园建设资金紧缺

我国森林公园大多数处于偏僻的边远山区，森林环境良好，但交通不便，基础设施条件比较差。森林公园的保护和发展，需要大量资金投入，以改善资源保护条件和基础设施条件，但至今尚未有固定的资金渠道，林业自筹资金又十分有限。

5. 缺乏经验和科学化的建设指导

兴办森林公园，建设单位由林场经营转为森林公园管理和经营，缺乏相应的建设、经营、管理和服务等诸多方面的经验，缺少专门人才。有的公园对人才培养和经验交流重视不够，影响了森林公园的发展，也影响了自身的经济效益。没有一个系统的科学理论作为指导，尚处于边开发建设、边开放经营、边探索之中，因此不可避免地走了一些弯路。一些森林公园为追求短期经济效益而忽视生态环境保护，致使自然资源受到一定程度破坏[③]。

6. 法制建设滞后，合法权益受侵害屡有发生

目前，除林业部颁发的《森林公园管理办法》及其他法规个别可参照的

① 孙克南，赵小宇．森林公园建设存在的问题及对策．河北林业科技，2000，(5)：50-51.

② 王长安．我国森林公园建设和森林旅游业发展中存在的主要问题及对策．林业资源管理，1998，(3)：38-43.

③ 王兴国：《把森林公园和森林旅游推向市场》。

条款外，森林公园尚未建立配套的法规保障体系，约束力极为有限，森林公园建设得不到充分可靠的法律保障。一些部门往往不依法办事，无偿占用、划拨森林风景资源、争夺森林公园自主经营权的事件屡有发生。例如，河北省狼牙山森林公园的几个主要景点分别被民政局、旅游局、附近乡村及个体承包者所分割，使原有的狼牙山国有林场失去了经营自主权，森林风景资源被强行划拨并无偿使用。

4.4 国家地质公园

4.4.1 历史与现状

1999 年 2 月 9 日，联合国教科文组织（UNESCO）在巴黎召开的会议上首次提出了“地质公园”Geopark（意为 geological park）这一名词。地质公园是自然公园的一种，它是指具有特殊地质意义，珍奇或秀丽景观特征的自然保护区。这些特征是该地区地质历史、地质事件和形成过程的典型代表。地质公园的建立主要是为保护重要的地质遗迹。地质遗迹是指在地球演化的漫长地质历史时期，由于内外力的地质作用，形成、发展并遗留下来的珍贵的、不可再生的地质自然遗产。

地质矿产部认为建立国家地质公园的主要目的是在资源保护和发展的工作中，为科学研究和环境教育提供基地，提高人们保护地质遗迹资源和保护地球的自觉性。1987 年，由原地质矿产部颁布了《关于建立地质自然保护区的规定》，我国开始建立一批地质自然保护区。1992 年以前，共建立地质自然保护区 52 处，其中国家级 4 处，省级 31 处，县级 17 处。1995 年，地质矿产部颁发了《地质遗迹保护管理规定》，使地质遗迹工作得到了比较快的发展。

联合国教科文组织将我国作为世界地质公园计划试点国家之一。为了响应联合国教科文组织提出的建立世界地质公园计划，我国于 2000 年启动了“国家地质公园计划”。国土资源部于 2000 年 8 月 25 日成立了国家地质公园领导小组和评审委员会，先后制定了《国家地质公园总体规划工作指南》《国家地质公园评审标准》《国家地质公园综合考察报告提纲》等文件，逐渐把国家地质公园申报和审批工作制度化。在《全国地质遗迹保护规划 2001—2010》中，提出抢救性地保护地质遗迹：计划在 10 年内，建立 310 处地质公园，力争使 5 至 8 处纳入世界地质遗产名录。

国家地质公园是由多个部门的管理专家和学者组成的国家地质遗迹保护（地质公园）领导小组和国家地质遗迹（地质公园）评审委员会，经评审后产生的。2001 年审定批准第一批国家级地质公园 11 个，2002 年审定批准的第二批国家级地质公园有 33 个。目前 44 个国家地质公园名录见附录 8。评审的地质公园类型有丹霞地貌、火山地貌、重要古生物化石产地、地层构造、冰川、地质灾害遗迹等。除地质公园外，我国还建立了地质遗迹自然保护区 87 处，其中国家级 8 处、省级 33 处、市级 9 处、县级 37 处，地质构造、地质剖面和形迹保护区 40 处、古生物化石保护区 25 处、其他类保护区 22 处[①]。

4.4.2　主要问题

目前地质遗迹保护和管理的问题主要表现在以下几个方面[②③]：

1. 地质遗迹的基本状况不清，缺乏系统、完整、翔实的基础资料

由于目前许多地区对于本省区的地质遗迹资源没有开展过正式调查，缺乏基础性工作，因此对资源状况不清，无法制定切合实际的管理规划。

2. 地质遗迹破坏严重

一些重要古生物化石遗产地和重要价值的地质地貌景观遭到了不同程度破坏，比较突出的如河南西峡恐龙蛋化石、广西的许多溶洞、黑龙江五大连池火山地质地貌景观等；开发利用过程中，缺乏地质方面的专业人员，对于地质遗迹的有效保护不够，同时诱发和加剧了地质灾害的发生和水土流失。

3. 管理机构不健全，管理不到位

我国地质公园现存的突出问题是重视授牌，不重视规划建设，管理主体不明。地质遗迹的保护开发工作起步较晚，许多位于风景区内，与建设、林业、文物、旅游等部门的职责重叠。

4. 缺少专项保护经费、严重制约了地质遗迹保护工作的开展

5. 地质遗迹保护法制缺乏权威性，并对现行法规宣传力度不够

地质遗迹资源与其他资源最大的区别在于它是可以永续利用的。加强立

① http://www.jwb.com.cn/gb/content/2001-03/17/content_15790.htm.
② http://www.cigem.gov.cn/jcy/homepage/dzyj/kfxbjy.htm.
③ http://www.scqd.com/dztu8.htm.

法，对其加以保护是可持续发展的重要举措。但在目前仅有《中华人民共和国环境保护法》《地质遗迹保护管理规定》《中华人民共和国自然保护区条例》等相关法律规定，就法律效力而言，缺少全国性、权威性的法律。

4.5 世界遗产

4.5.1 历史和现状

我国于 1985 年 11 月批准加入《保护文化与自然遗产公约》。1987 年 12 月，长城、北京故宫博物院、周口店北京人遗址、秦始皇陵、敦煌莫高窟和泰山共 6 处遗产被批准列入《世界遗产名录》。截至 2003 年，中国的世界文化和自然遗产已达 28 项，名录详见表 4-2。

中国世界文化和自然遗产名录　　表 4-2

序号	项目名称	加入时间（年）	备注
1	中国长城	1987	文化遗产
2	北京故宫博物院	1987	文化遗产
3	甘肃敦煌莫高窟	1987	文化遗产
4	陕西秦始皇陵及兵马俑	1987	文化遗产
5	周口店北京人遗址	1987	文化遗产
6	泰山	1987	自然遗产，文化遗产
7	黄山	1990	自然遗产，文化遗产
8	四川九寨沟	1992	自然遗产
9	黄龙	1992	自然遗产
10	武陵源	1992	自然遗产
11	承德避暑山庄及周围庙宇	1994	文化遗产
12	曲阜孔庙孔府与孔林	1994	文化遗产

续表

序号	项目名称	加入时间（年）	备注
13	西藏布达拉宫—大昭寺	1994	文化遗产
14	武当山古建筑群	1994	文化遗产
15	峨眉山—乐山大佛	1996	自然遗产，文化遗产
16	庐山	1996	文化景观遗产
17	丽江古城	1997	文化遗产
18	平遥古城	1997	文化遗产
19	苏州古典园林	1997	文化遗产
20	颐和园	1998	文化遗产
21	天坛	1998	文化遗产
22	大足石刻	1999	文化遗产
23	武夷山	1999	自然遗产，文化遗产
24	洛阳龙门石窟	2000	文化遗产
25	明清皇家陵寝	2000	文化遗产
26	皖南古村落	2000	文化遗产
27	都江堰—青城山	2000	文化遗产
28	山西云冈石窟	2001	文化遗产

4.5.2　当前问题

由于我国被列入世界遗产的有许多是风景名胜区和自然保护区，所以当前风景名胜区和自然保护区面临的诸多问题，也是我国世界遗产所面临的问题。谢凝高认为，在商品经济的冲击下，我国的世界遗产也面临着旅游业超载、错位开发的威胁，有的甚至面临存亡的抉择[①]。世界遗产所面临的威胁，最显著的是旅游带来的压力，即“人满为患”“屋满为患”。遗产地的人工化、商业化和城市化趋势令人担忧，遗产的真实性和完整性保护遭遇到空前的挑战。谢凝高认为，20 世纪 90 年代以来，集团的掠夺性开发、法人代表的破坏性建设、权力部门的出让遗产国有权，已成为遗产遭破坏的主要原因。他们把遗产用地当作一般土地低价出租或转让给开发商、外商、合资

① 谢凝高：《“世界遗产”不等于旅游资源》，首都之窗，2002 年 2 月 25 日。

企业，任其开发使用；把国家遗产的“门票经营权”划拨给股份制企业，并“捆绑上市”，既欺骗股民，又让其承担股市风险。有的地方政府在出让国家风景资源及其土地时，还提出“只求存在，不求所有”“谁投资谁受益”。至于索道、行业宾馆、部门饭店、集资建庙等牟利工程，都借旅游开发之名，行牟利图财为实，纷纷进入遗产地。这些在古代名山净土中所难以容忍的、现代世界遗产和国家公园绝不允许的旅游开发，却在我国的遗产地和国家风景区中越开发越严重，完全违背了国务院的规定：“风景名胜资源属国家所有，必须依法加以保护。各地区各部门不得以任何名义和方式出让或变相出让风景名胜资源及其景区土地……并不准在风景名胜区景区内设立各类开发区、度假区等。”

4.6 生物圈保护区

4.6.1 历史和现状

生物圈保护区的概念是1974年由联合国教科文组织（UNESCO）“人与生物圈（MAB）计划”的一个工作小组提出的，是得到国际上承认的“陆地生态系统和沿海 / 海洋生态系统的综合地带”[①]。我国以该计划为窗口，在资源、环境、生态领域开展了一系列有应用价值的研究项目，建立了中国人与生物圈保护区网络，传播了生物圈信息，促进了环境教育和人才培训，推动了与美国、荷兰、加拿大、澳大利亚等国环保界的双边交流与合作，为实现我国可持续发展作出了贡献。1978年2月，中国科学院设立了中华人民共和国“人与生物圈”国家委员会。1987—1995年，我国利用德国380万美元的信托基金，在华实施了涉及森林、水、城市生态系统等8个研究课题的中德生态研究大型合作项目。自1979年起，我国的一批著名自然保护区，如长白山、神农架、九寨沟、西双版纳等，陆续被认定为世界生物圈保护区，这不仅提高了我国自然保护区在国际上的地位，也加强了中国自然保护事业与国际上的交流和联系。1996年世界自然保护联盟向我国人

① 参考2.3.4节的内容。

与生物圈国家委员会授予“国际帕克斯成就奖”，以表彰中国对自然保护事业的贡献。2001 年我国的世界生物圈保护区达 21 个[①]。我国一批保护区加入世界生物圈保护区网络，推动了自然保护事业的发展和人与生物圈计划在中国更好的实施，同时既表明人与生物圈计划在中国正不断地深入发展，也表明我国自然保护区的建设与发展已引起国际上越来越广泛的关注。我国列入“人与生物圈计划”世界生物圈保护区网的 21 个自然保护区名称如表 4-3 所列。

我国“人与生物圈计划”保护区网名录　　表 4-3

长白山自然保护区	武夷山自然保护区	宝天曼自然保护区
鼎湖山自然保护区	九寨沟自然保护区	赛罕乌拉自然保护区
锡林郭勒自然保护区	西双版纳自然保护区	贵州茂兰自然保护区
博格达峰自然保护区	卧龙自然保护区	浙江天目山自然保护区
盐城自然保护区	白水江自然保护区	丰林自然保护区
神农架自然保护区	四川黄龙自然保护区	北海市山口红树林保护区
梵净山自然保护区	高黎贡山自然保护区	南麂列岛自然保护区

注：根据有关资料整理，截至 2001 年底。

4.6.2　当前问题

由于我国被列入“人与生物圈计划”世界生物圈保护区网的多为自然保护区，所以当前自然保护区所面临的诸多问题，也是我国世界生物圈保护区所面临的问题。韩念勇[②]（2002）总结的困扰保护区发展的 5 大问题，同样适用于“人与生物圈保护区”：

1. 管理体制中的责任错位使自然保护区经费难有基本保障

我国自然保护区实行分级管理。按照这一概念，国家级自然保护区应当隶属中央政府管理。但实际上我国的绝大多数国家级自然保护区是由所在地政府管理，其中许多由市、县和乡级政府管理。严重的是中央政府在把责任委托给地方政府时，没有委以相应的权利，特别是没有足够的经费投入。而同样的没有经费投入的责任委托又相继发生在各地方政府的上下级之间，于是出现了级别与管理责任的错位，不利于改善保护区经费短缺的状况。

① 傅振国、钟嘉报. 我国世界生物圈保护区增至 21 个. 人民日报海外版，2001 年 12 月 06 日第一版。
② 韩念勇 . 中国自然保护区可持续管理政策研究 .

2. 迫于自养，保护区机构趋于重经营轻管理

目前我国绝大部分自然保护区的管理机构属于事业单位性质。但由于经费没有保障，大多数保护区被迫走上自养之路，实际上实行的是差额事业单位或事业单位企业化运行，管理与经营混于一体。

3. 自然保护区机构经济创收无规范

合理利用自然保护区的资源价值以促进经济的可持续发展，并从一定程度上解决保护区所需的经费从理论和实践上都是可行的。创收比例的确定并不是问题的实质，问题的实质是如何确保保护区的创收行为和过程是在规范化管理之中进行。

4. 无分类管理造成束缚和失控两种极端

全面发挥保护地的多种价值是当今保护地管理的趋势。我们目前的情况是面对各种类型的自然保护区实施着同一的严格保护政策，其必要性和可行性都受到来自实践的质疑。

5. 单一保护目标与经济发展需求明显脱节

以往的政策只注意到当地社区生产生活对保护区的生态环境影响，而忽视保护区的建立给社区带来的社会经济影响。在对当地社区不合理的资源利用方式实行禁止时，忽视为其找到可持续的替代发展途径，致使保护与发展总是处在不断的冲突之中。

4.7 问题综合分析

从前面几节的分析中，我们可以看出：构成中国国家公园和保护区体系的保护性用地虽然从数量上都有很大的增长[①]，但各种保护性用地还是存在着许多问题，所有这些问题都指向一个根源，即中国的国家公园和保护区体系管理的不到位。图 4-2 给出了体系管理不到位的因果分析。作者认为，以下 7 个方面的不到位是造成中国国家公园和保护区体系管理不到位的原因：认识不到位、立法不到位、体制不到位、技术不到位、资金不到位、能力不到位和环境不到位。

① 也许这种超快速增长本身就是问题。

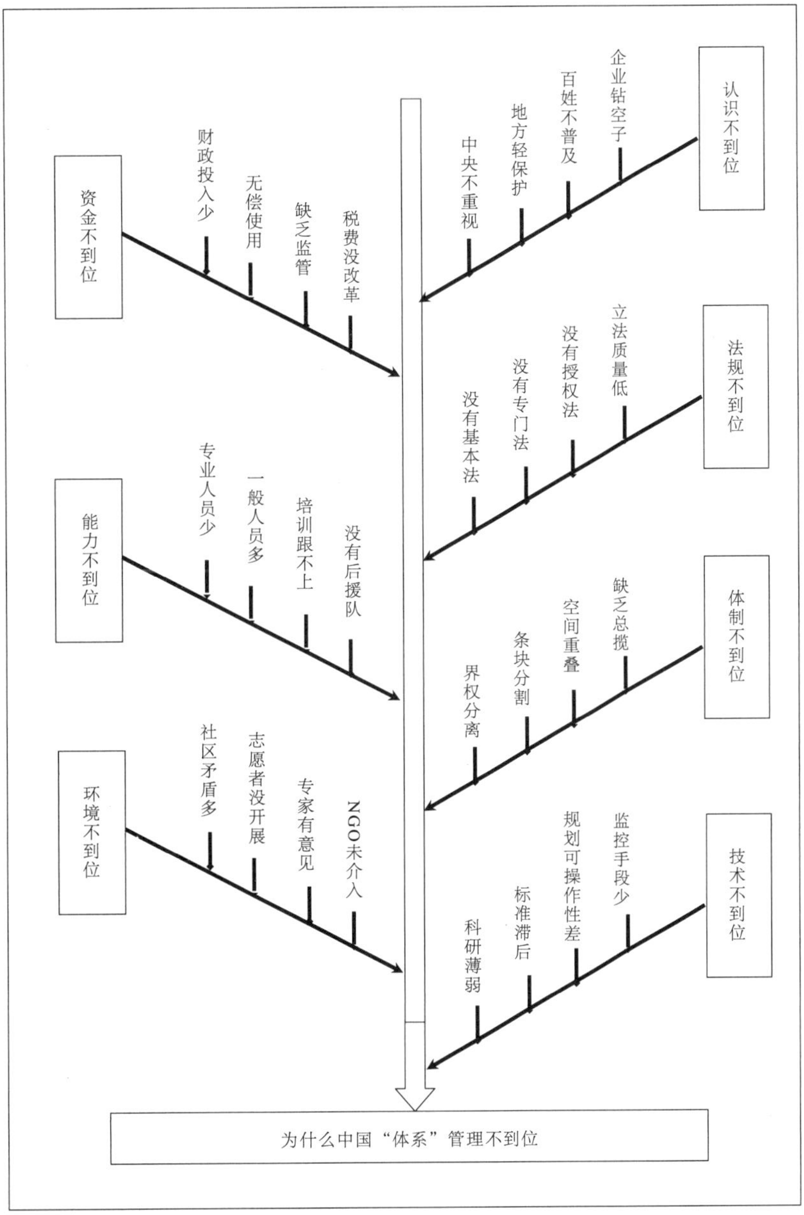

图 4-2　体系管理不到位的因果分析

4.7.1　认识不到位

认识不到位是管理不到位的思想根源。没有正确的认识，哪来正确的行动?

作者认为认识不到位，是在多个层次上出现的：首先是基于现实背景下的宏观决策层对国家公园和保护区体系重要性的认识不到位；其次是地方政府对资源保护和可持续发展重要性的认识不到位；再次是公众对自然文化遗产与自己的关系认识不到位；最后是企业对自然文化遗产只认其经济价值，不认其环境价值和社会价值。

很多国家都将国家公园与保护区视为其国家王冠上的明珠，视为由祖宗传下来的、还要传承给子孙万代的自然文化遗产。对于一个国家而言，他们是国家认同的重要组成部分；是国家形象的最佳代表；是国家文明的历史见证；是科学教育和爱国主义教育的基地。国家公园和保护区体系对国家而言不是可有可无的花瓶；不是只供当代人中的某些人或集团赚钱的摇钱树；不是发展的障碍而是可持续发展的一种形式；是可持续发展的生态文化本底和资源基础。对于国家公园和保护区体系的最高级别，就是那些具有世界意义和国家意义的资源。“罕见的不可替代”[①]，“一经破坏，很难恢复”的国家财产就是他们的定位。不可替代性和不可恢复性决定了国家公园和保护区的极端重要性。想想看，对于“中国”这两个字，除了我们的自然文化遗产，还有什么是不可替代又不可恢复的呢？想想看，一百年后，我们的子孙不能完整地、真实地看到故宫和颐和园时，他们的沮丧和愤懑；想想看，这种愤懑是不是与我们这一代人对“英法联军”烧毁“圆明园”的仇恨有些类似；想想看，失去了“黄山黄河、长江长城”的中国是不是还是令亿万中国人和他们的子孙后代骄傲和自豪的祖国。只有中央政府尤其是最高决策层真正认识到国家公园和保护区是“罕见的不可替代又很难恢复的人类财产”，只有国家公园和保护区在最高决策层的“心中重千斤”，他们才会有政治意愿和魄力从根本上解决盘根错节的问题。

认识不到位的另一方面是地方政府对资源保护重要性认识不够。自然文化资源的保护并不排斥地方经济社会的发展，处理得好，是可以统筹兼顾的。在这个里面，关键要处理好四个关系：一是保护和发展的关系；二是短期利益和长远利益的关系；三是局部与全局的关系；四是保护单位边界内部和边界外部的关系。遗憾的是，许多地方政府重发展轻保护；重短期利益轻长远利益；重局部利益轻全局利益；将保护单位边界内部的资源当作摇钱树，而不是牵引机。其实如果真正贯彻“区内保护，区外发展”“景区保护，城区发展”的话，很多矛盾都可以迎刃而解。作者在承担泰山风景名胜区总体规划时，曾粗略地算了一笔账，中天门索道修建后，游客在泰山的平均逗

① 引自《保护文化和自然遗产公约》。

留时长从 48 小时减少到 12 小时。以每位游客 24 小时平均花费 150 元，年平均游客规模 150 万人次计算，泰安一年仅该项收入就损失了 3.38 亿元人民币。而索道公司一年的盈利就算是 6000 万元人民币的话，泰安一年的纯利润损失也达到 2 亿多元人民币。这仅是一笔数字账，且不论损失的就业岗位等社会账。这种“肥了一家，穷了大家”的现象实际上是大量存在的，其反映的事实是地方政府狭隘的、短期的、局部的经济利益观。这种狭隘的经济利益观，导致了自然文化遗产成为“摇钱树”“印钞机”，而不管“摇钱树”和“印钞机”实际上也是要培育和维护的，即使仅站在经济利益的角度考虑。

认识不到位的第 3 个方面是全民的自然文化遗产保护意识不够。许多人还没有认识到国家自然文化遗产是全体国民及他们子孙后代的共同财产，自己既有保护之责，也有真实、完整地欣赏之权。从许多国家的经验来看，国家公园和保护区运动从本质上来看是一场全民社会运动、全民教育运动。老百姓的认识不到位必然制约国家公园和保护区的有效管理。

由于前面的 3 个不到位，导致了最后一个问题，就是“企业钻空子”。我们发现，依托自然文化遗产资源发展的企业，倒是对国家公园和保护区的经济价值认识到位，甚至“过位”。当然，就企业而言，这也无可厚非，因为企业就是为了利润而存在的。问题的关键是由于上述的 3 个不到位尤其是地方政府的认识不到位，给了很多企业获得“整体转让、垄断经营”的机会，地方政府主动放弃了资源保护和管理的政府职能，许多问题由此产生，这是令人难以接受的。

4.7.2　立法不到位

立法不到位是管理不到位的法律根源。从前面几节的问题分析中可以看到，几乎所有的保护性用地都提到了法规不健全的问题。法律法规是管理的依据，法规不到位必然导致管理不到位。法规不到位首先表现在我国没有一部自然文化遗产保护方面的总法。《文物保护法》是针对文化遗产，而风景名胜区、自然保护区等自然遗产或自然文化混合遗产却长期缺乏根本性法律依据，致使大量的管理政策都来源于法律规范效率较低的行政法规文件，造成管理政策随意性加大。1998 年联合国教科文组织在系统考察了泰山等 5 处世界遗产后指出：“中国的世界和自然双重遗产景区，尤其是那些国家级风景区，虽然已有国务院颁发的各种规定和命令，还需要有进一步的立法”（张晓等，2001）。

立法不到位还体现在缺少专门法和授权法。附录 1 为美国国家公园的相关法律，共计数十部之多，其中很多是专门法，如《特许经营法》《国家公园航天器飞越管理法》《国家公园体系单位大坝管理法》《公园志愿者法》等。同时，美国国会还为每一个国家公园体系单位制定了授权法，为每一保护单位确定了其使命、基本政策和有针对性地解决该保护单位历史遗留问题的法律规定。专门法和授权法明确了美国国家公园的基本管理政策，真正成为管理的法律依据。

当然有没有法律是一方面的问题，法律的质量是另一方面的问题。我国的一些管理条例和管理办法大多是由各部门起草的，带有较为明显的部门倾向。立法过程中缺少相应的研究和广泛的咨询工作，导致法律质量偏低、针对性不够、法律条文不清晰和不明确等问题。

4.7.3 体制不到位

体制不到位是管理不到位的制度根源。我国国家公园和保护区体系体制不到位在宏观上表现为缺少一个强有力的、能够总揽全局的管理机构，缺少清晰、明确和统一的管理目标体系。建设、林业、环保、国土、地矿等部门各自为政，缺乏沟通和合作。在微观上表现为空间重叠，即风景名胜区、自然保护区、森林公园、重点文物保护单位等管理边界交互缠绕，你中有我，我中有你。产生各种矛盾和问题的根本原因是界权分离，即同一管理范围内，存在建设、林业、文化、文物、旅游、宗教等不同的行政主管部门，“婆婆”太多，效率低下。

体制不到位的另一个表现是管理和经营之间日益尖锐的矛盾冲突。以前只有政企不分，“裁判员想当运动员”，现在更是“整体转让，垄断经营”，“运动员要当裁判员”。管理者不是本分的管理者，经营者不是本分的经营者，错位、换位、抢位造成了微观体制上的不到位。黄果树的矛盾就是这个问题的一个集中反映（表 4-4）。

案例：黄果树管理与经营的矛盾　表 4-4

案例：三千万元门票收入引发黄果树体制之争

谁来对各种错综复杂的关系实行强有力的协调？

1999 年贵州省人民政府下发了黔府发［1999］23 号关于进一步理顺贵州省旅游景区管理体制有关问题的通知。当年 4 月 28 日"贵州省黄果树风景名胜区管理委员会"成立，115km^2 区域划归管委会托管。与旧体制本质的区别在于，新成立的管理委员会具有政府的职能，它能对景区作总体规划并负责组织实施和管理，对景区内的开发建设单位和经济实体进行行政管理和协调，并审核进入景区的开发投资项目。作为优化黄果树景区旅游经济运营机制的现实举措，黄果树旅游（集团）有限公司与管委会同期挂牌。黔府发［1999］23 号文规定企业拥有黄果树景区的经营性资产，负责打造黄果树这一品牌，企业自负盈亏。有限公司成立后开始为 3000 多万元门票收入的归属、社会公益事业的设施管理权与黄果树风景区管理委员会无休止的争执。管理委员会副书记何忠品认为，依据建设部规定，风景名胜区门票专营权是政府对风景名胜资源实行统一管理的重要手段，门票收入是政府对风景区实行有效保护和管理的重要的经济来源。目前，黄果树门票收入旁落它门，使得管委会失去了生态建设、环境整治、基础设施建设的财力支撑。他算了一笔账，管理委员会去年的财政税收为 400 万元，除去 40 多位工作人员的工资和办公费用，所剩无几，而目前风景区的绿化、旧城的搬迁却动辄上千万。

黄果树旅游集团有限公司常务副总经理李勇则有自己的看法，国有企业经营国有资源，有何不可，贵州省是穷省，同时是旅游大省，要实现资源优势向经济优势的转变，必然要进行改革。按照 2000 年 3 月 15 日省长办公会议纪要要求：黄果树景区按省国资局的报告划分，在对省、地县级原来的对黄果树的投资进行界定的基础上，充分考虑地、县利益，省和地县持股比率为省 55%、地县 45%，黄果树旅游集团公司的净利润由股东按股分配，考虑到具体因素，从年起 5 年内省让利 15 个百分点给地县，5 年后按股分成。对管理委员会执意要争取每年 3000 万元门票收入的管理权，李勇表示十分不理解，在他的心目中，一级政府部门所要做的应该是给企业做好服务工作，企业发展了，政府的税收自然会多起来，既然管理委员会目前已对门票实现征税，就已经承认它是一种商品，政府不能既当经营者，又当管理者。对风景区的保护经费来源，李勇告诉记者，管理委员会应积极争取上一级政府机构的积极支持，公司会主动配合规划，今年，公司已融资 3000 万元用于建设，其中就包含环境保护的内容。

对于一些社会公益事业的设施管理权归公司管委会更为不满，特别是今年省发展计划委员会关于下达 2000 年黄果树风景名胜区国债旅游基础设施项目投资计划的通知中规定，国债所形成的国有资产，其管理由旅游投资公司负责。管理委员会认为，社会公益事业的设施管理权的垄断势必造成竞争的不平等。

理清这种争论的道理其实也很简单，三个问题：管理委员会的职能是什么？谁来投资黄果树？谁来监督目前的旅游公司？还有最关键的疑问：谁来对各种错综复杂的关系实行强有力的协调？

–资料来源：人民网联报网 2001 年 6 月 12 日
http://www.unn.com.cn/GB/channel2/3/14/200106/12/70584.html

4.7.4 技术不到位

技术不到位的第一个体现是科研工作薄弱。国家公园和保护区的保护和管理是一项技术要求很高的工作，保护和管理过程中会涉及许多学科的专业知识。许多保护政策和管理决策需要以翔实可靠的科学研究作为基础。但是遗憾的是，除了极少数保护单位（如九寨沟）外，绝大多数都没有进行科研，更别说建立有专门的科研部门了。以笔者正在承担的一处国家级重点风景名胜区为例，由于缺乏生物多样性的基础研究和连续的水文资料，在保护规划方面就遇到了很大的困难。

技术不到位的第二个体现是技术标准体系极不健全。美国的国家公园体系以指令性文件的形式建立了完整的技术标准体系，涉及国家公园管理的方方面面，使得国家公园的管理者遇到任何事情，都有据可查，避免了管理的随意性和盲目性①。反观我国的情况，目前制定的涉及保护性用地的技术标准只有寥寥几个，即使已有的技术标准，质量也不能令人满意。

技术不到位的第三个体现是规划质量有待提高。第一，表现在大多数规划还停留在物质规划阶段，考虑的是如何建而不是如何管的问题，没有与国际上先进的“总体管理规划（General Management Plan）”接轨。第二，规划目标、政策、指标没有落实在明确的空间边界上，使得管理人员拿到规划不知如何下手。第三，规划小组人员学科背景单一，未能有效地应用“多学科融贯”的方法（表 4-5）。第四，资源评价与规划政策脱钩，没有在资源重要性和敏感度与资源保护政策之间建立密切的联系。第五，一些国际上已经成熟的国家公园和保护区规划技术，如 LAC、ROS 等未能应用到我国的总体规划之中。

技术不到位的第四个体现是监测手段落后。监测（Monitoring）是目前资源和环境保护领域广泛应用的一个概念，它是国家公园与保护区管理的重要工作。可以有效地反馈信息，控制管理质量并及时调整管理政策。但是，遗憾的是我国的绝大多数资源保护单位缺少监测意识、监测手段、监测人员、监测资金和监测设备。

① 参见 3.5 节的内容。

美国大峡谷国家公园总体管理规划规划组 表 4-5

丹佛规划设计中心（Denver Service Center）

规划组组长 景观建筑师（规划开始至 1994 年 8 月）
规划组组长 室外休闲规划师（1994 年 8 月至规划结束）
景观建筑师（2 名）Landscape Architect（1 名）
视觉信息专家（2 名）Visual Information Specialist
自然资源专家（1 名）Natural Resources Specialist
建筑师 Architect
交通管理者 Transportation A&E Manager
视觉信息技师 Visual Information Technician
历史学家（2 名）Historian
编辑 Editor
考古学家 Archeologist
市政工程师 Civil Engineer

大峡谷国家公园（Grand Canyon National Park）

历任园长 Superintendent（共 4 位，分别从规划开始至规划结束）
助理园长 Assistant Superintendent（1 位，规划开始至 1993 年）
副园长 Deputy Superintendent（1 位，1993 年至规划结束）
职业服务处主管 Chief, Division of Professional Services（1 名）
公园巡警 Park Ranger（1 名）
室外休闲规划师 Outdoor Recreation Planner（1 名）

Harpers Ferry Center

解说项目规划师 Interpretive Planner(1 名）

华盛顿办公室 Washington Office

水资源专家 Water Resources

西部区域办公室 Western Regional Office

规划主管 Chief of Planning, Grants and Environmental Quality

4.7.5 资金不到位

资金不到位主要是指保护资金不到位。资金不到位首先表现在中央财政投入少。表 4-6 为美国国家公园体系和中国国家重点风景名胜区近年的中央财政投入对比。从表中我们可以看出：美国近 10 年来，每年投入在国家公园体系上的财政资金平均折合人民币 168.2 亿元，中国为 0.1 亿元，占美国的 0.06%，也就是说美国每年用于国家公园的财政投入为中国的 1682 倍。美国 2003 年比 1995 年财政投入增加了约 42%，中国与此同时增加数为 0。

这些数字清楚地告诉我们，中央财政投入少是资金不到位的首要原因。

中美近 10 年国家公园预算一览表 表 4-6

年份（年）	中国（万元 RMB）	美国（万元 RMB）	中国占美国的比例（%）
1995	1000	1195357	0.083
1996	1000	1188662	0.084
1997	1000	1424779	0.070
1998	1000	1654266	0.061
1999	1000	1644404	0.060
2000	1000	1756776	0.057
2001	1000	2027524	0.050
2002	1000	2181960	0.046
2003	1000	2064368	0.048
平均	1000	1682011	0.060

资料来源：美国部分，http://data2.itc.nps.gov/budget2/documents/budget%20history.pdf；根据 1∶8.3 的汇率折算；中国部分为笔者了解的情况。

资金不到位的第二个原因是资源无偿使用的现象比较普遍。根据中国风景名胜区协会 2002 年所做的《国家重点风景名胜区门票及经营收益情况问卷调查报告》①，在返回问卷的 82 个国家重点风景名胜区中，未收取任何资源有偿使用费的有 43 个风景区，占此次调查的 53.7%。向景区内非隶属单位的旅游服务经营项目收取管理费的有 13 个风景区，占 15.9%。收取管理费的项目包括索道、宾馆、饭店、餐饮、运营车辆（船）、经营销售摊点以及文化娱乐性项目等。收取资源保护费或资源有偿使用费的有 11 个景区，占 13.4%。上述数字表明，资源有偿使用的国家级重点风景名胜区仅占到一成多，而没有收取任何资源使用费的风景区占到总数的一半以上。

保护资金不到位的另一个原因是监管不力。上述调查问卷同时表明，有 65% 以上的风景区没有明确各项收益中用于资源保护的经费。从答卷中注明资源保护资金情况的 28 个风景区看，风景资源保护资金平均占风景区总收益的 35%。在明确资源保护经费比例的风景名胜区中，基本未说明具体的资源保护经费使用项目，大多是笼统地与日常管理维护性费用混在一

① 厉色：《国家重点风景名胜区门票及经营收益情况问卷调查报告》，2002 年（内部资料）。

起，难以反映出目前风景名胜区资源保护项目的内容以及资金的准确使用情况。

从上述调查中，作者发现：2001 年门票年收入超过 1000 万元人民币的风景区占总数的 47.5%，门票收入超过 5000 万元人民币的风景区占到总数的 22.5%，门票收入超过 1 亿元人民币的风景区占到总数的 10%。门票收入最高的风景名胜区一年可达 3.1 亿元人民币。可见仅门票收入就是十分可观的经费来源，可是这些经费很少用在景区的资源保护方面，没有一处景区设立资源保护专项基金。

“中央不给钱，地方在摇钱，保护没有钱”，这就是当前我国国家公园和保护区体系在资金方面面临的现实。

4.7.6　能力不到位

能力不到位是中国国家公园和保护区体系管理不到位的人力资源约束。表 4-7 为 1997 年我国自然保护区管理人员统计一览表。从表中我们可以看到，每个自然保护区所拥有的专业技术人员平均仅为 5.7 人，专业人员仅占管理人员总数的 20.8%。这个数字无疑极大地限制了资源保护单位的管理能力。表 4-8 为中国国家级重点风景名胜区和美国国家公园在职工人数方面的对比。从表中我们可以看到：国家重点风景名胜区的面积大约是美国的 1/6，职工总人数则是美国的 6 倍；我国的国家重点风景名胜区平均每 1 公顷的用地职工人数为 0.016 人，美国为 0.0004 人，我国的单位面积职工人数是美国的 40 倍。

从这两个表的数据我们得出的结论是，专业人员缺乏，一般人员冗余，是造成能力不到位的根本原因。

培训跟不上是能力不到位的另一个原因。国家公园和保护区的管理是一项专业知识要求非常高、多学科知识要求非常广的工作。据作者的统计，美国国家公园管理中涉及的职业门类多达 200 多种（参见附录 3）。而且，与此有关的新技术、新知识也不断发展。这些都要求管理人员，即使是专业人员也需要不断得到相应的培训，以适应高水平管理的要求。遗憾的是，我国绝大多数的基层管理人员都得不到基本的培训，严重制约了国家公园与保护区的能力水平。

能力不到位的另一个原因是缺乏后援队。我国的高等院校没有自然文化遗产保护和解说教育方面的专业设置，在高等院校中也很少开设自然文化遗产保护方面的课程，这些都是制约能力建设的消极因素。

我国自然保护区管理人员统计一览表（1997 年） 表 4-7

级别	自然保护区数量		管理人员		专业技术人员		
	总数	有管理人员自然保护区数	总数	平均（个/人）	总数	平均	占管理人员（%）
国家级	124	115	6889	59.9	1713	14.9	24.7
省级	392	287	7718	26.9	1196	4.2	15.5
市级	84	53	690	13.0	186	3.5	27.0
县级	326	163	1718	10.5	451	2.8	26.2
合计	926	618	17015	27.5	3536	5.7	20.8

资料来源：欧阳志云，《中国自然保护区的管理体制》。

中美国家公园在职工人数对比 表 4-8

国家重点风景名胜区/国家公园	面积（hm^2）	职工人数（人）	职工人数/面积（人/hm^2）
中国总计	5141900	82622	0.016
庐山	28200	6376	0.226
黄山	15400	3306	0.215
武陵源	39600	4000	0.101
八达岭	400	1181	2.953
美国总计	32500024	14307	0.0004
大峡谷	492584	294	0.0006
黄石	898349	469	0.0005
约塞米蒂	308072	489	0.0016

4.7.7 环境不到位

中国的国家公园和保护区体系要管理得好，除了内部的结构、要素和机制需要调整外，外部环境的改善也是十分重要的。这些外部环境包括非政府保护组织（NGO）、当地社区（Local Community）、专家、媒体、志愿者

（Volunteer）和其他利益相关者（Stakeholders）。

环境不到位是指环境支持不到位。首当其冲的问题是社区问题。笔者在承担黄山、泰山、镜泊湖和梅里雪山等几个国家重点风景名胜区总体规划中发现，每一个都存在着风景名胜区管理机构与当地社区的矛盾。例如国务院批准的黄山风景名胜区的规划范围为 $154km^2$，而管理委员会的管辖用地只有 $127.8km^2$，其余 $26.2km^2$ 的用地属于周边的五镇一场。与黄山有着类似状况的保护单位还有很多，即在规划边界内存在着当地社区拥有产权的土地。缓冲区的情况更是这样。大部分保护单位的缓冲区都有大量的社区存在。可以说保护单位与周边社区在经济、社会、文化和行政隶属关系上有着千丝万缕的联系，是想躲也躲不过去的包围圈。在这种情况下，如果社区的权益得不到保证，责权利的关系不平衡，就不可能得到社区的支持。没有社区的支持和合作，国家公园和保护区就没有稳定的周边环境，资源保护和管理也不可能顺利开展。

环境不到位的另一个体现是没有充分调动起非政府保护组织和志愿者的积极性。从国际经验来看，非政府保护组织和志愿者在国家公园和保护区管理中发挥着十分重要的作用。遗憾的是，在我国的自然文化遗产管理中，很少能看到志愿者和非政府环保组织的影子。

Chapter Five 第 5 章

建立完善中国国家公园和保护区体系的理论思考

5.1 研究思路

本书第4章对中国保护性用地的现状和问题进行了分析，其目的是为了阐明中国国家公园和保护区体系的现实状态。我们发现这个现实状态存在着很多矛盾和冲突。那么解决这些问题与矛盾的对策是什么，如何才能从这种不理想的现实状态达到一种相对理想或相对最佳的状态？

为了使思路更加清晰和富有逻辑，本章将上述研究内容分解为以下几个问题：中国有没有国家公园和保护区体系？如果没有，是否有必要建立这样的体系？如果有的话，这个体系是由什么组成的？保护和管理状况如何？如果管理状况不良的话，如何改善这种状况？改善的目标是什么？战略是什么？可能的政策途径又是什么？

要从根本上回答上述问题，必须以正确的思想方法为基础。“人居环境建设同样需要哲学，我们要从哲学的高度去认识问题，将复杂的事物作本质上的概括。另一方面，哲学思辨离不开现代科学技术的发展。20世纪信息论、控制论和系统论等重大科学理论深刻地影响各个学科的发展，对于相关学科和认识论上的飞跃，如果我们善于学习和思考，也必然可以推动人居环境学科的发展。[①]”吴良镛先生研究人居环境科学的思路同样适用于建立完善中国国家公园和保护区体系的思路。这种思路就是从科学方法论和相关学科的原理中寻找解决问题的“出路”。

要探讨中国有没有国家公园和保护区体系的问题，首先要搞清楚体系的概念。体系是英文System的一种译法，它与系统是同义词。系统的含义就是体系的含义。系统是什么？系统具有哪些特征？要回答这些问题，必须谈到系统论。

对体系的管理实际上是对体系内各要素的有效控制。完善的过程实际上是政策优化问题，可以采用控制论尤其是社会控制论的方法；借鉴管理学尤其是公共管理学的研究和实践成果。

所以本章的研究思路就是通过系统论和控制论，分析中国国家公园和保护区体系，进而结合实践中的思考，提出建立完善中国国家公园和保护区体系的战略方针和政策途径。

① 吴良镛：《人居环境科学导论》，中国建筑工业出版社，2001年10月第一版，第98页。

5.2　基于相关学科的理论分析

5.2.1　基于系统论的理论分析

系统思想可以追溯到 2000 多年前的人类早期文明。但作为一门科学，现代系统论产生于 20 世纪 40 年代，由美籍奥地利人、理论生物学家 L・V・贝塔朗菲（L. Von. Bertalanffy）创立。1968 年贝塔朗菲发表了专著《一般系统理论基础、发展和应用》（*General System Theory*：*Foundations*，*Development*，*Applications*），该著作被公认为是这门学科的代表作。一般系统论的发展经历了三个阶段：一是经典控制系统阶段，曾被成功地应用于北极星导弹、核潜艇、原子弹的研制过程之中；二是多变量复杂系统阶段，它曾成功地指导了阿波罗登月计划等；三是大系统阶段，它旨在解决多目标、多变量、多阶段复杂系统的有效控制问题（朱庚申，2002）。

系统，是指由互相关联、互相制约、互相作用的若干组成部分按一定规律结合成的具有特定功能的有机整体。系统论认为要素、结构和功能是其基本概念。要素是系统最基本的组成部分。子系统可以是更大系统的要素。结构是要素之间的时间排列和空间排列。也可以把系统结构理解为要素通过联系而形成的横向和竖向排列组合方式，即联系网络和框架。系统功能是指系统内部和外部环境相互联系和作用过程中的秩序和能力，简称为过程的秩序。系统功能反映了系统与环境之间物流、能流、信息流的输入、输出变换关系，是系统作用和改变环境行为的能力。系统功能的大小反映了系统的优劣程度。

系统的结构、要素和功能之间的关系是十分重要的。首先在系统要素不变的情况下，系统的结构决定系统的功能，这是系统论中的一个著名定律。其次，在系统结构不变的情况下，系统要素对系统功能有影响。所以，系统结构对功能的影响是质的、第一位的，要素对功能的影响是量的、第二位的。在可能的条件下，完善系统功能的最佳策略是首先致力于系统结构的调整和改革，在优化系统结构的基础上，再做提高单一系统要素的工作。

那么中国国家公园和保护区体系的要素、结构与功能如何呢？它是一个开放系统还是一个封闭系统？如果是开放系统，它的环境又是什么？

根据系统论的定义，笔者认为中国已经初步建立了国家公园和保护区体系的雏形，它的现状要素为：自然保护区、风景名胜区、世界遗产、生物圈保护区、国家地质公园、国家森林公园等保护性用地子系统。每一个子系统又由若干基层保护单位组成。虽然分级单类或单级单类是各个子系统的结构，但是整个体系尚未形成清晰的结构。资源保护和科学研究是每个子系统拥有的共同功能，游憩机会的提供和可持续发展是部分子系统拥有的功能（表 5-1）。

中国国家公园和保护区体系的现状组成 表 5-1

子系统	定义	与 IUCN 体系的对应关系	要素与结构	现状功能
自然保护区	是指对有代表性的自然生态系统、珍稀濒危野生动植物物种的天然集中分布区、有特殊意义的自然遗迹等保护对象所在的陆地、陆地水体或者海域，依法划出一定面积予以特殊保护和管理的区域	Ⅰa：严格的自然保护区 Ⅱ类：国家公园 Ⅳ类：栖息地 / 种群管理地区	分级单类结构：国家—省—地市—县四级结构	自然资源保护和管理；科学研究
风景名胜区	是指风景名胜资源集中，自然环境优美、具有一定规模和游览条件，经县级以上人民政府审定命名、划定范围，供人游览、观赏、休息和进行科学文化活动的地域	Ⅱ类：国家公园 Ⅴ类：陆地 / 海洋景观保护区	分级单类结构：国家—省—市 县 三级结构	风景名胜资源保护；游览
世界遗产	罕见且无法替代的人类财产。主要为文化遗产和自然遗产	Ⅰa：严格的自然保护区 Ⅱ类：国家公园 Ⅳ类：栖息地 / 种群管理地区 Ⅴ类：陆地 / 海洋景观保护区	单级分类结构：文化遗产、自然遗产、混合遗产、文化景观遗产和非物质遗产	遗产资源的确定、保护、保存和展出
人与生物圈保护区	陆地生态系统和沿海 / 海洋生态系统的综合地带	Ⅰa：严格的自然保护区 Ⅵ类：受管理的资源保护区	单级单类结构	资源保护；科学研究；可持续利用
国家地质公园	具有特殊地质意义，珍奇或秀丽景观特征的自然保护区	Ⅲ类：天然纪念物保护区	单级单类结构	资源保护；科学研究；游览

续表

子系统	定义	与 IUCN 体系的对应关系	要素与结构	现状功能
国家森林公园	森林景观优美，自然景观和人文景物集中，具有一定规模，可供人们游览、休息或进行科学、文化、教育活动的场所	Ⅵ类：受管理的资源保护区	分级单类结构	资源保护；游览；可持续利用

系统论将系统分为“封闭系统”和“开放系统”两种类型。封闭系统是指其演进、变化不与外部环境发生能量、物质和信息交换的系统。开放系统是指与外部环境之间存在能量、物质和信息交换的系统。对于一个开放系统来讲，影响系统功能的要素还包括系统的环境。系统以外的部分称作系统环境。系统与其环境是通过物质、能量和信息的输入、输出关系相互联系的（于景元，1993）。

从这个定义上可以看到中国国家公园和保护区体系是一个开放系统。那么中国国家公园和保护区体系的外部环境都包括哪些呢？笔者认为，影响体系的外部环境包括政治环境、经济环境和社会文化环境 3 个方面（图 5-1）。政治环境包括国家立法和执法制度、行政制度、中央政府与地方政府的关系、政府不同部门之间的关系、各级政府对国家公园和保护区的领导意愿和领导能力等。经济环境包括国家的综合国力、中央和地方政府的财政预算、与“体系”有关的税收和财政收费情况、产业政策等。社会文化环境包括国家文化背景、思维方式、公众认识、教育水平、科学技术发展水平、社区参与和非政府组织参与等。

对于“开放系统”而言，系统结构与系统环境决定了系统功能。因此，改变和调整系统结构与系统环境，都可以达到改变系统功能的目的。所以，如果想要改善“体系”的功能，不仅要调整“体系”的结构，还要处理好“体系”与环境的关系，加大“体系”与周边环境的物质、能量和信息交换。“体系”与环境之间要处理好的关系包括：中央

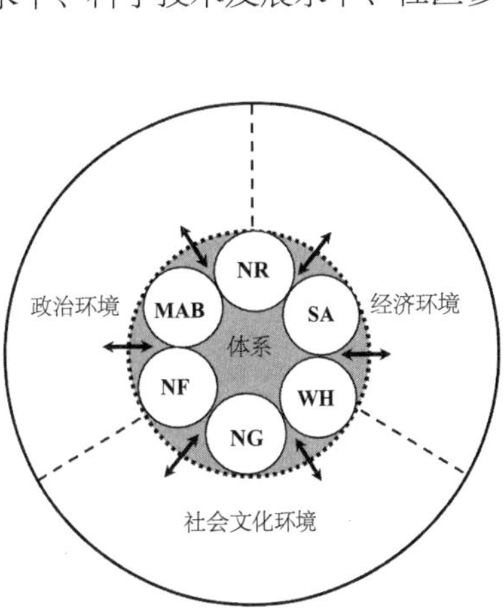

图 5-1　体系的现状结构

政府与地方政府之间的关系；基层保护单位用地与周边土地之间的关系；不同政府部门之间的关系；立法机构、行政机构和民间团体之间的关系；管理者与经营者之间的关系等。

系统论的第一个核心思想是系统的整体性思想。贝塔朗菲强调：任何系统都是一个有机的整体，它不是各个部分的机械组合或简单相加；系统的整体功能是各要素在孤立状态下所没有的性质。也就是说“1 + 1 > 2”才反映了系统的整体性优势。那么中国国家公园和保护区体系的整体性如何呢？根据第 4 章的分析，可以看到“体系”目前尚未形成一个有机整体，各要素之间存在着十分严重的空间重叠的问题。根据建设部 2002 年对 57 个国家重点风景名胜区的调查，上述国家重点风景名胜区中与国家级自然保护区交叉的有 20 处，其中完全重叠的 2 处，自然保护区包含在风景名胜区范围内的 11 处，风景名胜区包含在自然保护区范围内的 7 处；与国家森林公园交叉的有 30 处，其中完全重叠的 3 处，森林公园包含在风景名胜区范围内的 25 处，风景名胜区包含在森林公园范围内的 2 处；与国家地质公园交叉的有 15 处，其中完全重叠的 9 处，地质公园包含在风景名胜区范围内的 1 处，风景名胜区包含在地质公园范围内的 6 处（表 5-2）。这种空间重叠，造成体系的整体功能不仅没有做到“1 + 1 > 2”，现状甚至是“1 + 1 < 2”。可以说整体性差是中国国家公园和保护区体系的一个特点。如何整合各个子系统，提高系统的整体性是我们面临的第一个任务。

建设部 57 处国家重点风景名胜区调研情况一览表 表 5-2

风景名胜区名称 \ 交叉重叠情况	风景名胜区面积（km^2）	自然保护区面积（km^2）	森林公园面积（km^2）	地质公园面积（km^2）
北京石花洞	66	—	—	36
天津盘山	106	7.1	—	
河北北戴河	289.27	67.1	40	172
河北避暑山庄	2394	—	2325.3	—
山西五台山	376	—	191.38	—
山西五老峰	30	—	27.60	—
山西黄河壶口瀑布	100	—	—	100
吉林净月潭	96	—	96	—

续表

交叉重叠情况 / 风景名胜区名称	风景名胜区面积（km^2）	自然保护区面积（km^2）	森林公园面积（km^2）	地质公园面积（km^2）
黑龙江五大连池	1006	1006	1006	1006
辽宁大连—旅顺口	194	—	—	—
辽宁本溪水洞	44.72	—	35.17	—
辽宁金石滩	120	—	—	—
辽宁鸭绿江	824	811.5	—	—
江苏太湖	888	—	115	—
浙江雁荡山	335.68	—	31.37	—
浙江雪窦山	85	—	交叉 5	—
浙江双龙	79.7	—	7.15	—
富春江—新安江	2256	—	1450.8	—
安徽黄山	154	—	22	154
安徽九华山	120	—	175	—
安徽天柱山	80.46	—	20	—
安徽琅琊山	72.6	—	50	—
安徽齐云山	110.4	—	65	110.4
福建武夷山	79	—	—	—
福建金湖	140	—	—	461
福建海坛（君山）	20	—	10	—
江西井冈山	213.5	197	—	—
江西庐山	302	—	—	500
江西龙虎山	220	—	118	—
山东泰山	125	—	118	—
山东崂山	448.55	—	7.5	—
山东刘公岛	2.16	—	2.68	—
河南嵩山	151.38	—	122	450
河南鸡公山	27	30	—	—

续表

交叉重叠情况 风景名胜区名称	风景名胜区面积（km^2）	自然保护区面积（km^2）	森林公园面积（km^2）	地质公园面积（km^2）
河南云台山	55	120	5	190
湖南武陵源	264	90.4	48	264
湖南岳阳楼—洞庭湖	1675.671（规划批准 214.74）	1900	140	—
湖南莨山	108	—	—	108
广东肇庆星湖	19.53	11.30	—	—
广东西樵山	14	—	14	—
广东丹霞山	280	280	—	280
广西桂林漓江	204	—	5.26	—
广西花山	3001	101	—	—
海南三亚海滨	19	—	—	—
重庆金佛山	441	418.5	—	—
重庆缙云山	14	76	—	—
四川九寨沟	720	649	370	—
四川贡嘎山	10000	4000	—	—
四姑娘山	450	1375	—	—
四川剑门蜀道	450	—	305	—
云南天山天池	30	—	—	—
云南滕冲地热	730	—	—	730
陕西天台山	133.34	—	—	—
青海青海湖	9800	4952	—	—
天山天池	158	386.9	—	—

系统论的第二个核心思想是系统的有序性思想。它是指系统内部诸要素在空间、时间内运动、转化过程中有规则、合规律的属性。确定系统的有序性主要通过两个途径来实现：一是确定“负熵”，二是确定信息量。“熵”通常表示系统的无序程度，而“负熵”则表示有序程度。系统有序性的质和

量都可以通过观察系统各要素之间，以及子系统之间信息交换的质和量来考察。系统的有序性主要表现在三个方面：一是系统要素的空间排列是否有规则，合规律；二是系统要素的时间排列是否有规则，合规律（如决策程序的排列）；三是系统要素的时空结构是否合理。那么中国国家公园和保护区体系的有序性如何呢?

作者认为，中国国家公园和保护区体系从体系的整体角度来讲，无序状态比较严重。在子系统这一层次，根据第 4 章的分析我们知道，中国的国家公园和保护区体系处于多头管理的状态，没有一个统一的管理机构或协调机构（表 5-3），子系统之间的信息交流渠道不畅，子系统的时空结构排列远未合理。因此如何提高“体系”的有序性是当前面临的第二项课题。

体系的现行管理体制　　表 5-3

子系统	现行管理体制
自然保护区	国家对自然保护区实行综合管理与分部门管理相结合的管理体制。国务院环境保护行政主管部门负责组织编制全国自然保护区规划；提出新建的各类国家级自然保护区审批建议；监督管理国家级自然保护区。国务院林业、农业、地质矿产、水利、海洋等有关行政主管部门在各自的职责范围内，主管有关的自然保护区
风景名胜区	建设部负责对国家重点风景名胜区及其规划的审查报批和保护监督工作。各级风景名胜区实行属地管理
世界遗产	对内：建设部负责自然遗产的申报、保护监督工作；国家文物局负责文化遗产的申报、保护监督工作。对外：联合国教科文组织中国全委会代表中国政府行使缔约国的权利与义务。各项世界遗产及具体管理分别在建设系统和文物系统内实行属地管理
生物圈保护区	中国科学院设立了中华人民共和国“人与生物圈”国家委员会。生物圈保护区一般是在某一自然保护区上另加一块牌子，不设另一套机构
国家地质公园	国土资源部组织认定具有重要价值的古生物化石产地、标准地质剖面等地质遗迹保护区，组织保护地质遗迹和地质灾害防治目前尚未建立专门的针对国家地质公园的机构
国家森林公园	国家林业局“指导森林公园、国有林场的建设和管理”。森林公园实行属地管理

系统论认为，系统有序性依赖于系统内部的结构有序。结构正常，则功能正常，结构有序并最优，则功能有序并最优。从这个意义上讲，要提高中国国家公园和保护区体系的有序性，改善资源保护这一体系的基本功能，必

须调整中国国家公园和保护区体系的宏观和微观结构。系统论同样认为，自然系统的有序性是系统进化和适应环境的结果，而社会系统的有序性则是社会实践和人工选择的结果（朱庚申，2002）。中国国家公园和保护区体系是一个社会系统，因此改善它的有序性必须从两个方面同时着手，首先是通过实践积累经验，第二是通过理论研究和实践经验，做出正确的战略和政策选择。

另外，系统论认为，系统内的任何联系都应是按等级和层次进行的。在等级序列中，下位等级的要素及其相互关系本身在细节上并不为上位等级所体现。因此作为上位等级的系统不能也不必支配下位等级的全部行为。这一观点提示我们，分级管理对于改善中国国家公园和保护区体系的有序性也是十分必要的，应该在评价各保护单位资源重要性和代表性的基础上，分别确定它们的不同级别，由中央政府和不同级别的地方政府分别管理。当然我们可以看到风景名胜区、自然保护区、国家公园等子系统目前也实行分级制度，但这种分级只是重要性分级，国家级保护单位并没有由中央政府直接管理。如何加强中央政府在资源保护方面的职能是我们面临的另一个任务。

系统论的第三个核心思想是动态性观点。它是系统开放性特征的反映，旨在通过揭示系统状态和时间的关系，告诉人们要历史地、辩证地、发展地考察和认识对象系统，认真处理好系统和环境的动态适应关系。系统要同环境保持良好的动态适应关系，实现系统的相对稳定和发展，其途径包括以下几种：一是系统与环境之间要有稳定的物质、能量和信息交换；二是系统与环境之间的关系应该协调统一。系统论的动态观点提示我们，中国国家公园和保护区体系的改善与其政治、经济和社会文化环境存在着动态适应的问题，仅对体系内部进行改革和调整是不够的，必须根据中国社会经济转型期的诸多特点，研究适合这一阶段的具体对策，调动一切环境积极因素，有步骤、分阶段地完成改善体系结构和功能的问题。

那么，怎样有效、科学、合理地优化和完善中国国家公园和保护区体系的结构和功能呢？作者认为，一定要把中国的国家公园和保护区体系作为一个开放复杂巨系统来研究，采取开放复杂巨系统的研究方法。

开放复杂巨系统的概念是钱学森等人提出的。钱学森认为开放的复杂巨系统具有如下四个特征：第一，系统本身与系统周围的环境有物质的交换、能量的交换和信息的交换。由于有这些交换，所以是“开放的”。第二，系统所包含的子系统很多，成千上万，甚至上亿万，所以是“巨系统”。第三，子系统的种类繁多，有几十、上百，甚至几百种，所以是“复杂的”。第四，开放的复杂巨系统有许多层次。这里所谓的层次是指从我们已经认识得比较清楚的子系统到我们可以宏观观测的整个系统之间的层次（钱学森①，1990，1991）。对于开放复杂巨系统的研究，钱学森认为：第一，要把定性研究和定量研究有机结合起来，并贯穿全过程；第二，把科学理论和经验知识结合起来；第三，根据系统思想，把多种学科结合起来进行综合研究，实现 1 + 1 > 2 的综合集成，而不是 1 + 1 = 2 的“拼盘”；第四，根据复杂巨系统的层次结构，把宏观研究和微观研究统一起来；第五，应用这个方法必须有计算机系统的支持，这个计算机系统不仅具有管理信息系统的功能，还要具有决策支持系统的功能，更重要的是具有综合集成的功能，这就要用到知识工程、人工智能、信息技术等新技术；第六，这个方法要求专家按群体方式工作，充分发挥辩证思维和社会思维的作用，改变传统科学研究中的个体工作方式（于景元，1993）。

对比开放复杂巨系统的定义，可以看出中国国家公园和保护区体系确是一个开放复杂巨系统。因此对于它的研究必须是定性与定量相结合，理论与实践相结合，多学科知识相结合，多学科专家相结合，宏观研究和微观研究相结合，人的思维与信息技术相结合。这应该成为研究中国国家公园和保护区体系的基本方法。

总结上述的分析，作者认为：中国虽已初步建立了国家公园和保护区体系，但是它的结构，也就是说它的时空秩序很不合理，熵值大、信息量小。各子系统之间关联性弱、整体性差，动态稳定性得不到保证，体系宏观上相对处于无序状态。因此迫切需要对系统要素进行整合，对系统的整体功能进行优化、完善。而优化完善的工作应该以开放复杂巨系统的方法进行。

5.2.2　基于控制论的理论分析

从上一节中对中国国家公园和保护区体系的组成、结构和功能的初步分析我们可以看出，组成“体系”的子系统的共同功能就是对资源的有效保护和管理。而管理和保护实际上都是一种控制过程，因此控制论的观点和方法可以成为探讨资源有效保护和管理的有力思想武器。在上一节中，我们还得出了一个结论，即“体系”的无序状态非常严重，迫切需要对“体系”的结

① 钱学森. 再谈开放的复杂巨系统，1991；钱学森，于景元，戴汝为. 一个科学新领域—开放的复杂巨系统及其方法论[J]. 自然杂志，13（1），1990.

构进行调整，对“体系”的整体功能进行优化，而方案优化也是控制论的研究领域之一。

如果说系统论是侧重于对系统的结构和运行规律的研究，控制论则是研究施控主体对受控系统的影响方式和规律性，追求对系统的适时调控和方案的最优实施。

与系统论一样，控制论形成于20世纪40年代，它的主要创立者是美国数学家诺伯特•维纳。控制论是以一切有目的的开放系统为研究对象，以开放系统的自动控制为研究内容。控制论经历了3个重要的发展阶段：经典控制论、现代控制论和大系统控制论。控制论认为控制过程是一种果－因－果的闭环过程。它认为凡是控制，总有控制者和被控制者，即施控主体和受控对象。如果把施控看作原因，把受控看作结果，那么施控主体对受控对象的作用就是一种因果关系。确切地说，就是原因对结果的决定作用，这种决定作用可以看作在一种主动干预下，以实现特定结果为目标的控制作用。即先要有预期目标，然后从多种可能中选择某种能得到预期结果的因并加以利用。从这个意义上来看，中国国家公园和保护区体系中的各个环节，包括保护、规划、管理和监测实质上都是控制过程。

根据控制论的观点，可以将中国国家公园和保护区体系的管理、优化和整合看成一个控制系统（图5-2），在这个系统中管理者对资源保护单位起的是控制作用，而资源保护单位对体系管理者提供信息反馈。同时，实施这两种作用时必须考虑到当时当地的政治、经济和社会文化背景。

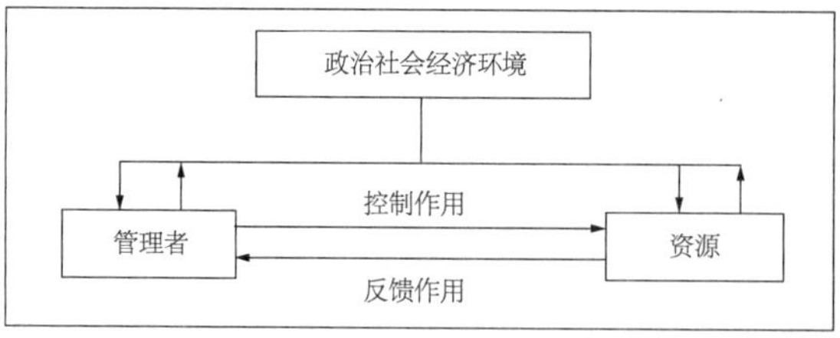

图5-2 “体系”控制系统示意

控制论的第一个要点是目的。控制论认为，控制必须有目的，即预期的果。为了实现目的，必须从多种可能的因中选择能够实现目的的因，并主动地作用于这种因，以促使目的的实现。因此控制离不开选择，控制的过程就是一个不断选择的过程。而选择实质上是一种以目的为对象的能动行为。没有目的，无所谓控制；没有行为无法实现控制。就是说，有无目的是控制行为与其他一切行为的最本质的区别。控制论的这个观点提示我们，对于完善中国的国家公园和保护区体系目标来讲，目标或目标体系必须非常明确。首先要统一各级管理层和利益相关者（Stakeholders）对国家公园和保护区的认识，凝结他们对资源保护重要性的认识。一个明确的目标或目标体系是优化、完善体系的前提条件。也就是说，让这个目标系统建立在广泛的公众参与之上，建立在利益相关者的共识之上。根据实践中的经验，作者发现，不论是体系还是子系统，或是每一个基层保护单位，其实都是一个多目标复合系统，资源保护、游客体验、与社区可持续发展是一般的三重目标。最理想的状态是通过空间因素和时间因素使多种目标得以统筹兼顾。在空间因素和时间因素不能解决问题时，资源保护无疑是第一位的目标，其他目标都应该让位于资源保护这一首要目标。

控制论的第二个要点是反馈。控制目的是在对受控系统的有效调节中实现的。因此实现系统的受控目的离不开反馈。准确地说，只有负反馈才能使得控制过程趋于目标值。这就意味着，保持和改变系统的行为或状态，不但要求目的明确，而且还必须在反馈中不断调整控制行为。控制论的反馈观点提示我们，在完善中国国家公园和保护区体系的过程中，既要从上到下地调整结构，又要从下到上地积累经验、反馈信息，形成上下互动的关系，在不断调整的过程中不断完善。

那么对中国国家公园和保护区体系应该进行怎样的管理，或者说应该选择什么样的控制方案和控制形式呢？

根据控制论，控制方案可分为集中控制、分散控制和多级控制 3 种方式，其特点、适用范围及优缺点见表 5-4。控制形式可分为随机控制、经验控制和共扼控制 3 类，其特点见表 5-5。

控制方案比较　　表 5-4

方案	特点	适用	优点	缺点
集中控制	集中控制是指对整个控制过程或受控对象进行集中的检测和控制。在多个分机构的基础上形成集中控制机构，所有控制指令都由集中控制机构直接下达，是控制达到高度的集中，以完成大系统的控制任务	系统规模不很大，控制机构的可靠性较高	在系统规模不大时，由于控制层次少，因而集中控制方案具有指挥灵敏、控制及时等优点	在系统规模不大时，具有管理运行费用高技术更新困难的缺点

续表

方案	特点	适用	优点	缺点
分散控制	整个控制活动有若干个分散的空际机构或决策者分别进行而共同完成	与集中控制刚好相反，适用于系统规模较大，系统设计困难的情况	在系统规模大时，具有指挥灵敏、控制及时、易于操作的优点	在系统规模大时，具有管理运行费用高的缺点
多级控制	多级控制是在分散控制的基础上，根据需要将系统控制问题分为若干阶段或若干层次，相应增加多级协调机制所形成的一种控制。是集中控制和分散控制相结合的产物	大系统	协调控制会产生较高的有效性和可靠性；系统分析设计简化，易于操作实施	—

控制形式比较 表 5-5

形式	特点
随机控制	随机控制是一种非程序控制，又叫试探控制。它是人们对解决问题具备的条件基本不了解，即受控对象的性质和特点了解甚少的情况下所采用的唯一办法。试点就是一种随机控制的方法：积累经验，推而广之
经验控制	又叫记忆控制，是以随机控制为前提，将成功经验应用于下一次控制的形式。控制行为空间在实现目标值的过程中随着选择次数的增多而逐步缩小；控制能力随着选择次数的增多而递增；经验可使被证明不是目标状态的控制对象不再被重新选择，从而可节省时间，提高效率
共扼控制	是随机控制和经验控制的结合物，是把原来不能控制的事务转变成能控制的事务，以便实现控制目标。程序化和规范化是共扼控制的特点，标准的制定是实现共扼控制的手段

对照表 5-4、表 5-5，作者认为，对中国国家公园和保护区体系的控制方案应该选用集中控制与多级控制相结合的做法：对具有世界遗产价值的资源实行集中控制，对其他保护性用地实行多（分）级分类控制[①]。管理形式可采用随机控制、经验控制和共扼控制相结合的方式：在随机控制中摸索经验，在经验控制中实践和积累经验，在共扼控制中归纳升华经验，使之成为标准和规则，从而促进体系管理的标准性和规范性。

① 具体原因将在 5.3.3 节中详细论述。

5.3　建立完善中国国家公园和保护区体系的战略方针

根据以上各节的理论研究和作者多年的实践探索，提出以下 4 项建立完善中国国家公园和保护区体系的战略：**科学为本，全面创新；上下启动，多方参与；三分结合，集散有序；一区一法，界权统一**。

5.3.1　科学为本，全面创新

5.3.1.1　含义

“科学为本，全面创新”是指：以科学研究作为立法、保护、利用、管理、规划、决策的基础，采用相关学科的研究成果，对中国国家公园和保护区体系进行全面创新，包括观念创新、目标创新、制度创新、规划创新、技术创新和方法创新。采用一切实践中行之有效的新技术、新方法达到有效保护中国国家公园和保护区体系资源的目的。

5.3.1.2　原因

为什么要实施“科学为本，全面创新”的战略？

第一，从理论上分析，每一个保护单位既是一个价值综合体，也是一个矛盾综合体，还是一个利益综合体。就世界遗产来讲，说它是一个价值综合体，是因为如《保护世界文化和自然遗产公约》所讲：文化遗产一般具有历史、艺术、科学、人类学和人种学价值；自然遗产一般具有科学、审美和保护价值。在我国，曾有学者将国家自然文化遗产的价值分为直接产出实物价值、直接服务价值、间接生态价值、存在价值等四大类十三小类（王秉洛，2001）。也有学者认为“国家自然文化遗产资源与一般资源的最大区别是它含有多重价值：既有经济价值，也有非经济价值。”“自然文化遗产具有三重价值：存在价值（非使用价值）、潜在经济价值和当前经济价值”（郑易生，2001）。说每一个保护单位是一个矛盾综合体，是因为它涉及多重关系、多重矛盾，主要包括：资源保护与旅游发展之间的关系；中央政府与地方政府之间的关系；保护单位管理边界内用地和周边用地之间的关系；立法机构、行政机构和民间团体之间的关系；管理者与旅游设施经营者之间的关系以及管理政府机构与民间保护团体之间的关系（杨锐，2001）。说它是一个利益综合体，是因为每一个保护单位都有很多的利益相关者（Stakeholders）。这些利益相关者有些关注经济利益，如旅游服务提供商（饭店、餐馆、索道公司、旅游商店等）；有一些关注资源和环境保护管理问题，如中央政府相关职能部门、国内外民间保护组织等；有一些同时关注经济和社会问题，程度不同地关注资源保护和管理问题，如地方政府、当地社区等。因此对于这样的开放复杂巨系统，正如我们在 5.2.1 节中论述的那样，定性与定量相结合、理论与实践相结合、多学科知识相结合、多学科专家相结合、宏观研究和微观研究相结合以及人的思维与信息技术相结合的科学研究方法和手段无疑是举足轻重的，也应该贯穿立法、保护、利用、管理和决策的全过程。

第二，从实践中看，我国自然文化资源管理中保护不科学、规划不科学、决策不科学的现象不胜枚举。在遗产地，盲目引进外来物种是不科学的“保护”行为；遗产地的规划不进行资源的重要性和敏感度分析，以景区取代“资源管理政策分区”是规划的不科学问题；事前不经过科学论证，事后不进行科学监测，仅凭个别地方领导的口头指示就开始建设一个甚至几个严重破坏遗产价值的工程项目的现象，是决策的不科学问题。以某一世界遗产地为例，为了“阻止”水流对河床上经文的腐蚀作用，花了很多钱在其上游筑坝挡水，水的腐蚀没有了，但没有想到风化的问题比“水的腐蚀”更严重。这是一个典型的不科学保护的案例，虽然是“好心”，却办了坏事。

第三，从国际经验来看，对科学重视不够是美国等国家在其国家公园发展史上最大的教训。理查德 • 怀斯特 • 塞勒斯的《国家公园自然保护史》[①] 一书，是一本在美国得到广泛肯定的著作，而这本 380 页的著作，与其说是一部发展史，不如说是一部批评史。该书的中心主题是对美国国家公园管理中不重视“科学”的现象及其后果做了回顾和深刻分析。以世界上第一个国家公园——黄石公园为例，在其发展史上所犯的科学错误比比皆是。美国过去出现的问题正是我们今天正在出现的问题，有些甚至更严重。美国国家公园体系不重视科学的结果应该成为我们的“危险标志”而不是“覆辙”。

第四，笔者认为，科学化、制度化（包括体制改革）、民主化既是可持续发展的前提条件，也是根本改变中国国家公园和保护区管理现状的三条出

① *Preserving Nature in the National Parks: a History.*

路。从战术上讲，科学化相对于体制改革和民主化来讲，也是较容易起步的一项措施。因为它最容易取得各方面的共识，最容易操作（分解成小的项目去做）、效果最容易衡量，同时需要的准备时间也最多。

第五，中国正处于转型期，而且这种转型是全方位的，包括政治、社会、经济、文化等各个方面。转型期的特点是变化快、问题盘根错节、多重矛盾、立体交叉。可是同时另一个特点则是机遇多，更有可能动大手术、从根本上解决问题。第 4 章所总结出的结构模糊重叠、管理工作缺乏规划性、战略性、管理方式陈旧、信息渠道不畅、信息反馈迟缓、资源浪费严重、管理低效或负效等问题只有通过全方位创新才能加以解决。

5.3.1.3 关键点与注意事项

接下来应该考虑的是实施“科学为本，全面创新”战略的关键点是什么？ 作者认为关键在于科学决策体系的建立。这是因为管理的过程实际上是一个决策的过程，是一个政策选择的过程，在价值、矛盾、利益不能统筹兼顾时，在“鱼与熊掌不能兼得”时，必须做出取舍和决策。不论从理论还是实践来看，这个决策过程越科学、越民主（公众参与越多）、越制度化，则正确决策的概率越大。

实施“科学为本，全面创新”战略的注意事项有：首先，要注意伪科学，和打着科学幌子干着非科学行为的人和事。其次，要注意创新也要以科学研究为基础，要针对问题，瞄准目标制定改革措施，经试点后再逐步推广，切忌盲目创新、不着边际，解决了一个问题，引出了更多问题。

5.3.2 上下启动，多方参与

5.3.2.1 含义

“上下启动，多方参与”是指：从中央和基层保护单位两头同时启动改革创新程序，中央一级以调整体系结构，即资源管理的行政体制机构为主要目的，基层保护单位以试点的形式积累经验、总结教训、反馈信息；同时在有效的管理框架内，调动所有利益方（Stakeholders）——包括中央和地方政府、各级立法和执法机构、当地社区、媒体、民间保护团体、学校和科研团体以及相关旅游服务商——的积极性，明确权责利之间的关系，分工合作共同完成资源保护和管理的任务。

5.3.2.2 原因

为什么要实施“上下启动，多方参与”的战略？原因如下：

第一，根据系统论的观点，系统要素不变的情况下，系统的结构决定系统的功能，也就是说系统结构对功能的影响是质的、第一位的，要素对功能的影响是量的、第二位的。因此要从根本上改变中国国家公园和保护区体系的管理状况，在越高的层次上调整结构，越容易取得根本性的成效。因此在条件允许的情况下，应该尽快开展中央政府层次的结构调整工作，在中央一级整合自然保护区、风景名胜区等的管理机制，这是最根本的战略，也会是最有效的战略。另一方面，根据控制论的观点，反馈是非常重要的。只有受控者，也就是说基层保护单位对管理的方式、方法、技术标准等不断提出反馈意见，“体系”才可能不断调节以起到控制作用，从而使对“体系”的管理更加优化。这种反馈越多、质量越高，对“体系”的有效管理才更有可能实现。这种情况提醒我们，来自基层的改革创新经验是十分宝贵的，完善仅靠自上而下地调整结构是不够的，自下而上地积累经验和反馈经验也是十分必要的。但无论如何，基层的改革是第二位的，其影响效果也是有限的、局部的、非本质的（对整个系统来讲）。

第二，从国际经验来看，国家公园和保护区体系较为成熟的一些国家，在资源管理结构方面都进行过类似的机构重组工作。图 5-3 是 1972 年的美国国家公园体系家族树，也就是黄石国家公园建立 100 年后的国家公园体系结构。从这个图上可以看出，美国国家公园体系最初有 7 个根系：

1. 国家纪念物系列（National Memorial Line），1776 年开始；
2. 国家军事公园系列（National Military Park Line），1781 年开始；
3. 国家首都公园系列（National Capital Parks Line），1790 年开始；
4. 国家矿泉系列（Mineral Springs Line），1832 年开始；
5. 国家墓地系列（National Cemetery Line），1867 年开始；
6. 国家公园系列（National Park Line），1872 年开始；
7. 国家纪念地系列（National Monument Line），1906 年开始。

1916 年以前，这些系列分别隶属不同的联邦管理部门，包括战争部（War Department）、农垦局等，1916 年进行了第一次机构改组，成立了美国内政部国家公园局，主管国家公园系列和部分国家纪念物系列，同时接管了由内政部负责的 20 处国家纪念地。1933 年又进行了第二次机构重组，这一年富兰克林·罗斯福总统签署法令将战争部、林业局等所属的国家公园和纪念地，以及国家首都公园划归国家公园局管理，极大增强了国家公园体系的规模，尤其是国家公园局在美国东部的势力范围。以后还进行过一些小的机构调整工作。这两次大的调整基本理顺了美国国家公园体系发展初期的问题与矛盾，为美国国家公园体系的健康顺利发展奠定了基础。澳大利亚和新西兰等国家也进行了类似的机构重组工作，将保护管理职能进行整合是它们进行机构重组的基本思路。

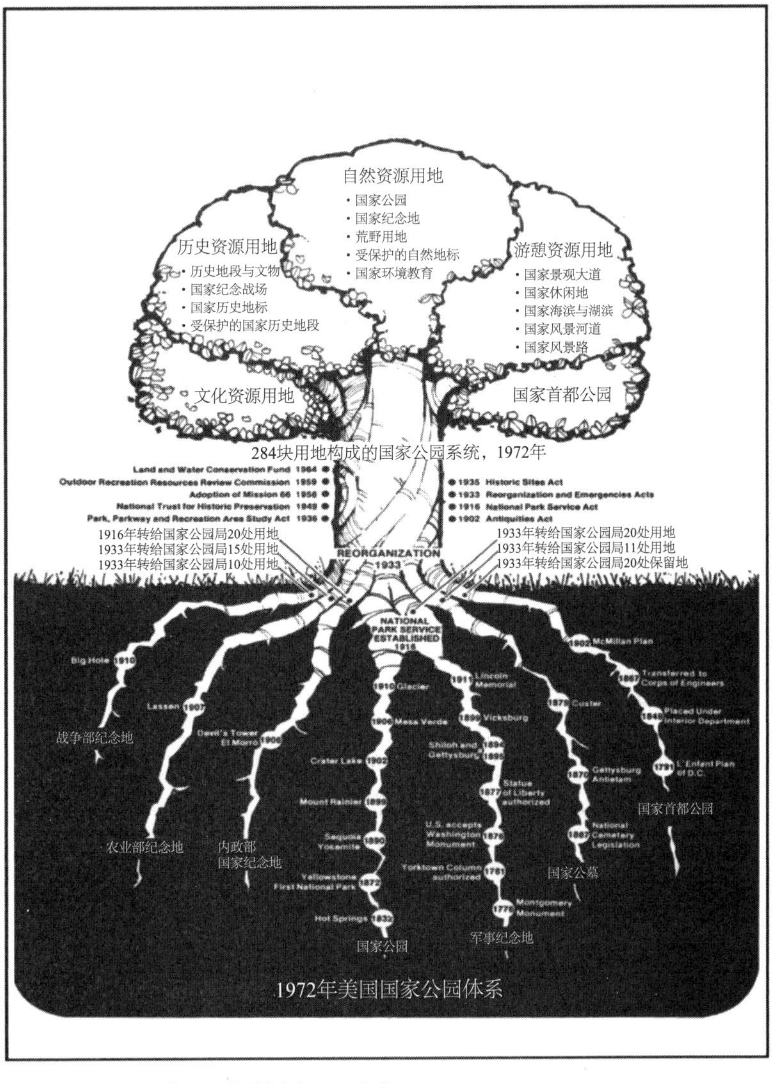

图 5-3　美国国家公园体系—家族树（1972 年）

第三，实施“多方参与”战略的主要原因也是由于“体系”尤其是“体系”中的每一个保护单位如 5.3.1 所言都是一个利益综合体，而且这些利益大多是不可回避的，有一些是可以利用技术手段（如分区规划）统筹兼顾的。要对资源进行有效的保护和管理，必须最大限度地凝结利益相关方的共识，把他们有序地、受控制地纳入到资源保护和管理的框架之中。从国际趋势来看，“公众参与”尤其是“社区参与”已经成为大多数资源管理者的共识，而且在实践中取得了良好的效果。

5.3.2.3 关键点与注意事项

实施“上下启动，多方参与”战略的关键点有哪些？实施“上下启动”战略的关键点在于最高领导层的决心。之所以说最高领导层的决心是关键，是因为要对体系整体结构进行调整，将是一个难度大、阻力大、影响大的动作，需要良好的政治、经济、社会和技术环境，需要有“快刀斩乱麻”的政治魄力。实施“多方参与”战略的关键是严格的、透明的、连续性强的制度化和标准化建设。这种制度化建设应该包括高质量的国家和地方立法、部门规章、国家标准、规范等。为什么说“多方参与”的关键是规章制度的建立呢？这是因为协调合作式的多方参与才是资源得到有效保护和管理的有力武器，恶性竞争、争权夺利式的多方参与会带来严重的负面影响。而高质量的、可操作性强的规章制度的建立可以保证权责利的基本平衡，可以有效地缓解矛盾、化解冲突，从而达到合作协调的目的。

如何实施“多方参与”的战略？在本节的开头，作者已经对参与的“多方”有过描述：他们包括中央和地方政府、各级立法和执法机构、当地社区、媒体、民间保护团体、学校和科研团体及相关旅游服务商。各级政府的参与是多方参与的基础和主导力量。或许政府的行为不应该叫参与，而应该成为管理。这里权且认为管理也是参与的一种特殊方式。各级政府参与的关键在于职能清晰化和政府职能的权威化。清晰化是指要明确和强调政府对国家公园和保护区的保护职能，明确不同性质的政府部门和不同级别的政府部门的职能分工，减少职能重叠，尤其是同一管理空间上的职能重叠问题。权威化是指政府职能，尤其是管理权、规划权、门票受益权不得受到其他利益方的侵占。既要防止“裁判员当运动员，更要防止运动员去当裁判员”。立法机构参与的关键是与其他利益各方的沟通，了解立法所应该解决的主要问题，尤其要注意与学校和科研机构的合作，因为高水平的立法必须以科学研究成果为依据。社区参与是多方参与十分重要的内容，因为国家公园和保护区不是存在于真空之中，他们与周边的社区有着千丝万缕的生态、经济、社会和文化联系。没有稳定的周边环境，不可能实现保护单位的长期有效管理。实施社区参与的关键是“社区受益”原则。即要让社区的老百姓从保护中得到好处，从而自觉地参与到资源保护的事业之中。民间保护团体和媒体的参与相对比较简单，关键是要调动他们的积极性，并为他们的参与提供机会和渠道。这里想说的是，应该鼓励发挥民间团体和媒体的监督作用。从美国国家公园的发展史来看，民间保护团体与国家公园局的互动尤其是对国家公园局的监督是国家公园体系管理能力和管理效果不断提高的动力。学校和科研团体的参与是很重要的，他们在科学管理方面可以提供决策依据和科学信息。使他们参与进来的核心是要为他们提供相应的科研基金和现场调研条件。对于以资源为依托的旅游服务企业，应该采取“鸟在笼中飞”[①]的策略，既让他们保持活力、发挥优势，同时又让他们在严格的保护和管理制度下活动，不能擅自逾越雷池，甚至越俎代庖。作者认为，旅游服务提供商在某些保护单位内的活动应该是被允许的，如果是在公平的机制（如招标和特许经营权转让）下取得的服务提供权，实际上能够有效提高服务水平，降低服务成本。关键是要加强制度化的建设和强有力的监督管理机制。作者一直相信，“旅游”是一把火，控制得好的话，可以烧火取暖、开水做饭，为人类带来很大的好处，如果控制得不好，则会将一切化为灰烬。所以关键在于控制，即控制规模、控制强度、控制旅游的方式、控制利益分配机制、控制时空分布、控制游客行为、控制环境负面影响。一味堵是堵不住的，强化立法、加强制度建设和实施严格的动态监管才是最根本的解决办法。

实施“上下启动，多方参与”战略的注意事项有哪些？对于“上下启动”而言，首先要注意科学论证。在实施结构调整之前，要进行充分的调研、酝酿和讨论，听取各方意见，充分估计到可能的影响和权变应对办法。对于“多方参与”战略，则要防止出现群龙无首的局面，切实加强政府资源管理的法律地位和绝对权威。

5.3.3　三分结合，集散有序

5.3.3.1　含义

“三分结合，集散有序”是指：以建立有序的“体系”结构为目的，在

① 吴良镛先生语。

评估鉴定每一保护单位资源的重要性和敏感度的基础上，根据重要性分级、根据资源特征分类、联合根据资源的重要性和敏感度在每一个保护单位的边界内进行管理政策分区。同时根据分级的结果分别采取集中控制和分散控制相结合的方式。对具有国家意义尤其是世界意义的保护单位由中央政府集中控制，其他具有区域意义和地方重要性的资源由省级和地市级分别管理，由中央政府的相关部门进行综合协调。

5.3.3.2 原因

为什么要实施“三分结合，集散有序”的战略呢？原因如下：

第一，从理论上来讲，我国的 2700 多处保护单位在内部具有异质性，也就是说它们的重要性和资源的敏感程度各不相同，有些甚至相差很大。在外部，各自也有着不同的现状环境。“一刀切”式的管理方式，即采用一种模式、一种政策的控制方式必定会产生削足适履的现象，也不适用于对“体系”这样的开放复杂巨系统的管理。根据控制论的观点，多级控制会产生较高的有效性和可靠性，也具有相当的可操作性（参见表 5-4），这是分级的原因。但仅有分级是不够的，即使是同样级别的保护单位，由于它们的资源特征不同，它们对管理政策的适用要求也不尽相同。例如对具有沙漠生态系统特征的资源保护区和具有热带雨林生态系统特征的保护区，其管理政策应该有所不同，这是分类的原因。但是只有分级、分类还不够，因为一个保护单位的级别和类型确定下来后，这些保护单位边界内部的不同空间区域，也具有不同的资源特征、重要性和敏感度。就第 7 章的案例梅里雪山来讲，在这个保护单位内部存在着 22 个不同的资源小类，每一个资源小类都具有各自的形态、功能、重要性和敏感度，这种情况下，只有采取政策分区的方式才能更有效地保护和利用资源①。

第二，采用集中、分散相结合的方式，由中央政府集中控制数量有限、重要性极高、敏感度相对较大的保护单位，如世界遗产，具有指挥灵敏、控制及时、真实性和完整性损害的风险性较低等优势。而对于数量庞大、资源重要性相对较低的保护单位分别由省和地市实际控制、中央政府协调同样具有指挥灵敏、控制及时的优势。史鹤龄（2002）曾对集中管理和分散管理的优缺点进行过比较（表 5-6）。从这个表中可以看出：集中管理在保护方面的效果最好，而财政负担最大；水平分散式管理（即由中央政府的不同部门直接管理）不论从保护还是财政持续能力方面都较弱；垂直分散（地方直接

① 关于分区的方法，请参阅第 7 章的内容。

管理）式管理在保护方面的能力最弱，而在财政持续能力方面最强。从这个分析来看，集中管理适用于对保护标准要求高的有限数量保护单位，这也就是作者建议由中央政府直管世界遗产和国家级自然文化遗产的原因。另一方面，垂直分散适用于数量庞大、保护标准要求相对较低的情况，这就是为什么作者建议由地方政府管理其他保护单位的原因。

集中管理和分散管理对比 表5-6

		集中管理	分散管理	
			水平分散	垂直分散
保护能力	避免重叠	强	弱	最弱
	防止退化	强	弱	最弱
财政持续能力		最弱	弱	强

资料来源：史鹤龄，2002，作者略作调整。

第三，从国际经验来看，分区（Zoning）的方法被证明是行之有效的保护和管理手段①，并且得到了大多数国家的利用。至于分类，许多国家也开始尝试将IUCN的分类标准②用于本国的资源和保护管理实践，并且取得了一定的成效。美国国家公园体系中更把379处国家公园单位分为20个类别分别适用不同的法规和标准（表5-7）。虽然由于历史原因，美国的分类有些混乱，但对管理的作用和效果还是值得肯定的。日本则根据《自然保护法》划分为荒野区、自然保护区和地区自然保护区3种类型，根据《自然公园法》，又划分为国家公园、国家公园和地区性自然公园3类（王维正等，2000）。分级手段也是各国加强资源保护和管理的常见手法之一。在美国就有国家公园和州立公园（State Parks）之分③，不过国家公园局与州立公园的联系很弱。但州立公园确实起到了减轻国家公园旅游发展压力的作用。

美国国家公园体系分类一览表 表5-7

编号	分类名称（中文）	分类名称（英文）	数量
1	国际历史地段	International Historic Site	1
2	国家战场	National Battlefields	11
3	国家战场公园	National Battlefield Parks	3
4	国家战争纪念地	National Battlefield Site	1

① 参见第7章。
② 详见第2章。
③ 参见第2章的内容。

续表

编号	分类名称（中文）	分类名称（英文）	数量
5	国家历史地段	National Historic Sites	77
6	国家历史公园	National Historical Parks	38
7	国家湖滨	National Lakeshores	4
8	国家纪念战场	National Memorials	27
9	国家军事公园	National Military Parks	9
10	国家纪念地	National Monuments	73
11	国家公园	National Parks	54
12	国家景观大道	National Parkways	4
13	国家保护区	National Preserves	17
14	国家休闲地	National Recreation Areas	19
15	国家保留地	National Reserve	2
16	国家河流	National Rivers	6
17	国家风景路	National Scenic Trails	3
18	国家海滨	National Seashores	10
19	国家野生与风景河流	National Wild and Scenic Rivers	9
20	其他公园地	Parks（other）	11
总计	截至 1998 年 11 月	Total（by 11/1998）	379

资料来源：National Park Service 1998。

至于集中控制和分散控制[①]，世界上的不同国家有不同的做法，它对一个国家的政治体制和行政体制的依赖很大，因此没有得到广泛认同的经验可以学习。例如以英国和德国为代表，采用的是多部门管理体制，而美国和日本则采取相对集中的管理体制（张晓玲，中国土地）。不过它们的共同之处也是我国的缺乏之处是相关法律法规明确了各管理部门的使命、任务和授权范围，所以即使是分散管理，也没有出现像我国这样的空间重叠、职能重叠的混乱现象。

5.3.3.3 关键点与注意事项

实施“三分结合”战略的关键点在于资源评价和入选标准，实施“集散

① 参见本章相关的内容。

有序”战略的关键点是立法。为什么说实施“三分结合”战略的关键点是资源评价和入选标准呢？这是因为资源条件是否符合入选标准是决定分级的依据，而资源的重要性评价和敏感度评价是决定分区的重要标准。对资源特征的评价是分类的依据。可见，要实现“三分战略”必须制定相应的资源评价规范和各级、各类保护单位的入选标准。为什么说实施“集散有序”战略的关键点是立法呢？ 这是因为不论是集中还是分散，都必须明确各个机构的使命、职责和授权范围，而只有高质量的法律法规才能完成这一任务。

实施“三分结合，集散有序”战略的注意事项有哪些呢？首先要严格国家级保护单位的入选标准，使国家级保护单位的数量控制在适当的规模之内，保证国家级保护单位资源的典型性，并使中央政府能够切实有效地将有限行政和财政资源用在最需要保护和管理的地方。除了严格入选标准之外，还应该严格入选程序，保证入选过程的公开化、透明化和制度化。其次在将世界遗产和国家级保护单位的管理权收归中央政府的时候，应该适当考虑地方尤其是周边社区的利益，尽可能在有效保护的前提条件下，使保护单位能够带动和促进地方的经济与社会进步。

5.3.4　一区一法，界权统一

5.3.4.1　含义

“一区一法，界权统一”是指：以保证保护区边界内管理权的统一性（或唯一性）为目的，国家人大为每一个国家级保护单位，省级人大为每一个省级以下保护单位独立立法，明确各保护单位的使命、边界、管理机构组成、决策程序等重大事项。

5.3.4.2　原因

为什么要实施“一区一法，界权统一”的战略呢？原因如下：

第一，由于中国在国家公园和保护区发展方面的历史较短，同时尚未形成强有力的控制和管理结构，因此目前几乎每一个保护单位内部都存在着这样那样的问题，有些问题具有共性，有些问题具有相当程度的地方特性。许多保护单位边界内部存在着盘根错节的利益关系和积怨已久的历史旧账，如外来驻山单位、产权纠纷、管理权之争等，而且几乎每一个保护单位在这一方面的问题都各不相同。所谓“幸福的家庭是相似的，不幸的家庭各有各的不幸”。同时中国地域广大、各个保护单位所处的社会经济和文化环境各不相同。这些都决定了只有“一区一法”才能有针对性地确定处理这些关系、协调这些矛盾，从而使每一个保护单位都能够形成有序的结构从而输出有序的功能。

第二，边界与管理权的不统一是造成许多问题与矛盾的根源。以风景名胜区为例，目前有相当一部分没有明确的边界。没有边界，如何管理呢？即使规划中确定了边界的一些风景名胜区，也存在着管理权分散、风景名胜区管理机构的管理权限不能覆盖整个规划边界的问题。这带来十分严重的后果，这就是一区一法要以“规划边界内管理权的绝对统一”为目的的原因。“明确清晰的边界，边界内统一的、权威的、受到监督的政府管理权”是解决许多保护单位问题的根本途径。

第三，从国际经验来看，美国国家公园体系中每一个国家公园单位（Park Units）都有其授权立法文件。这些文件如果不是国会的成文法，就是美国总统令。一般来说，这些授权法（包括总统令）都会明确规定该国家公园单位的边界、它的重要性，以及其他适用于该国家公园单位的内容。由于是为每个国家公园单位独立立法，所以立法内容很有针对性，是管理该国家公园的重要依据，起到了很好的效果。另外在许多美国国家公园的授权法中，也针对该国家公园单位的一些历史遗留问题，如放牧、狩猎等做出了具体规定。明确的法律规定减少了日后日常管理中出现矛盾和问题的可能。这是我们可以借鉴的经验。

5.3.4.3 关键点与注意事项

实施“一区一法，界权统一”战略关键点在于责权利的平衡。因为保护单位的所有矛盾和问题的根源无非是两个字：权和钱。只要把权利和责任清晰化，同时根据权利和责任平衡利益的话，许多问题和矛盾会迎刃而解。

实施“一区一法，界权统一”战略有哪些注意事项？首先，要提高立法的质量，立法要建立在科学研究、深入调研、高瞻远瞩、实事求是的基础之上，盲目的、臆断的、针对性弱的立法不仅不会解决问题，甚至还会产生更多的问题，激化更大的矛盾。其次要注意，“界权统一”是指边界与管理权的统一，不是指边界与经营权的统一，也不是指边界与受益权的统一。注意既要防止“裁判员当运动员”的现象，更要防止“运动员当裁判员”的现象。

5.4　建立完善中国国家公园和保护区体系的行动建议

结合以上各章的理论研究和作者多年的工作实践和在实践中的不断思考，本节从立法、机构建设与调整、技术支持、社会支持、规划管理、资金以及能力建设 7 个方面探讨了建立完善中国国家公园和保护区体系的政策途径，具体落实为 41 项行动建议。

5.4.1　立法

1. 由全国人民代表大会尽快制定实施《中华人民共和国国家公园和保护区体系法》，作为国家遗产资源保护方面的基本法，明确国家公园和保护区体系的内涵、重要性和法律地位，明确国家公园和保护区体系的内部行政管理结构及其使命、责任和职能，明确国家公园和保护区体系管理的基本政策，明确国家公园和保护区体系与其他相关法律主体之间的关系。

2. 由全国人民代表大会和省级人民代表大会按照轻重缓急的顺序，分期分批地分别为国家级保护单位、省级和省级以下保护单位制定针对各保护单位的授权法。明确各保护单位的使命、边界、管理方针，并针对每一保护单位的历史遗留问题做出相应的法律规定。建议全国人民代表大会从世界遗产地的立法开始。

3. 由全国人民代表大会制定《中华人民共和国国家公园和保护区特许经营法》，在资源有效保护前提下，构建中国遗产资源地的特许经营制度。

5.4.2　机构建设与调整

1. 由国务院在行政体制改革过程中，成立中华人民共和国国家公园与保护区管理局，全面负责中国的国家公园和保护区管理事宜。该局可由国家相关权力机构涉及遗产资源的部门组建而成。建议在《中华人民共和国国家公园和保护区体系法》中明确该局作为中国国家公园和保护区体系最高管理机构的法律地位、使命和基本管理政策。

2. 各省、自治区、直辖市和市县一级政府在省一级政府和市县一级政府分别成立自然文化遗产管理局，全面负责本省的保护性用地管理工作。自然文化遗产管理局可由环保、国土资源、建设、林业、文物、文化、海洋、地质矿产、旅游等机构中与自然文化遗产相关的部门重组而成。在业务上受国家公园与保护区管理局的领导或指导。

3. 世界遗产类的保护性用地建议由中华人民共和国国家公园与保护区管理局直接管理，在重新评估审查后，国家级保护性用地建议由该局直接管理。注意在由地方管理过渡到中央管理的过程中，要建立补偿机制在一定时期内满足当地社区和地方政府的合理经济利益要求。

4. 省级自然文化遗产管理局负责省级保护性用地的管理工作，市县级自然文化遗产管理局负责市县级保护性用地的管理工作。

5. 建议中央政府和省级政府在中央和省政府一级分别成立自然文化遗产专家委员会，聘请长期从事遗产资源研究的专家学者担任委员。专家学者的学术背景应该多样化，至少包括生态学家、动物学家、植物学家、文物学家、地理学、地质学、景观建筑学、区域规划、经济学、管理学、社会学方面地人士。专家委员会的定位是政府决策咨询机构。专家委员会在资金方面保持相对的独立性，可以由国家财政拨款或争取国内外非营利环保组织的资金支持。

6. 将由中央直接管理的国家级保护单位的管理人员纳入国家公务员体制，弱化保护单位的营利动机①。

7. 建议建立决策问责制，对重大决策失误的当事人追究责任，直至引咎辞职。

8. 建议在各级管理机构中设置科学研究部门，并聘请具有相关学科科研背景的专业人士出任部门负责人，切实提高科学研究在管理中的地位和作用。

5.4.3 技术支持

1. 建议国家质量技术监督局尽快组织相关高等学校和科研机构进行《中华人民共和国国家公园和保护区体系分级评价标准》和《中华人民共和国国家公园和保护区体系分类管理标准》的研究工作。国家级的保护单位的入选标准要从严制定。

① 参考张昕竹的观点提出。见张昕竹：《论风景名胜区的政府管制》，2002年第2期，第80页。

2. 建议科技部尽快组织相关高等院校和科研机构进行国家公园和保护区体系的相关科学研究或深化细化研究，为国家公园和保护区管理局成立后的顺利运作打下技术基础。这些科学研究应该包括：国家公园和保护区体系的生物多样性保护、湿地保护、文化遗产保护、文化景观保护、地质遗迹保护、视觉景观保护、大气和水污染防治、垃圾处理、游客行为管理、人工设施选址、社区参与方式等。

3. 国家公园和保护区管理局成立后，尽快制定“中国国家公园和保护区体系总体管理规划”，从保护性资源的典型性、代表性和空间分布方面做出总体安排。并在后续工作中，制定“五年战略规划”和近期实施计划。

4. 国家公园和保护区管理局成立后，根据第二项的相关研究成果，尽快制定相应的资源保护管理政策和部门标准。包括生物资源管理政策、水资源管理政策、地质资源管理政策、火管理政策、大气资源管理政策、自然音景管理政策、自然光景管理政策、考古学资源管理政策、文化景观管理政策、人种学资源管理政策、历史和史前建构筑物管理政策、博物馆收藏管理政策、解说和教育管理政策、特许经营管理办法等。

5. 建立驻场科学顾问制度，为每一个保护单位指派符合该保护单位资源特征的科学家或科学家工作小组定期访问该保护单位，成为该保护单位进行科学保护和管理的技术支持力量。

6. 建立全方位管理监测系统，利用 3S 技术对中国的自然文化遗产资源进行实时动态监控。利用监控系统反馈回来的信息，调整第 4 项所列的管理政策和部门标准。

7. 建立中国国家公园和保护区体系信息网络，利用 MIS（管理信息系统）的技术全面收集、整理、分析中国国家公园和保护区资源和管理信息，成为保护、规划、管理、决策的信息平台。

8. 建立中国国家公园和保护区体系环境和社会评价机制，强制所有保护单位内的重大建设项目必须进行环境（包括视觉景观环境）影响评价和社会影响评价。

5.4.4　社会支持

1. 建立公众参与机制，引进听证制度。对国民普遍关心的国家公园和保护区体系管理政策、总体规划包括税费标准进行公示和听证，在决策阶段充分征求利益相关方的意见和建议。

2. 实施公众教育计划，通过媒体、展览等各种形式向国民尤其是当地居民宣传国家公园和保护区的重要性，以及国家公园与他们之间的密切关系，增强全民的保护意识。

3. 在小学、中学和大学结合环境保护和可持续发展等内容，设立自然文化遗产保护方面的课程内容。对下一代进行全面的资源保护教育，力争使他们中的大多数，在走向社会后成为自然文化遗产保护方面的中坚力量和宣传传播遗产保护意识的"播种机"。

4. 建立"志愿者"机制，从社会尤其是大学生、研究生中招募"遗产保护志愿者"，安排他们定期到保护单位承担相应保护、管理和研究任务。建立"志愿者"机制，一可以减轻国家财政负担，二可以提高解说质量，三可以增强全民保护意识。

5. 鼓励成立非营利遗产资源保护组织，使他们成为监督、制约国家公园和保护区管理质量与标准的外部力量。

5.4.5 规划管理

1. 全面引进分区规划（Zoning）技术，根据资源的重要性和敏感度确定资源严格保护区、资源有限利用区和设施建设区，并从人类活动控制、人工设施控制和土地利用控制 3 方面落实分区强制性管理政策①。

2. 提倡多学科规划咨询方式，增加规划中的多学科技术含量。

3. 全面加强目标体系规划，建议包括保护单位使命目标（可引用相关授权法的内容），政策目标和管理目标 3 个层次。管理目标应当尽可能量化和细化，量化指标为强制性目标②。

4. 改进资源评价的技术方法，将资源重要性和敏感度同时作为资源评价的内容，并根据重要性和敏感度的评价结果确定资源保护等级和资源管理政策③。

5. 加强软性规划和硬性规划的结合，大力补充软性规划的内容，如战略规划、解说与教育规划、社区发展与管理规划、管理机构设置等，真正使我国的总体规划从物质规划走向总体管理规划④。

6. 综合利用 LAC 理论、ROS 技术和 VERP 方法⑤，改变目前我国过时的环境容量管理方法，使管理的重点从传统的游客数量控制转到环境影响控

① 参见第 7 章内容。
② 参见第 7 章内容。
③ 参见第7章的相关内容。
④ 参见第 2 章和第 7 章的内容。
⑤ 参见第 2 章 2.4.2 节的内容。

制和游客行为控制。加强分区中规划强制性管理指标的设立，用资源状况指标反映环境影响程度，用游客体验指标反映游客满意程度。

7. 建议采用分区图则的方式将规划目标、规划政策和规划指标落实在空间上，以增强规划的可操作性和管理人员的方便程度[①]。

5.4.6　资金管理与税费改革

1. 向资源依托型企业收取资源使用费。餐饮企业、索道公司、宾馆等，不论其在保护单位内部或外部，都应收取资源使用费。资源利用程度越高、环境负面影响越大，资源使用费的费率应该越高。

2. 加强门票收入的监管力度，防止门票收入挪为他用，尤其要防止门票收入用于非保护性设施的建设。

3. 实施特许经营制度，采取招投标的方式确定保护单位边界内的经营单位。注意要提高投标过程中的透明化水平和公平程度。

4. 采取收支两条线的制度，所有国家级保护单位的门票收入、特许经营收入和资源使用费收入一律上交国家财政的专项账户。保护单位的日常支出采取年度拨款的方式，项目建设采用项目申请方式，一事一议。

5. 在国家财政的专项账户内设立保护基金，切实保证资源保护方面的资金投入，防止出现空喊保护优先，但无投入资金或资金投入极少的现象。

6. 在国家财政的专项账户内设立社区补助基金，以激励当地社区保护资源的积极性，并保证保护单位周边稳定的、善意的、协调的环境。

5.4.7　能力建设

1. 建立管理人员技术资格认证制度，提高管理人员的专业化水平。

2. 较大幅度地提高管理人员的待遇水平，使资源保护岗位成为有竞争力的职业岗位，从而更好地吸引优秀人才。

3. 大力加强培训工作。邀请多学科技术专家对管理人员进行各种形式的培训，提高管理人员的整体素质。

4. 在高校和专科院校设立遗产资源管理专业，培养国家公园和保护区体系的后备管理人员。

① 参见第 7 章的内容。

Chapter Six

第 6 章 滇西北国家公园和保护区体系建设规划[①]

① 项目负责人为左川教授。论文作者为项目执行负责人，研究报告执笔人。

6.1 概述

6.1.1 研究背景

滇西北是一片资源极为丰富、环境相对原始、经济社会发展相对滞后的地区。生物多样性、文化多样性与景观多样性造就了滇西北独有的魅力。滇西北在全球生物多样性中具有重要地位：整个地区维管束植物有7000多种，占全国的20%以上，其中珍稀濒危植物103种，特有植物882种（周浙昆，2000）；鸟类437种，占全国的35%左右；爬行类50种，占全国的35%；国家级保护植物53种、国家级保护动物80余种，其中包括珍稀动物滇金丝猴。从文化多样性来看，该地区共有彝、白、纳西、藏、独龙、怒、普米、傈僳等14个少数民族，少数民族占全区总人口的50%以上。这些民族在长期的生存和发展过程中形成了特色鲜明、形态多样的民族文化，并以历史遗迹、居民村落、饮食服饰、宗教信仰、民间文学等形式存在下来，其文化多样性的密集程度在我国首屈一指。同时由于滇西北处于青藏高原与云贵高原、欧亚板块与印度板块的结合部，独特的地质构造形成了地貌景观的多样性，如三江并流、梅里雪山、怒江大峡谷等世界奇观。

鉴于滇西北如此独特的生物、文化和景观重要性，国内外许多机构和组织都对该地区表示出极大的兴趣，也做了许多基础性工作。云南省人民政府1998年4月委托清华大学人居环境研究中心和云南省社会发展促进会进行"滇西北人居环境（含国家公园）可持续发展规划研究"，项目负责人为吴良镛院士。并于同年6月与美国大自然保护协会（TNC）签署了《滇西北大河流域国家公园项目建设合作备忘录》，希望通过规划研究及其实施"达到保护当地自然生态环境和生物多样性、审慎合理开发地方资源、保护民族传统文化、帮助当地人民摆脱贫困的目的，并建立一个中国人居环境可持续发展的示范区，作为云南、中国乃至亚洲各国和地区可持续发展的范例"。作为《滇西北保护与发展行动计划》的组成部分，"滇西北国家公园和保护区体系建设规划研究"就是在这样的背景下产生的。

6.1.2　项目区范围

项目区范围包括云南省迪庆州的中甸县①、德钦县、维西县，怒江州泸水县、兰坪县、福贡县、贡山县，丽江地区的丽江县②、宁蒗县，大理州的大理市、宾川县、洱源县、剑川县、鹤庆县、云龙县，共 15 个县（市）。项目区位于东经 98° 07′～101° 16′，北纬 25° 25′～29° 16′，土地总面积 68908km^2，占云南省全省面积的 17.5%；1998 年底总人口 309.4 万人，占云南全省的 7.5%；人口密度平均为每平方公里 45 人，密度最高为大理市每平方公里 332 人，最低为贡山县每平方公里 7 人（云南统计年鉴，1999）。

6.1.3　研究目的

本项研究的目的共有 4 项：（1）明确滇西北国家公园和保护区体系的组成与空间分布；（2）提供建立完善滇西北国家公园和保护区体系的方法与途径；（3）探讨有效管理滇西北国家公园和保护区体系的机制与政策；（4）在上述研究的基础上提出建立完善滇西北国家公园和保护区体系的行动计划。

6.2　滇西北资源保护现状与问题

6.2.1　现状

目前滇西北生物、文化与景观多样性保护地区主要有自然保护区、风景名胜区、重点文物保护单位等。截至 2000 年，不同级别的自然保护区共有 18 个，其中国家级 3 个，省级 8 个，地州级 7 个；风景名胜区 6 个，其中国家级 3 个，省级 3 个；全国重点文物保护单位 5 个（图 6-1，表 6-1～表 6-5）。

① 中甸县于 2001 年后更名为香格里拉县，本书中的行政区域划分以 2000 年以前为准。

② 丽江县于 2002 年后设立地级丽江市，本书中的行政区域划分以 2000 年以前为准。

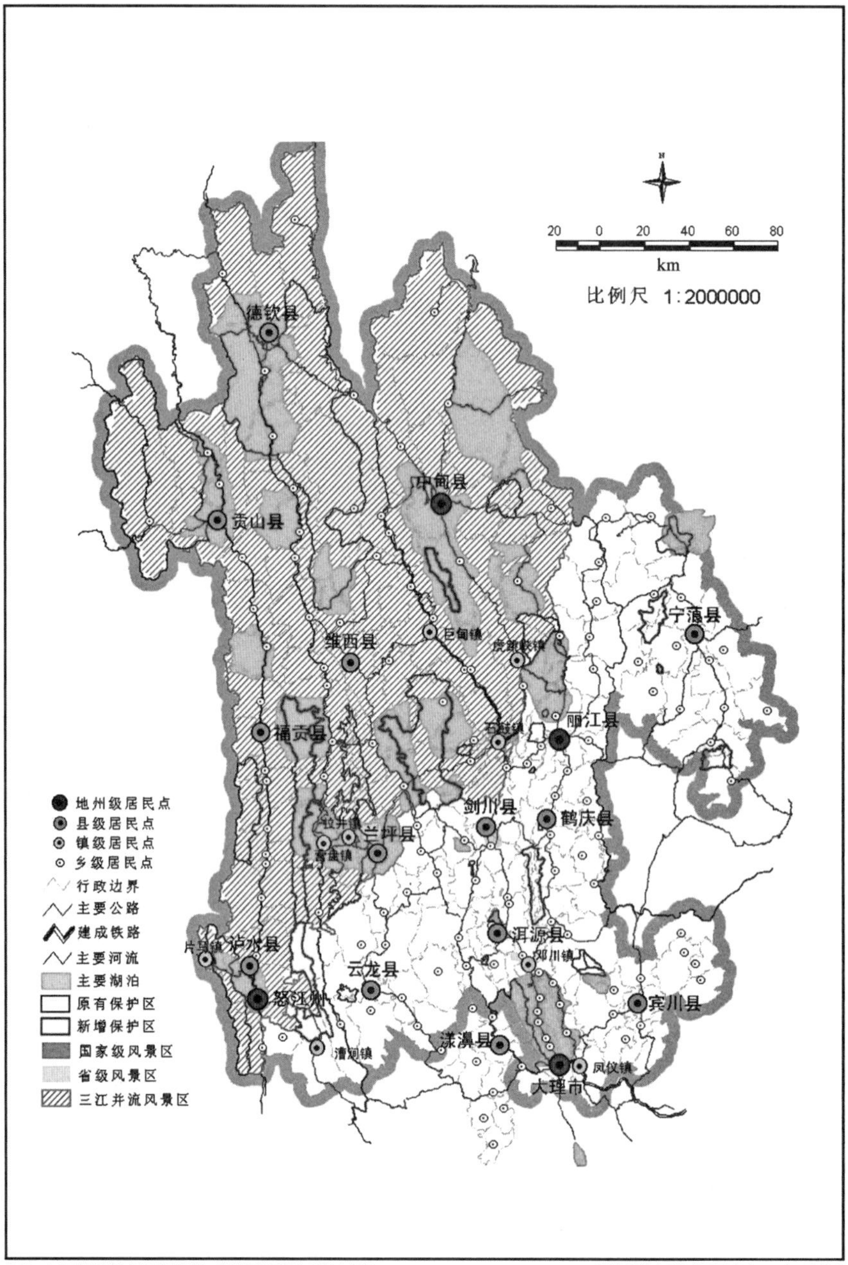

说明：乡级行政界线由地理所提供、保护区范围图由项目办提供　　清华大学人居环境研究中心2000年7月制图

图 6-1　滇西北自然保护区和风景名胜区分布图
（绘图：党安荣）

滇西北现有国家级自然保护区一览表　表 6-1

序号	名称	行政区域	面积（hm^2）	主要保护对象	类型	建立时间	主管部门
1	苍山洱海	大理市	297000	断层湖泊、古冰川遗迹、弓鱼	内陆湿地	1994 年 4 月 5 日	环保
2	高黎贡山	保山地区 怒江地区	123900	亚热带常绿阔叶林、高山针叶林	森林生态	1986 年 7 月 9 日	林业
3	白马雪山	德钦县	190144	高山针叶林、滇金丝猴	森林生态	1988 年 5 月 9 日	林业

滇西北现有省级自然保护区一览表　表 6-2

序号	名称	行政区域	面积（hm^2）	主要保护对象	建立时间（年）	主管部门
1	天池	云龙县	6630	原始云南松与高山湖泊	1983	林业
2	天龙雪山	丽江县	25996	寒温性针叶林、高山自然垂直景观、现化冰川	1984	林业
3	怒江	贡山县 福贡县	280669	亚高山多种森林类型生态系统	1986	林业
4	泸沽湖	定蒗县	8133	高山深水湖泊及湖周森林	1986	林业
5	碧塔海	中甸县	14181	高山湖泊及湖周森林景观	1984	林业
6	纳帕海	中甸县	2400	沼泽湿地及黑颈鹤越冬环境	1984	林业
7	拉市海	丽江县	6523	高山湿地及越冬候鸟	1997	林业
8	鸡足山	宾川县 鹤庆县	10760	佛教圣地、半湿润常绿阔叶林	1981	林业

滇西北风景名胜区现状一览表　表 6-3

序号	名称	面积（km^2）	级别	审批年份	景观资源特征	主管部门
1	大理风景名胜区	1016	国家级	1982	高原、山岳、湖泊、文物古迹	大理风景名胜区管理处
2	玉龙雪山风景名胜区	777	国家级	1988	雪山、高山湖泊、东巴文化	玉龙雪山风景名胜区管理委员会
3	三江并流风景名胜区	3500	国家级	1988	三江并流、高山湖泊、珍稀动植物	—
4	洱源西湖风景名胜区	80	省级	1993	六村一岛、湖光山色	洱源县城市建设局
5	剑川剑湖风景名胜区	19	省级	1993	高山、断裂、湖泊	剑川县城市建设局
6	兰坪罗古菁风景名胜区	100	省级	1993	高山草场、普米族风情	兰坪县城市建设局

滇西北国家级重点文物保护单位一览表　表 6-4

序号	名称	位置	批准年份（年）	主管部门	保护类型	文物年代	主要特点
1	崇圣寺三塔	大理市	1961	市文化局	古建筑	唐宋	千寻塔建于南诏（唐），南北两塔建于大理国（宋），具有极高的历史、科学和艺术价值
2	太和城遗址	大理市	1961	市文化局	城墙遗址南诏德化碑	唐	是南诏国的开国都城，面积约 $7km^2$
3	石钟山石窟	大理州剑川县	1996	县文化局	石雕艺术	唐宋明	石窟群共有 8 窟，始塑于唐代。人物造型丰富、生动，题材多样
4	中心镇公堂	丽江县	1996	县文化局	汉藏合璧建筑艺术	清	曾为贺龙率领的红二六军团指挥部
5	大宝积宫与琉璃殿	—	—	地区行署文化局	白沙壁画古建筑群	明清	融汉、藏、纳西风格为一炉，在中国美术史上有重要地位

滇西北国家级历史文化名城一览表　表 6-5

序号	名称	位置	面积（hm^2）	级别	批准年份（年）	主管部门	主要特点	保护规划制定年份（年）	保护管理条例制定年份（年）	备注
1	大理古城	大理市	300	国家级	1982	市城市建设局市文化局	白族民居明代城池	1988	—	—
2	丽江古城	丽江县	380	国家级	1986	县名城保护管理委员会	小桥流水东巴文化纳西人家	1997	1994	1997 年列入联合国世界文化遗产名录
3	巍山古城	巍山县	280	国家级	1986	县城建局县文化局	明清城池古建筑	—	1997	—

6.2.2 问题

在滇西北资源保护与管理中，目前存在的主要问题可归纳为：

1. 保护观念、保护意识与保护方法的严重落后；

2. 多头管理、多重矛盾，责权利严重失衡；

3. 规划内容落后，决策体系极不科学；

4. 管理目标不明确，管理者素质低下，管理过程缺乏监督，管理方法无章可循，管理效果令人担忧。

6.3　滇西北国家公园和保护区体系战略研究

6.3.1　定位

6.3.1.1　与区域可持续发展的关系

国家公园和保护区体系的大环境与大背景是本地区人居环境的可持续发展。没有区域可持续发展，不考虑区域内地方政府和当地居民合理的经济社会发展需求，对多样性的保护就会缺乏持久和内在的动力，最终只会成为空中楼阁。所以，滇西北国家公园和保护区体系与滇西北人居环境可持续发展之间的关系是密不可分的。另一方面，生物、文化与景观多样性的保护也是滇西北人居环境可持续发展的核心内容之一。我们知道，可持续发展在空间上呈不平衡状态，即不同地区在保护和发展上的分量是不均等的。就一个国家来说，如果某一地区其生物与文化多样性密集分布，并对该国家具有重要意义时，则该地区总的目标是保护，是在充分保护基础上的适当发展。滇西北就属于这样的区域。但这并不意味着滇西北区域内的所有土地都要受到严格保护。滇西北真正意义上的可持续发展是对多样性最为敏感的地区实行最严格的保护，在局部地区甚至不得有任何人为的干扰。对于其他地区，则应根据其敏感程度的不同，允许强度不同的人类活动，以这些地区的发展来满足或缓解区域性经济与社会发展的压力。

6.3.1.2　与区域经济社会发展战略的关系

滇西北国家公园和保护区体系规划应认真处理好与区域经济社会发展战略之间的关系：只有将建立完善保护区体系的任务纳入滇西北各州及县的

“十五计划和十年规划”之中，保护区体系才能落到实处；另一方面，“十五计划和十年规划”也只有包含保护区体系的有关内容，才能称得上是“可持续性”的战略规划。

6.3.1.3 与区域土地利用规划的关系（表 6-6）

滇西北国家公园和保护区体系与滇西北其他土地利用类型之间的关系 表 6-6

用地大类	土地利用中类	定义	首要管理目标	保护度	发展度
国家公园与保护区体系	严格自然保护区	拥有杰出或有代表性的生态系统，其特征或种类具有地质学或生理学意义	科学研究物种 / 基因多样性保护	10	0
	野生保护区	自然特性没有或只受到轻微改变的辽阔地区；没有永久性或明显的人类居住场所	荒野保护环境监测	9	1
	濒危动植物栖息地	通过积极的管理行动确保特定种群的栖息地或满足特定种群的需要	保护特定动植物种群	8	2
	国家（或省立）公园	为当代或子孙后代保护一个或多个生态系统的完整性；排除与保护目标相抵触的开采和占有行为；提供在环境和文化上相容的精神、科学、教育、娱乐和游览机会	提供游憩机会物种 / 基因多样性保护环境监测	7	3
	天然地貌保护区	拥有一个或多个具有杰出或独特价值的自然地貌地区，这些价值来源于它们所具有的稀缺性、代表性、美学品质或文化上的重要性	自然特色的保护提供游憩机会	7	3
	人文景观保护区	具有重要文化多样性的地区	文化特性的保护提供游憩机会	7	3
	受管理的资源保护区	没有受到严重改变的自然系统，通过有效管理，在保护生物多样性前提下同时满足社区需要，并可提供自然产品与服务	物种 / 基因多样性保护资源可持续利用	6	4
过渡区体系	国家或省级旅游度假区	资源非敏感地区，适合人类休闲游憩需要	提供休闲度假机会	5	5
	畜牧业用地	资源非敏感地区，满足当地社区畜牧需要	畜牧业	4	6

续表

用地大类	土地利用中类	定义	首要管理目标	保护度	发展度
过渡区体系	农业用地	资源非敏感地区，满足当地社区农业需要	农业	4	6
	其他非城镇用地	资源非敏感地区，满足当地社区水利灌溉等其他需要	水利等	4	6
城镇体系	中心村	资源非敏感地区，人口在 500 人以上的村落	农村居民点社区服务中心	4	6
	镇	资源非敏感地区，人口在 10000 人以上	居民点、初级经济社会发展中心	3	7
	小城市	资源非敏感地区，人口在 50000 人以上	中型居民点、中级经济社会发展中心	2	8
	中心城市	资源非敏感地区，人口在 10 万人以上	大型居民点、高级经济社会发展中心	1	9

6.3.1.4　与区域城镇体系之间的关系

滇西北国家公园和保护区体系所保护的就是那些生物与文化多样性最敏感也最为重要的土地，是以保护为目标的体系；而滇西北城镇建设体系则是以发展为主的体系。它们都是滇西北人居环境可持续发展中不可分割的组成部分，只是功能不同，目标指向不同而已。因此在保护单位用地范围内保护永远是第一位也是绝对性的目标，决不能允许“靠山吃山”“靠水吃水”以保护区或国家公园为“摇钱树”等现象的发生。在一些保护区或国家公园提供适当的游憩机会必须在多样性得到充分、有效保护的基础上进行。旅游设施的建设应依托城市（镇），利用城市已有的基础设施，强化城市规模经济，在保护体系用地上应将旅游服务设施的建设量压缩到最小规模（图 6-2）。

6.3.1.5　与现状保护性用地之间的关系

滇西北现状保护性用地包括自然保护区、风景名胜区、重点文物保护单位等，覆盖了相当部分的生物与文化资源丰富地区，因此滇西北的国家公园和保护区体系与现状保护性用地之间的关系是密不可分的。不可否认，现状保护性用地中存在着种种问题与矛盾，理清这些矛盾并最终创造性地解决这些矛盾，是在滇西北建立一个行之有效的保护区体系的关键问题之一。

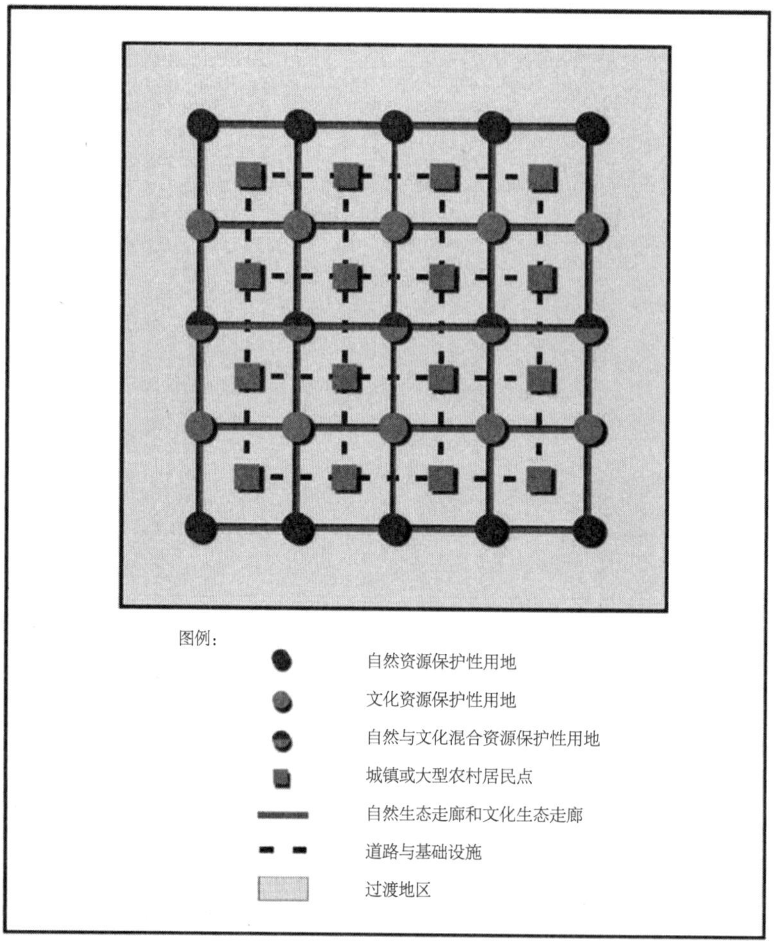

图 6-2　保护区体系与城镇体系之间的关系

6.3.1.6　与区域外国家公园和保护区体系之间的关系

建立滇西北国家公园和保护区体系是中国完善全国范围内国家公园和保护区体系的契机与生长点，是解决目前中国各种保护性用地之间矛盾的一次尝试。可以设想，我们一旦在建设滇西北国家公园和保护区体系上取得实实在在的经验，那么这些经验与这一体系就可推广及延伸到云南省、西南地区直至全国，最终在全国范围内建立起一个目标明确、组织严密、规划完整、管理有力的国家公园和保护区体系。

6.3.2　建设目标

首要目标是保护滇西北具有典型特征的生物与文化多样性资源，以及它们在生态上与文化上的联系。次要目标包括两项：其一是为当代和后代提供适当的休闲游乐机会；其二是要促进地方尤其是国家公园与保护区内社区的经济社会可持续发展。

6.3.3　建设方针与基本思路

建立完善滇西北国家公园和保护区体系是一项长期而艰巨的任务。要顺利地完成这一任务，既要有坚定的目标，又要有灵活而实用的手段；既要解决现存的根深蒂固的问题与矛盾，又要面对新的未知的挑战。下述三十二字方针就是在上述认识的基础上对如何建立完善滇西北国家公园和保护区体系提出的基本思路：**一区一法，界权统一；多方参与，管经分离；分类管理，区域统筹；新旧有别，以点带面**。

一区一法，即由云南省人民代表大会对列入体系名单内的每一个保护单位独立立法。立法内容包括明确各保护区的管理边界、管理目标、管理政策和管理机构。通过后的法案将成为管理该保护单位的根本依据。同时一区一法也可避免一刀切现象的出现。个体保护单位的独立法案经省人民代表大会通过后，涉及该保护区的部门条例和地州及县级地方法规同时废止。虽然一区一法是滇西北国家公园和保护区体系立法的核心，但体系总法以及特许经营法等专项立法的制定也是不容忽视的。

界权统一，是指各保护单位在其规划边界内管理权的统一，即一个保护单位在空间上只有一个边界，该边界在行政上又只对应一个管理部门，该管理部门根据独立法规的授权全权行使边界内的所有管理事务。统一最重要的是管理权的统一。在土地的所有者和使用者接受统一管理的前提下，土地所有权甚至使用权可以维持不变。界权统一可通过一区一法的手段来实现。

多方参与，是指在建立完善滇西北国家公园和保护区体系的过程中，只靠政府一方的努力是远远不够的，应尽可能地调动各利益方和兴趣方的积极性，使其共同参与到保护自然与文化多样性的事业中来。在个体保护单位层次，多方包括涉及该保护单位的所有利益方，如保护者、开发者、社区以及其他土地所有者或使用者。这一层次的多方参与是通过一区一法来实现的，成功的关键是要使各利益方在保护多样性的目标下，责、权、利得到平衡。在体系层次上，多方是指滇西北国家公园和保护区体系的所有兴趣方：既包括政府，也包括民间组织；既包括国内机构，也包括国际机构。这一层次的多方参与是通过体系总法实现的。应鼓励和扶持成立各种民间保护组织，使其与新闻机构一起监督保护区管理部门的执法情况。还应注意从各种渠道获得保护资金。多方参与除了主动参与外，也应包括被动参与，例如以征收“资源利用税”等方式迫使采矿、旅游等资源依赖性企业为保护事业出力。

管经分离，是指管理权与经营权的分离，即国家公园或保护区的管理者不直接承担区内任何有赢利的业务，仅负责公园与保护区的管理事务。区内的商业活动以特许经营方式由管理机构向所有有意向的企业进行公开、公平的招标，所获得的特许经营费纳入保护资金使用渠道。管经分离可通过《滇西北国家公园与保护区特许经营管理条例》的方式实现。

分类管理，是指国家公园与保护区根据资源特征和敏感度对其管理目标进行分类，然后针对不同的保护区类别制定不同的管理区划和管理政策。管理目标是保护目标与发展目标的综合体。不同类别的保护区对开发活动的兼容度不同。滇西北保护区的现行管理在行政上采取分级制（即国家级、省级、地州级、县级等），在用地上多数采取三级区划制（即核心区、试验区与缓冲区）。这种方式忽视了个体保护单位之间在资源敏感程度与管理目标上的巨大差异。行政分级式的管理在实际操作过程中也遇到很多问题。而三级区划制则过于简单，没有反映大多数保护区同时具有的生态旅游等可持续发展功能。因此强化分类管理、淡化分级管理、改进三级区划制是建立完善滇西北国家公园和保护区体系的重要内容。根据滇西北的资源特点，参照IUCN的分类体系，我们可将滇西北的国家公园与保护区初步分为8类：严格自然保护区、荒野保护区、野生动植物栖息地、国家公园与省立公园、天然地貌保护区、人文景观保护区、民族文化保护村（区）以及受管理的资源保护区。

区域统筹，是指将滇西北国家公园和保护区体系放在区域背景中去建立与完善，将保护区体系的建设作为区域经济社会可持续发展的重要指标，统筹考虑保护区体系与城镇体系、滇西北保护区体系与区域外保护区体系之间的关系。在国家公园与保护区的管理中不能只关注边界内的事务，还应该通过各种有效方式介入国家公园与保护区边界周边的规划与扶贫事务，通过规划补偿等机制为国家公园与保护区创造一个良好而稳定的周边环境，同时还可通过对区域内受益企业的征税作为保护区体系管理资金的来源之一。

新旧有别，是指新区新办法，老区老办法。对于已有保护性用地主要是理顺内部矛盾及各管理部门之间的关系，在此基础上逐步整合；对于新建保护区应借鉴国际先进经验，从立法、用地权属、管理政策、管理机制等方面一步到位，避免产生新的矛盾与问题。

以点带面，是指应用试点的方法，即先从新区、老区中各选取一个典型地区（如玉龙雪山和梅里雪山）进行实践，在实践过程中不断摸索经验，完善制度，达到相当成熟程度后，再向整个区域推广。

6.3.4　空间布局

6.3.4.1　组成

滇西北国家公园和保护区体系由新旧两大部分组成：第一部分是已有的省级以上保护性用地，主要为自然保护区、风景名胜区和重点文物保护单位；第二部分为新建保护单位，由生物多样性、文化多样性及景观多样性的专家小组提供备选名单，云南省政府根据新建保护单位的入选标准以及保护经费的落实情况逐年建立。表 6-7 为初步的备选名单及其管理分类。

滇西北国家公园与保护区组成与管理分类表　表 6-7

名称	管理分类	管理首要目标	保护度	开发度
高黎贡山	严格自然保护区	科学研究物种（基因）多样性保护	9	1
哈巴雪山	严格自然保护区	科学研究物种（基因）多样性保护	9	1
拉市海	动植物栖息地	越冬候鸟保护	8	2
罗坪鸟吊山	动植物栖息地	候鸟迁徙	8	2
云岭	动植物栖息地	滇金丝猴保护	8	2
碧罗雪山	荒野保护区	荒野保护 环境监测	7	3
塔尔波仁	荒野保护区	荒野保护 环境监测	7	3
青龙海	荒野保护区	荒野保护 环境监测	7	3
苍山洱海	国家公园	物种多样性保护提供游憩机会 环境监测	7	3

续表

名称	管理分类	管理首要目标	保护度	开发度
鸡足山	国家公园	物种多样性保护提供游憩机会 环境监测	6	4
石宝山	国家公园	地貌保护提供游憩机会 环境监测	7	3
老君山	国家公园	物种多样性保护提供游憩机会 环境监测	7	3
梅里雪山 *	国家公园	地貌保护提供游憩机会 环境监测	7	3
虎跳峡 *	国家公园	地貌保护提供游憩机会 环境监测	7	3
泸沽湖	国家公园	物种多样性保护提供游憩机会 环境监测	7	3
碧塔海	省立公园	物种多样性保护提供游憩机会 环境监测	6	4
纳帕海	省立公园	物种多样性保护提供游憩机会 环境监测	6	4
朝霞	省立公园	物种多样性保护提供游憩机会 环境监测	6	4
蝴蝶泉	省立公园	物种多样性保护提供游憩机会 环境监测	6	4
凤阳	省立公园	物种多样性保护提供游憩机会 环境监测	6	4
茨碧湖	省立公园	物种多样性保护提供游憩机会 环境监测	6	4
千湖山	省立公园	物种多样性保护提供游憩机会 环境监测	6	4
马鞍山	省立公园	物种多样性保护提供游憩机会 环境监测	7	3
金华山	省立公园	物种多样性保护提供游憩机会 环境监测	7	3
龙华山	省立公园	提供游憩机会 环境监测	7	3
西湖 *	省立公园	物种多样性保护提供游憩机会 环境监测	6	4
兰坪罗锅箐 *	省立公园	提供游憩机会 环境监测	6	4
剑川剑湖 *	省立公园	提供游憩机会 环境监测	6	4
天池	省立公园	物种多样性保护提供游憩机会 环境监测	7	3
怒江峡谷 *	天然地貌保护区	自然特色保护 提供游憩机会	6	4
木对窝	受管理的资源保护区	物种多样性保护 资源可持续利用	5	5
其他资源丰富地区（热点地区）*	受管理的资源保护区	物种多样性保护 资源可持续利用	5	5
崇圣寺三塔 *	人文景观保护区	文化特性的保护 提供游憩机会	7	3
丽江古城 *	人文景观保护区	文化特性的保护 提供游憩机会	7	3
大理古城 *	人文景观保护区	文化特性的保护 提供游憩机会	7	3

续表

名称	管理分类	管理首要目标	保护度	开发度
明永西单	文化保护村（区）	文化特性的保护 提供游憩机会	6	4
奔子栏	文化保护村（区）	文化特性的保护 提供游憩机会	6	4
茨中	文化保护村（区）	文化特性的保护 提供游憩机会	6	4
尼西	文化保护村（区）	文化特性的保护 提供游憩机会	6	4
红坡	文化保护村（区）	文化特性的保护 提供游憩机会	6	4
白地	文化保护村（区）	文化特性的保护 提供游憩机会	6	4
尼汝	文化保护村（区）	文化特性的保护 提供游憩机会	6	4
其宗	文化保护村（区）	文化特性的保护 提供游憩机会	6	4
叶枝	文化保护村（区）	文化特性的保护 提供游憩机会	6	4
康普喇嘛寺	文化保护村（区）	文化特性的保护 提供游憩机会	6	4
依陇	文化保护村（区）	文化特性的保护 提供游憩机会	6	4
黄山	文化保护村（区）	文化特性的保护 提供游憩机会	6	4
石头城	文化保护村（区）	文化特性的保护 提供游憩机会	6	4
逢密天子湖	文化保护村（区）	文化特性的保护 提供游憩机会	6	4
新华	文化保护村（区）	文化特性的保护 提供游憩机会	6	4
六喝乡五星	文化保护村（区）	文化特性的保护 提供游憩机会	6	4
石龙村	文化保护村（区）	文化特性的保护 提供游憩机会	6	4
狮河	文化保护村（区）	文化特性的保护 提供游憩机会	6	4
丙中洛	文化保护村（区）	文化特性的保护 提供游憩机会	6	4
独龙江	文化保护村（区）	文化特性的保护 提供游憩机会	6	4
米俄罗	文化保护村（区）	文化特性的保护 提供游憩机会	6	4
斯乃基	文化保护村（区）	文化特性的保护 提供游憩机会	6	4
依块比	文化保护村（区）	文化特性的保护 提供游憩机会	6	4
里吾底	文化保护村（区）	文化特性的保护 提供游憩机会	6	4
子课三岔河	文化保护村（区）	文化特性的保护 提供游憩机会	6	4
片古岗	文化保护村（区）	文化特性的保护 提供游憩机会	6	4
新建	文化保护村（区）	文化特性的保护 提供游憩机会	6	4
大羊场	文化保护村（区）	文化特性的保护 提供游憩机会	6	4

续表

名称	管理分类	管理首要目标	保护度	开发度
挂登	文化保护村（区）	文化特性的保护 提供游憩机会	6	4
回龙	文化保护村（区）	文化特性的保护 提供游憩机会	6	4
沙址	文化保护村（区）	文化特性的保护 提供游憩机会	6	4
上沧	文化保护村（区）	文化特性的保护 提供游憩机会	6	4
和村	文化保护村（区）	文化特性的保护 提供游憩机会	6	4
旧州乡	文化保护村（区）	文化特性的保护 提供游憩机会	6	4
庄坪	文化保护村（区）	文化特性的保护 提供游憩机会	6	4
诺邓	文化保护村（区）	文化特性的保护 提供游憩机会	6	4
大达	文化保护村（区）	文化特性的保护 提供游憩机会	6	4
天池	文化保护村（区）	文化特性的保护 提供游憩机会	6	4
顺荡	文化保护村（区）	文化特性的保护 提供游憩机会	6	4
犁园	文化保护村（区）	文化特性的保护 提供游憩机会	6	4
松鹤	文化保护村（区）	文化特性的保护 提供游憩机会	6	4
起凤	文化保护村（区）	文化特性的保护 提供游憩机会	6	4
凤翔	文化保护村（区）	文化特性的保护 提供游憩机会	6	4
西山	文化保护村（区）	文化特性的保护 提供游憩机会	6	4
灯川	文化保护村（区）	文化特性的保护 提供游憩机会	6	4
右所	文化保护村（区）	文化特性的保护 提供游憩机会	6	4
双廊	文化保护村（区）	文化特性的保护 提供游憩机会	6	4
三汶笔	文化保护村（区）	文化特性的保护 提供游憩机会	6	4
庆洞	文化保护村（区）	文化特性的保护 提供游憩机会	6	4
喜洲周城	文化保护村（区）	文化特性的保护 提供游憩机会	6	4
吊草	文化保护村（区）	文化特性的保护 提供游憩机会	6	4
挖色	文化保护村（区）	文化特性的保护 提供游憩机会	6	4
牦牛坪	文化保护村（区）	文化特性的保护 提供游憩机会	6	4
沙力	文化保护村（区）	文化特性的保护 提供游憩机会	6	4
小丫口毕	文化保护村（区）	文化特性的保护 提供游憩机会	6	4
沙里坪	文化保护村（区）	文化特性的保护 提供游憩机会	6	4

续表

名称	管理分类	管理首要目标	保护度	开发度
干坝子	文化保护村（区）	文化特性的保护 提供游憩机会	6	4
八珠	文化保护村（区）	文化特性的保护 提供游憩机会	6	4
拉伯	文化保护村（区）	文化特性的保护 提供游憩机会	6	4

* 注：如文化保护村（区）位于其他国家公园与保护区范围以内，则应纳入这些国家公园与保护区的管理范畴。这项工作将在文化多样性模块落实保护村（区）空间具体位置后才能进行。因此实际上的保护单位将少于此表中的数目。

6.3.4.2　空间布局

滇西北国家公园和保护区体系在空间结构上是由一些结点以及连接这些结点之间的线所组成的双重网状结构。结点在性质上都是某一类型的生物或文化多样性保护单位；在面积上可大可小，大可至几千甚至上万平方公里，小可到几十甚至几公顷；形状上可以是点状的建筑物或构造物、线状的河流或林带、还可以是面状的荒野地等。第一层网中每一个结点都是某种类型的自然保护单位，连接它们的是这些自然保护单位之间的生态走廊；第二层网中的结点是某种类型的文化保护单位，它们之间的联系既可以是传统的风俗习惯、语言文字或宗教信仰，也可以是某种感觉（如视廊）或心理体验。

应该强调的是滇西北国家公园和保护区体系不是独立结点的简单集合，而是由这些结点及由结点所联系的个体组成的、反映滇西北整体自然与文化特征的有机体系。因此结点之间的联系是与结点同样重要的，在规划与保护方面应该得到同等程度的重视。

6.3.4.3　后续保护单位入选标准

对于自然类型（包括生物与地貌景观）保护单位的选择应考虑以下几个因素：

1. 自然资源在国家或区域水平上的代表性；
2. 景观的独特性；
3. 该保护单位在维护自然野生种群数量方面所具有的潜力；
4. 生态系统的完整性；
5. 自然资源用于公众教育与欣赏的可能性；
6. 保护单位在用地与资源等方面受人为因素影响的程度。

对于人文类型保护区的选择应考虑以下因素：

1. 人文资源所反映的事件在人类历史、中国历史和民族历史中的重要性；

2. 人文资源在反映历史上技术进步，如建筑形式、风格、建造技术等方面的重要性，尤其是在反映滇西北少数民族技术发展中的重要性；

3. 人文资源保存的完整性；

4. 用于公众教育与欣赏的可能性。

对于那些兼具自然与人文特性的保护单位在选定时应同时考虑以上诸多因素。

建议加强力量对每一个潜在保护单位的资源重要性与保护措施实施的可行性进行研究，形成个案研究报告，并在此研究基础上形成提案，最终供云南省人民代表大会讨论通过。在法律提案中应明确个体保护单位的用地边界。

6.4 滇西北国家公园和保护区体系管理机制与管理政策研究

6.4.1 管理机制

滇西北多样性保护中一个十分艰巨但不可回避的问题是管理机制问题。没有一个强有力的执行机构，滇西北资源保护的政策和措施就得不到有效的贯彻和落实。滇西北国家公园和保护区体系理想中的管理形态是一种多棱锥体结构，棱锥的顶点为“云南省国家公园与保护区管理局”，棱锥底面的各点为个体保护单位的基层管理机构，他们只对管理局负责。基层管理机构之间共享信息资源。

不可否认，最终建立这种理想的管理形态可能是一种长期而复杂的过程，可能需要十年甚至更长的时间。可能的方法与途径详见图6-3～图6-5[①]。

① 图6-3～图6-5在本章最后。

6.4.2　管理政策

滇西北国家公园与保护区宜采用分类管理的政策。就个体保护单位而言，我国自然保护区从功能区划上皆采取三级区划制：即核心区、科学实验区和缓冲区。这种区划制在一定程度上为保护单位资源价值的保护和利用提供了依据，但却忽视了个体保护单位之间其资源价值和生态及文化敏感度的巨大差异。

因此要真正保护保护区的生态和文化价值，发挥其经济价值，必须对保护单位根据其管理目标进行分类，并依据不同的管理目标指定不同的区划方案和管理政策。只有这样才能达到建立完善滇西北国家公园和保护区体系的最终目标。

参照 IUCN 的分类，可将个体保护单位分为 7 个类型进行管理（表 6-8）。

各类保护区的管理目标及优先次序　　表 6-8

管理目标	Ⅰ	Ⅱ	Ⅲ	Ⅳ	Ⅴ	Ⅵ	Ⅶ
科学研究	1	3	2	2	2	2	3
荒野保护	2	1	2	2	3	0	2
物种 / 基因多样性保护	1	2	1	1	3	0	1
环境监测	2	1	2	1	0	0	1
自然 / 文化特色的保护	0	0	0	2	1	1	3
旅游与休闲机会	0	2	3	1	1	1	3
教育	0	2	2	2	2	1	3
资源可持续利用	0	3	0	3	0	2	1
文化特性的保存	0	0	0	2	0	1	2

注：1. 1—首要目标；2—次要目标；3—潜在的可利用目标；0—不可利用。
2. Ⅰ—严格自然保护区；Ⅱ—野生保护区；Ⅲ—濒危动植物栖息地；Ⅳ—国家公园；Ⅴ—天然地貌保护区；Ⅵ—人文景观保护区；Ⅶ—受管理的资源保护区。

严格自然保护区：拥有杰出或有代表性的生态系统，其特征或种类具有地质学或生理学意义。

荒野保护区：自然特性没有或只受到轻微改变的辽阔地区；没有永久性或明显的人类居住场所。

濒危动植物栖息地：通过积极的管理行动确保特定种群的栖息地或满足特定种群的需要。

国家（或省立）公园：为当代或子孙后代保护一个或多个生态系统的完整性；排除与保护目标相抵触的开采和占有行为；提供在环境和文化上相容的精神、科学、教育、娱乐和游览机会。

天然地貌保护区：拥有一个或多个具有杰出或独特价值的自然地貌地区，这些价值来源于它们所具有的稀缺性、代表性、美学品质或文化上的重要性。

人文景观保护区：具有重要文化多样性的地区（包括生态文化保护村）。

受管理的资源保护区：没有受到严重改变的自然系统，通过有效管理，在保护生物多样性前提下同时满足社区需要，并可提供自然产品与服务。

6.5 建立完善滇西北国家公园和保护区体系的行动计划

建立完善滇西北国家公园和保护区体系的行动计划包括立法、机制建设、技术、资金和人力 5 大方面，23 项内容（表 6-9）。

6.5.1 立法方面的行动计划

1. 2001—2002 年，由云南省人民代表大会制定《滇西北国家公园和保护区体系管理办法》，作为滇西北多样性保护的总法。

2. 2001—2002 年，由云南省人民代表大会制定《滇西北公园与保护区特许经营管理办法》，以此保证管理权与经营权的分离，促进资源的有效保护与合理利用。

3. 2003—2020 年，由云南省人民代表大会逐年逐个为进入滇西北国家公园和保护区体系的保护单位制定管理条例，明确各保护单位的管理目标、管理边界、管理政策和管理机构，作为个体保护单位的管理依据。

4. 2001 年起，项目联合办公室设立专门机构或指定专人负责与云南省人民代表大会的联系，促进立法过程并协调现有法规与管理条例之间的矛盾。

滇西北国家公园和保护区体系行动计划一览表（2001—2020 年）　　表 6-9

分类	#	行动内容	行动组织人	行动地	2001	2002	2003	2004	2005	2006	2007	2008	2009	2010	2015	2020
立法	1	制定《滇西北国家公园和保护区体系法》	云南省人大	昆明	■	■										
	2	制定《公园与保护区特许经营法》	云南省人大	昆明	■	■										
	3	一区一法，对每个个体保护单位独立立法	云南省人大	昆明			■	■	■	■	■	■	■	■	■	■
	4	设立专门机构或指定专人协调促进立法过程	项目办	昆明	■											
	5	组织有关专家研究立法内容以及执法监督问题	项目办等	昆明	■	■	■	■	■	■	■	■	■	■	■	■
机构	6	申请中央政府授权进行区域性国家公园体系试点	云南省政府	昆明	■											
	7	近期扩大项目办职权负责滇体系筹建与协调	云南省政府	昆明	■	■	■	■	■							
	8	远期建立云南省保护区管理局	云南省政府	昆明						■	■					
	9	根据各保护区专门法逐一调整或建立管理机构	云南省政府	各保护单位			■	■	■	■	■	■	■	■		
	10	县及地州级保护区统一由省政府直接管理，利益补偿	云南省政府	昆明			■									
	11	国家公园直接由中央政府管理，对地方补偿	中央政府	北京										■	■	■
技术	12	制定体系总体管理规划	项目办，管理局	昆明	■											
	13	分批制定各保护区总体管理规划战略规划项目实施规划	项目办，管理局	各保护单位	■	■	■	■	■	■	■	■	■	■	■	■
	14	制定保护区分类管理政策	项目办，管理局	昆明	■	■	■									
	15	制定保护单位各项规划指南（包括区划体系）	项目办，管理局	昆明	■	■	■	■	■							
	16	制定保护区体系入选标准与入选及剔除程序	项目办，管理局	昆明	■											
	17	建立保护区管理信息共享平台	项目办，管理局	昆明			■	■	■							
	18	建立项目环境影响评价机制	项目办，管理局	昆明												
资金	19	开征『资源利用税』专项用于滇西北保护区体系建设	云南省政府	昆明			■	■	■							
	20	设立『中国滇西北多样性保护基金』	云南省政府	昆明			■	■	■	■	■	■	■	■	■	■
	21	建立保护资金监督机制和特许经营管理办法	项目办，管理局	昆明	■											
人力	22	制定保护区体系近期教育与培训计划	云南省政府	昆明	■											
	23	设置相应专业培养各类专业人才	云南省政府	云南各地市	■	■	■	■	■							

注：■ 表示时间进度表中的阴影格。

5. 2001—2020 年，云南省政府组织有关专家，研究有关立法内容以及执法监督问题。

6.5.2 机制完善方面的行动计划

1. 2001 年，云南省人民政府申请中央人民政府授权进行区域性国家公园体系试点工作。

2. 2001—2005 年，由云南省人民政府扩大项目办职权，负责滇西北国家公园和保护区体系的筹建与协调。

3. 2006—2010 年，由云南省人民政府设立“云南省保护区管理局”，全面负责滇西北国家公园和保护区体系的管理工作。

4. 2003—2020 年，根据云南省人民代表大会制定的各保护单位专门法，逐一调整或建立各保护单位的管理机构。

5. 2006 年，视当时情况可考虑县及地州级保护区统一由省政府职能部门直接管理。

6. 2006 年，视当时情况可考虑体系中的国家公园直接由中央政府管理，可根据门票和特许经营收入情况，对地方政府进行适当的利益补偿。

6.5.3 技术方面的行动计划

1. 2001 年，制定《滇西北国家公园和保护区体系总体管理规划》。

2. 2001—2020 年，分批制定滇西北国家公园和保护区体系中各个体保护单位的总体管理规划（20 年）、战略规划（5 年）和项目实施规划（1—3 年）。

3. 2001—2003 年，制定滇西北国家公园与保护区分类管理政策。

4. 2001—2005 年，制定滇西北国家公园和保护区体系各项规划指南（包括区划体系）。

5. 2001 年，制定保护区体系入选标准。

6. 2003—2005 年，制定滇西北国家公园和保护区体系信息共享平台。

7. 2003—2005 年，建立滇西北国家公园和保护区体系环境影响评价机制。

6.5.4　资金方面的行动计划

1. 2003 年起，在滇西北甚至云南全省向旅游等资源利用性企业开征“资源利用税”，专项用于滇西北国家公园和保护区体系的保护、建设与管理工作。

2. 2003 年起，设立“中国滇西北多样性保护基金”接受国际、国内机构和个人的捐款。

3. 2001 年起，保护资金专款专用制度。

6.5.5　人力资源方面的行动计划

1. 2001 年起，逐年制定滇西北国家公园和保护区体系教育与培训计划，对个体保护单位的管理人员进行轮训。

2. 2001 年起，在云南省各大中专院校设置相应专业，培养国家公园与保护区所需各类管理与技术人才。

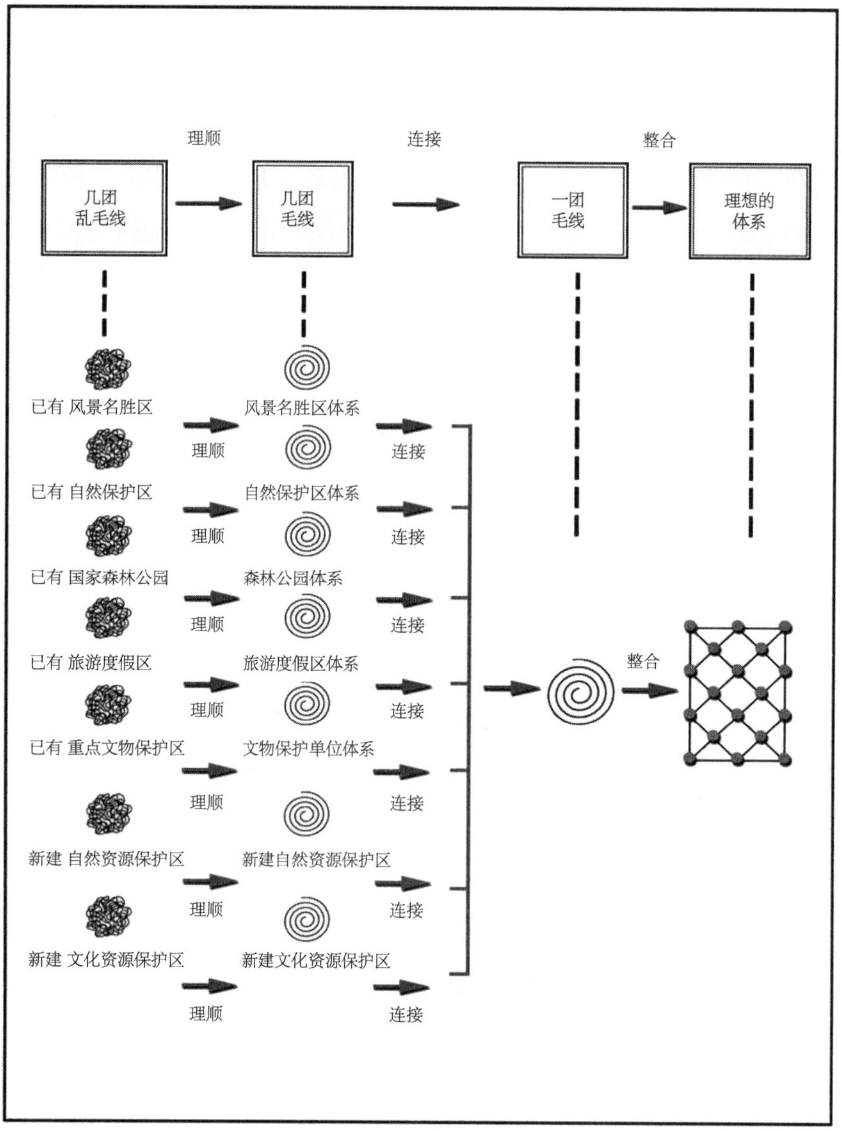

图 6-3 建立完善滇西北国家公园和保护区体系的基本思路

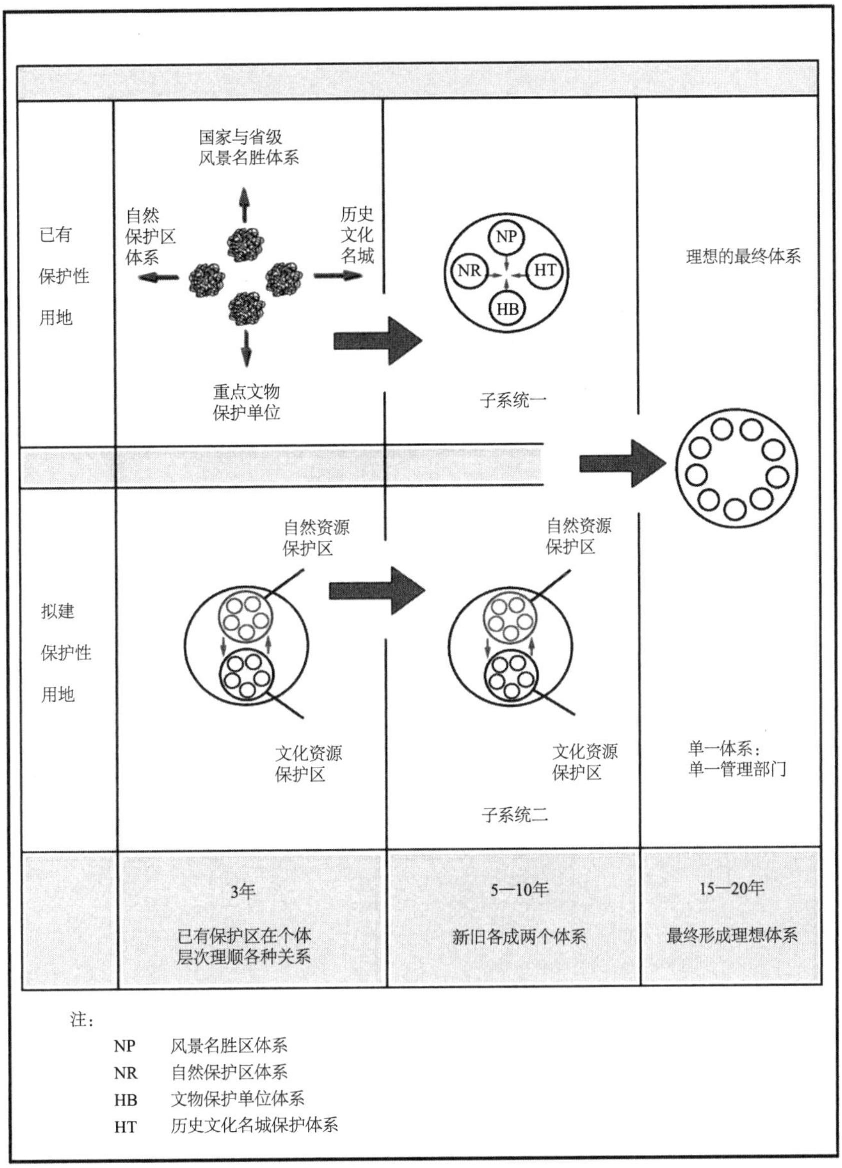

图 6-4　建立完善滇西北国家公园和保护区体系的途径 1

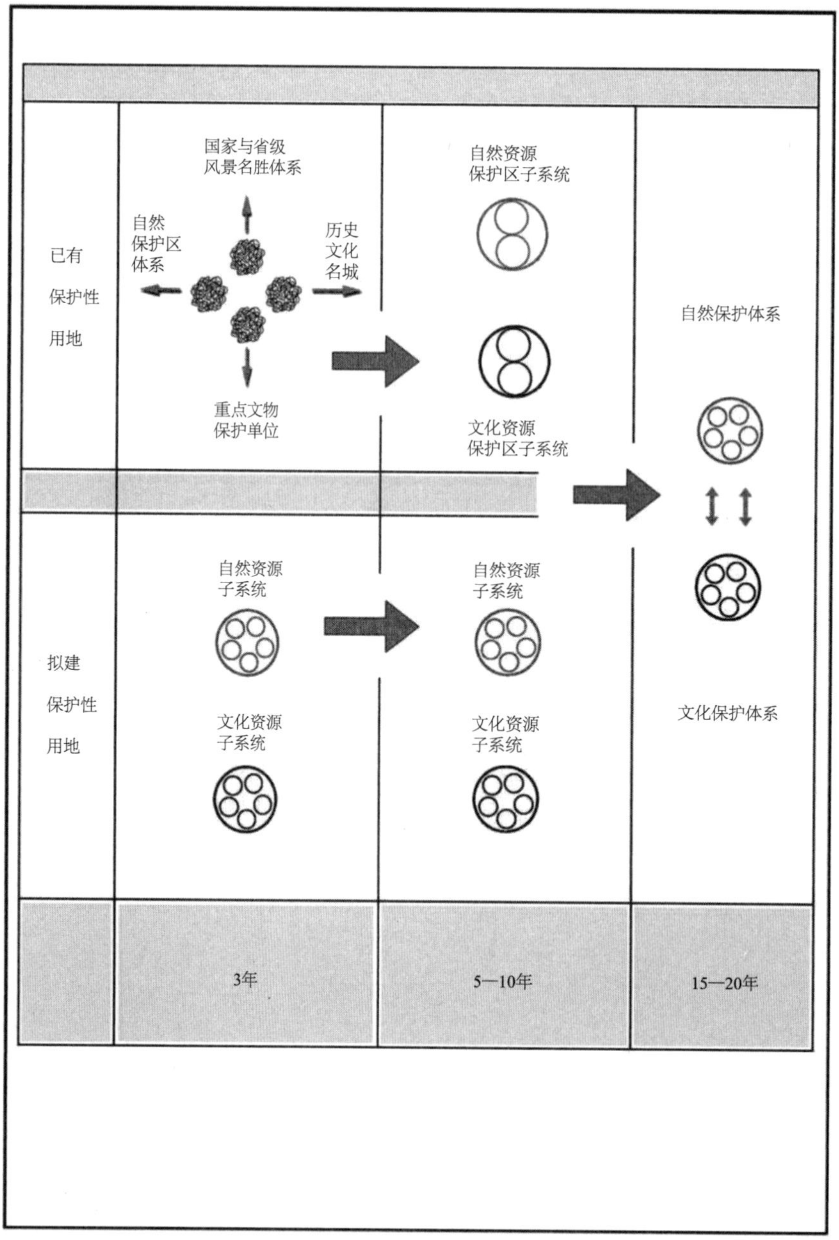

图 6-5 建立完善滇西北国家公园和保护区体系的途径 2

Chapter Seven

第 7 章 梅里雪山风景名胜区总体规划技术研究[1]

① 梅里雪山风景名胜区总体规划项目负责人为杨锐、党安荣，项目组成员包括庄优波、韩昊英、陈新、李然、刘晓冬。规划顾问为左川教授。

7.1 规划背景

梅里雪山位于云南省西北部迪庆藏族自治州德钦县境内，是滇西北国家公园和保护区体系的试点项目之一，也是正在申报中的世界自然遗产“三江并流”的核心组成部分。德钦县位于迪庆藏族自治州西北部，西南与维西傈僳族自治县、怒江州贡山独龙族自治县接壤，西北与西藏的芒康、左贡、察隅县山水相连，东南同四川的巴塘、得荣县及云南的中甸县隔金沙江相望。总面积 7504km^2，人口密度为每平方公里 7.3 人（图 7-1）①。

梅里雪山所处的三江并流地区，是反映特提斯构造演化历史、印度板块与欧亚板块碰撞、横断山巨形内陆造山带形成、青藏高原隆升等地球演化历史重要阶段和重要时间的关键地域；是多种高山地貌类型和演化过程的典型代表地区；是世界上压缩最紧、挤压最窄的巨形复合造山带。在宽约 150km 的断面内，相间排列着三条著名的河流——金沙江、澜沧江和怒江，构成了世界上绝无仅有的高山纵谷自然奇观。

梅里雪山风景名胜区的规划范围西以梅里雪山山脊线为界；东以白马雪山山脊线为界；南以德钦县云岭乡的南侧乡界为界；北以外转经路线北侧第一道山脊线为界。规划范围内总面积为 1587km^2。规划范围以外的西面、北面和南面设缓冲区：西面以梅里雪山山脊线西侧的雪线（一般为海拔 4000m）为界，北面和南面以规划范围外两公里为界，局部地区稍加扩大或缩小，以使分界线与地质地貌（如河流、山脊等）相一致。缓冲区面积约为 680km^2（图 7-2、图 7-3）。

7.2 规划思路与流程

在梅里雪山风景名胜区总体规划中，我们吸收借鉴了国际上较为先进的理论、技术和方法，结合梅里雪山保护管理的实际需要，制定

① 图 7-1～图 7-3、图 7-5～图 7-11 在本章最后。

了适用于梅里雪山的规划技术和方法。总体来说，整个规划过程分 7 个阶段进行（图 7-4）。第一个阶段为调查阶段，主要目的是回答两个问题：梅里雪山风景名胜区是由哪些要素构成的？这些要素目前的状况是什么？这一阶段的调研内容包括区域、资源、人类活动、人工设施、土地利用、社区和管理体制等 7 个方面，采用的技术方法包括现场踏勘、资料法、遥感判读、问卷法和访谈法等。第二个阶段为分析阶段，主要目的是要搞清楚梅里雪山风景名胜区的内在规律。具体来说，就是要搞清楚要素之间是如何相互作用的，以及它们之间的关系是什么。第三个阶段是资源评价阶段，主要目的是回答各要素及它们之间的关系是否合理，现状和目标之间的差距有多大。评价包括 6 个方面，即 SWOT[①]评价、价值评价、资源评价（重要性、敏感性）、差距分析（Gap Analysis），以及旅游机会评价。第四个阶段是规划阶段，主要目的是研究采取哪些规划行动能使规划地区从现实状态向目标状态演变。内容包括目标和战略规划、结构规划、分区规划和专项规划。第五个阶段为影响评价阶段，主要解决的问题是规划可能造成的影响是什么，这种影响是否能够接受，以及有什么样的措施可以减弱规划的不利影响。影响分析涉及环境影响分析、社会影响分析和经济影响分析 3 个方面。第六个阶段是决策阶段，这一阶段将根据影响分析的结果判定规划方案是否可行。如果是可行的话，就进入实施阶段；如果不可行的话，则返回到的第四个阶段重新进行规划。第七个阶段是实施阶段，在这一阶段中要强调动态监测问题，监测指标在规划中分区确定。

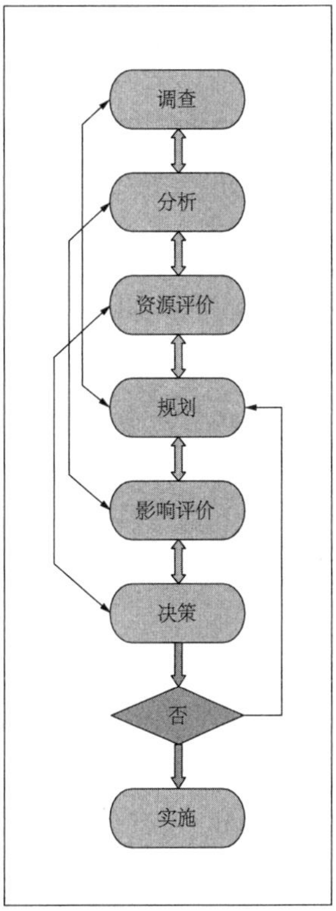

图 7-4　规划流程

① 一种分析方法：S 代表 Strength（优势），W 代表 Weakness（弱势），O 代表 Opportunity（机会），T 代表 Threat（威胁）。

7.3 规划特点

梅里雪山风景名胜区总体规划具有以下几个特点：第一，为了加强规划的可操作性，采用了目标规划、战略规划和实施计划 3 个层次协同规划的技术，同时将整个规划范围划分成 245 个分区，编制了较为详细的分区规划图则，为每一分区制定了规划管理目标和管理政策（分为人类活动管理、人工设施管理和土地利用管理三个方面的政策）；第二，尝试了多学科融贯的规划方法，聘请了植物学家、生态学家、地质专家、民族文化专家和建筑专家，在不同的规划阶段进行咨询，尽可能地使规划决策过程建立在多学科参与的基础之上；第三，规划中借鉴了国际上较为先进的理论和技术，如 LAC（Limits of Acceptable Change）、VERP（Visitor Experience and Resource Protection）、SCP（Site Conservation Plan）①等，力图使资源保护与利用更加科学合理；第四，增加了软性规划，如目标规划、战略规划、解说规划和管理规划的内容，使规划成果逐步与国际上通行的“总体管理规划（General Management Plan）”②接轨；第五，进行了比较翔实的资源评价，并初步建立了资源评价与规划之间的关系。

7.4 创新点之一：资源保护等级光谱（CDS）

7.4.1 建立资源保护等级光谱的意义

资源保护等级光谱（Conservation Degree Spectrum）是我们在梅里雪山规划中建立的一种确定资源保护和利用程度的技术方法，指在资源的重要性和敏感度分析的基础上制定的资源保护等级。为了更加形象化，这一等级用光谱的形式表达。表 7-1③为梅里雪山风景名胜区的资源保护等级光谱。规划对梅里雪山的每一处资源都进行了资源的重要性和敏感度评价。然后根据

① 参见 2.4.2 的内容。
② 参见 3.4 的内容。
③ 表 7-1 在本章最后。

资源的重要性和敏感度综合确定资源的保护等级。光谱中最冷的色调代表资源最重要、最敏感的地区，其保护力度最强，利用程度最弱。光谱中最暖的颜色代表资源重要性和敏感度都一般的地区，保护力度可以最弱、利用程度相对可以最强。其他则在上述两种情况之间。

建立资源保护等级光谱的基础是对资源重要性和敏感度的评价。传统的风景名胜区总体规划只对重要性进行评价，不对敏感度进行评价。这对于风景名胜区的保护和管理而言是不尽科学的。因为单凭重要性是不能做出保护级别的判定的。打个比方，两只熊猫其重要性是相同的，但其中熊猫 A 的体质好，对外界环境变化的敏感度弱，而熊猫 B 的体质弱，对外界环境变化的敏感度强。这种情况下，对两只熊猫的保护措施、力度也应该有所不同。这就是我们进行资源敏感度评价的原因。

7.4.2　资源分类

当然，资源重要性和敏感度评价的第一步是资源分类。根据梅里雪山风景名胜区自身的资源特征，规划中采取了与《风景名胜区规划规范》GB 50298—1999 有所不同的分类方式。

我们将梅里雪山风景名胜区内的资源分为物质资源和非物质资源两个大类，自然物质资源、人文物质资源和民俗民风 3 个中类，以及雪山、冰川等 22 个小类。具体分类情况见表 7-2。这个分类的优点是，每一个小类的特征都相当明确，便于在保护和培育规划中有针对性地开展各项保护和培育措施。

梅里雪山资源分类表　　表 7-2

大类名称（分类编码）	中类名称（分类编码）	小类名称（分类编码）	资源单元个数
物质资源（1000）			135
	自然物质资源（1100）		106
		雪山（1101）	13
		冰川（1102）	5
		裸岩（1103）	2
		高山流石滩（1104）	2

续表

大类名称（分类编码）	中类名称（分类编码）	小类名称（分类编码）	资源单元个数
		峡谷（1105）	1
		垭口（1106）	10
		河流（1107）	6
		湖泊（1108）	5
	自然物质资源（1100）	温泉（1109）	6
		瀑布（11010）	2
		植被（11011）	19
物质资源（1000）		珍稀植物（1112）	17
		珍稀和濒危动物（1113）	16
		自然天象（1114）	2
			29
		村落（1201）	16
	人文物质资源（1200）	寺庙（1202）	10
		转经路线（1203）	2
		茶马古道（1204）	1
			28
			28
非物质资源（2000）		节假庆典（2101）	10
	民俗民风（2100）	民族民俗（2102）	15
		宗教礼仪（2103）	2
		神话传说（2104）	1
总计	3	22	163

注：表格括号内的数字表示该类资源的分类编码。

在资源分类的基础上，我们对梅里雪山的163各景观资源单位进行了调查统计，结果详见表7-3。在梅里雪山风景名胜区163个资源单元中，物质资源有135个，占资源单元总数的82.8%；非物质资源有28个，占资源单元总数的17.2%。物质资源中，自然物质资源有106个，占资源单元总数的65.0%；人文物质资源有29个，占资源单元总数的17.8%（图7-5，图7-6）。

梅里雪山资源单元分类统计表　　表 7-3

小类名称（分类编码）	资源单元名称
雪山（1101）	（1）多结扎青；（2）多结扎琼；（3）公主峰 1；（4）公主峰 2；（5）缅茨姆；（6）吉娃仁安；（7）卡瓦让达；（8）究刚；（9）卡瓦格博；（10）布迥松阶吾学；（11）玛兵扎拉旺堆；（12）果喀僧格那宗；（13）捉塞
冰川（1102）	（1）明永冰川；（2）斯农冰川；（3）扎江婆冰川；（4）雨崩冰川；（5）纽恰冰川
裸岩（1103）	（1）梅里雪山裸岩；（2）白马雪山裸岩
高山流石滩（1104）	（1）梅里雪山高山流石滩；（2）白马雪山高山流石滩
峡谷（1105）	（1）梅里雪山大峡谷
垭口（1106）	（1）说拉垭口；（2）多格拉垭口；（3）斯农—明永垭口；（4）拉松拉卡；（5）咪啦拉卡；（6）多丫卡；（7）叶足；（8）达那雅；（9）那总腊古；（10）鲁均卡
河流（1107）	（1）澜沧江；（2）永支溪；（3）雨崩河；（4）阿东河；（5）巨水河；（6）蕊旺曲
湖泊（1108）	（1）飞天圣湖；（2）措打马瓮温博；（3）卡瓦格博衣措；（4）说拉冰湖；（5）德钦湖
温泉（1109）	（1）西当温泉；（2）纽巴曲次卡；（3）熟墨曲次；（4）卡蔗曲次；（5）曲子水热水塘；（6）永支热水塘
瀑布（1110）	（1）神瀑；（2）永支瀑布
植被（1111）	（1）矮灌丛；（2）侧柏林；（3）高灌丛；（4）河岸林；（5）沙棘林；（6）川滇高山栎、黄背栎类林；（7）高山松林；（8）华山松林；（9）针阔混交林；（10）澜沧黄杉林；（11）落叶阔叶林；（12）落叶松林；（13）云杉林；（14）冷杉林；（15）亚高山草甸；（16）高山、亚高山灌丛；（17）高山柳灌丛；（18）柏树林；（19）高山杜鹃灌丛
珍稀植物（1112）	（1）云南红豆杉；（2）澜沧黄杉；（3）胡黄连；（4）长苞冷杉；（5）云南黄连；（6）华榛；（7）黄牡丹；（8）金铁锁；（9）棕背杜鹃；（10）硫黄杜鹃；（11）桃儿七；（12）丽江铁杉；（13）三分三；（14）绵参；（15）高河菜；（16）雪兔子；（17）穿心莛子藨
珍稀和濒危动物（1113）	（1）滇金丝猴；（2）岩羊；（3）血雉；（4）藏马鸡；（5）黄鼬；（6）高山秃鹫；（7）小熊猫；（8）白尾稍红雉；（9）林麝；（10）马麝；（11）大灵猫；（12）小灵猫；（13）云豹；（14）猕猴；（15）穿山甲；（16）白鹇
自然天象（1114）	（1）晚霞；（2）云雾
村落（1201）	（1）明永村；（2）斯农村；（3）西当村；（4）永忠村；（5）雨崩村；（6）军打村；（7）尼农村；（8）佳碧村；（9）梅里石村；（10）下阿东村；（11）巨水村；（12）永支村；（13）查里通村；（14）高峰村；（15）溜筒江村；（16）红坡村

续表

小类名称（分类编码）	资源单元名称
寺庙（1202）	（1）德钦寺；（2）红坡寺；（3）白转经庙；（4）飞来寺；（5）巴久庙；（6）太子庙；（7）莲花庙；（8）查里顶寺；（9）升平镇清真寺；（10）莲花生大师禅洞
转经路线（1203）	（1）内转经；（2）外转经
茶马古道（1204）	（1）茶马古道
节假庆典（2101）	（1）藏庆新年；（2）默郎钦波；（3）枯冬节；（4）阔时节；（5）阿尼阔时；（6）乃次朵你；（7）拖乡批节；（8）射箭节；（9）"娘乃"斋戒节；（10）弦子节
民族民俗（2102）	（1）藏族服饰；（2）藏族食品；（3）藏式建筑风格；（4）藏式雕塑风格；（5）藏式壁画风格；（6）藏族唐卡画；（7）藏式佛教供品；（8）藏传佛教法器；（9）玛尼堆及其石刻；（10）藏族婚俗；（11）藏族丧葬习俗；（12）藏族佛事活动；（13）藏族歌曲；（14）藏族舞蹈；（15）藏族说唱
宗教礼仪（2103）	（1）朝山转经；（2）五体投地朝拜
神话传说（2104）	（1）卡瓦格博神山传说

7.4.3 资源重要性评价

梅里雪山风景名胜区总体规划中，对资源重要性的定义如下：

1. 特级资源（极重要）：珍贵、独特，具有世界性价值与意义，对世界范围内的游客具有吸引力。

2. 一级资源（很重要）：罕见，具有国家意义和国家代表作用，对国内游客具有吸引力。

3. 二级资源（重要）：具有省级意义和地方代表作用，对省内游客具有吸引力。

4. 三级资源（较重要）：具有一定价值和游线辅助作用，周边地区吸引力。

5. 四级资源（一般）：具有一般价值和构景作用，对当地具有吸引力。

梅里雪山风景名胜区资源单元在各个重要性等级的分布如表 7-4 所列。

梅里雪山风景名胜区资源单元重要性等级分布表　表 7-4

重要性等级	资源单元名称	数量
极重要（1）	果喀僧格那宗，捉塞，马奔扎拉旺堆，布穷桑结旺修，卡瓦格博，究刚，卡瓦让达，洁瓦仁安，缅茨姆，公主峰 1，公主峰 2，多结扎琼，多结扎青，明永恰冰川，纽恰冰川，扎江婆冰川，斯恰冰川，雨崩冰川，白马雪山裸岩，梅里雪山裸岩，白马雪山高山流石滩，梅里雪山高山流石滩，梅里雪山大峡谷，黄牡丹，华榛，云南黄连，长苞冷杉，胡黄连，澜沧黄杉，硫黄杜鹃，棕背杜鹃，金铁锁，丽江铁杉，桃儿七，大灵猫，藏马鸡，白尾稍红雉，滇金丝猴，云豹，雨崩村，外转经，内转经	42
很重要（2）	高山柳灌丛，高山杜鹃灌丛，柏树林，沙棘林，矮灌丛，侧柏林，河岸林，高山、亚高山灌丛，川滇高山栎、黄背栎类林，高山松林，华山松林，亚高山草甸，澜沧黄杉林，落叶阔叶林，落叶松林，云杉林，冷杉林，针穿心莛子藨阔混交林，高灌丛，说拉垭口，多格拉垭口，神瀑，云南红豆杉，雪兔子，高河菜，绵参，三分三，血雉，林麝，高山秃鹫，小熊猫，马麝，白鹇，岩羊，猕猴，小灵猫，穿山甲，下阿东村，佳碧村，明永村，斯农村，西当村，永忠村，永支村，尼农村，红坡村，梅里石村，巨水村，查里通村，高峰村，溜筒江村，军打村，德钦寺，莲花生大师禅洞，查里顶寺，莲花庙，太子庙，巴久庙，飞来寺，红坡寺，白转经庙，茶马古道	63
重要（3）	澜沧江，德钦湖，蕊旺曲，阿东河，永支河，巨水河，雨崩河，说拉冰湖，卡瓦格博衣措，飞天圣湖，措打马瓮温博，西当温泉，永支瀑布，黄鼬，升平镇清真寺，藏庆新年，默郎钦波，阿尼阔时，乃次朵你，拖乡批节，射箭节，“娘乃”斋戒节，弦子节，枯冬节，阔时节，藏族服饰，藏式建筑风格，藏族食品，藏族说唱，藏族舞蹈，藏族歌曲，藏族佛事活动，藏族丧葬习俗，藏族婚俗，玛尼堆及其石刻，藏传佛教法器，藏式佛教供品，藏族唐卡画，藏式壁画风格，藏式雕塑风格，五体投地朝拜，转经，卡瓦格博神山传说	43
较重要（4）	多丫卡，斯农 - 明永垭口，咪啦拉卡，叶足，鲁均卡，达那雅，那总腊古，拉松拉卡，永支热水塘，曲子水，卡蔗曲次，熟墨曲次，曲次卡	13
一般（5）	云雾，晚霞	2

由上表可知，梅里雪山风景名胜区内一级（极重要）资源单元有 42 处，占资源总数的 25.8%；二级（很重要）资源单元有 63 处，占资源总数的 38.7%；三级（重要）资源单元有 43 处，占资源总数的 26.4%；四级（较重要）资源单元有 13 处，占资源总数的 8.0%；五级（一般）资源单元有 2 处，占资源总数的 1.2%。一级（极重要）和二级（很重要）的资源单元共

有 105 处，占资源总数的 64.4%；重要以上级别的资源共有 148 处，占资源总数的 90.8%。由此可见，重要性高的资源构成了梅里雪山风景名胜区景观资源的主体。

7.4.4 资源敏感度评价

在梅里雪山总体规划中，用资源敏感度指标来评价资源承受外界非自然性因素影响的能力。资源敏感度包含以下两方面内容：第一，资源自身的形态、规模等属性是否容易受外界影响而导致破坏；第二，资源被破坏后是否容易恢复到原有状态。

7.4.4.1 资源敏感度分级定义

梅里雪山风景名胜区内的资源按 5 个敏感度等级进行评价：

（1）一级敏感资源（极敏感）：极其脆弱，一定范围内的接近即可导致资源属性的破坏，或在造成破坏后资源极难恢复。

（2）二级敏感资源（很敏感）：进入或贴近即可导致该资源属性的破坏，或在造成破坏后资源很难恢复。

（3）三级敏感资源（敏感）：较小程度的进入或贴近即可导致该资源属性的破坏，或在造成破坏后资源难以恢复。

（4）四级敏感资源（较敏感）：较大程度的进入或贴近才可导致该资源属性的破坏，或在造成破坏后资源较难恢复。

（5）一般敏感资源：一般的进入或贴近基本不会导致该资源属性的破坏，或在造成破坏后资源较易恢复。

7.4.4.2 资源敏感度评价公式

在进行资源敏感度评价时，将每一个资源的敏感度分为形态和功能两项评价因子。形态因子包括形状、色彩和规模等外观性因素；功能因子包括该资源所能产生的生态、科研、观赏、医疗等方面的价值因素。首先对于两项评价因子按照从 1 到 5 的级别单独评分，然后采用二进制的计算方式确定其综合价值。

举例来说，设某资源单元的 5 项敏感度评价因子中等级最高的为 n 级（n 为从 1 到 5 的整数），n 级内所对应的评价因子个数为 X；该资源单元所对

应的敏感度等级为 $n+1$ 的评价因子个数为 Y，则资源的综合敏感度等级 T 为：$T=n-X/2-Y/4$，T 中只要含有小数部分一律进位取整。

以明永村为例。形态因子方面：$n=4$，$X=2$，$Y=0$，则由公式可推算出明永村的形态敏感度等级为：$4-2/2=3$。功能因子方面：$n=4$，$X=1$，$Y=0$，则由公式可推算出明永村的功能敏感度等级为：$4-1/2=3.5$，取整后等级为 4。综合评价：$n=3$，$X=1$，$Y=1$，则由公式可推算出明永村的综合敏感度等级为：$3-1/2-1/4=2.25$，取整后等级为 3。因此明永村的敏感度等级最终为 3 级，属于敏感的资源。表 7-5 所列是对明永村的敏感度指标的单项评价结果。

明永村敏感度指标单项评价　表 7-5

因子 / 等级	形态				功能				
	形状	色彩	规模	形态总计	生态	科研	观赏	医疗	功能总计
极敏感（1）									
很敏感（2）									
敏感（3）				√					
较敏感（4）	√		√				√		√
一般（5）									

7.4.4.3　资源单元的敏感度评价

梅里雪山风景名胜区资源单元在各个敏感度等级的分布如表 7-6 所列。

梅里雪山风景名胜区资源单元敏感度等级分布表　表 7-6

敏感度等级	资源单元名称	数量
极敏感（1）	果喀僧格那宗，捉塞，马奔扎拉旺堆，布穷桑结旺修，卡瓦格博，究刚，卡瓦让达，洁瓦仁安，缅茨姆，公主峰1，公主峰 2，多结扎琼，多结扎青，明永恰冰川，纽恰冰川，扎江婆冰川，斯恰冰川，雨崩冰川，黄牡丹，华榛，云南黄连，长苞冷杉，胡黄连，澜沧黄杉，硫黄杜鹃，棕背杜鹃，云南红豆杉，雪兔子，金铁锁，穿心莛子藨，高河菜，绵参，三分三，丽江铁杉，桃儿七，大灵猫，血雉，林麝，藏马鸡，黄鼬，高山秃鹫，小熊猫，白尾稍红雉，滇金丝猴，马麝，白鹇，岩羊，猕猴，云豹，小灵猫，穿山甲	51

续表

敏感度等级	资源单元名称	数量
很敏感（2）	白马雪山裸岩，梅里雪山裸岩，白马雪山高山流石滩，梅里雪山高山流石滩，梅里雪山大峡谷，神瀑	6
敏感（3）	澜沧江，德钦湖，蕊旺曲，阿东河，永支河，巨水河，雨崩河，说拉冰湖，卡瓦格博衣措，飞天圣湖，措打马瓮温博，永支瀑布，高山柳灌丛，高山杜鹃灌丛，柏树林，沙棘林，矮灌丛，侧柏林，河岸林，高山、亚高山灌丛，川滇高山栎、黄背栎类林，高山松林，华山松林，亚高山草甸，澜沧黄杉林，落叶阔叶林，落叶松林，云杉林，冷杉林，针阔混交林，高灌丛，下阿东村，佳碧村，明永村，斯农村，西当村，永忠村，雨崩村，永支村，尼农村，红坡村，梅里石村，巨水村，查里通村，高峰村，溜筒江村，军打村	47
较敏感（4）	永支热水塘，曲子水，卡蔗曲次，熟墨曲次，曲次卡，西当温泉，德钦寺，莲花生大师禅洞，升平镇清真寺，查里顶寺，莲花庙，太子庙，巴久庙，飞来寺，红坡寺，白转经庙，藏庆新年，默郎钦波，阿尼阔时，乃次朵你，拖乡批节，射箭节，“娘乃”斋戒节，弦子节，枯冬节，阔时节，藏族服饰，藏式建筑风格，藏族食品，藏族说唱，藏族舞蹈，藏族歌曲，藏族佛事活动，藏族丧葬习俗，藏族婚俗，玛尼堆及其石刻，藏传佛教法器，藏式佛教供品，藏族唐卡画，藏式壁画风格，藏式雕塑风格，五体投地朝拜，转经，卡瓦格博神山传说	44
一般（5）	多丫卡，斯农 - 明永垭口，咪啦拉卡，叶足，鲁均卡，达那雅，那总腊古，拉松拉卡，说拉垭口，多格拉垭口，云雾，晚霞，外转经，内转经，茶马古道	15

由表 7-6 可知，梅里雪山风景名胜区内极敏感资源单元有 51 处，占资源总数的 31.3%；很敏感资源单元有 6 处，占资源总数的 3.7%；敏感资源单元有 47 处，占资源总数的 28.8%；较敏感资源单元有 44 处，占资源总数的 27.0%；一般敏感资源单元有 15 处，占资源总数的 9.2%。

极敏感和很敏感的资源共有 57 处，占资源总数的 35.0%；敏感资源 47 处，占资源总数的 28.8%；一般敏感和较敏感的资源共有 59 处，占资源总数的 36.2%。由此可见，在敏感度指标上，梅里雪山风景名胜区的现状资源基本上是呈均匀分布的。资源单元的敏感度等级分布参见统计图 7-7。

7.4.5　资源保护等级评价

在对资源的重要性和敏感度进行评价之后，可以通过资源的重要性等级和敏感度等级综合评定出资源的保护等级，作为规划政策和措施的依据。

7.4.5.1　资源保护等级分级定义

资源保护等级是将资源的重要性和敏感度综合考虑所确定的。从极重要并且极度敏感的资源到不重要并且不敏感的资源，共可划分为 9 个资源保护等级。

一级保护资源：极重要且极敏感的资源；

二级保护资源：包括极重要且很敏感的资源，很重要且极敏感的资源；

三级保护资源：包括极重要且敏感的资源，很重要且很敏感的资源，重要且极敏感的资源；

四级保护资源：包括极重要且较敏感的资源，很重要且敏感的资源，重要且很敏感的资源，较重要且极度敏感的资源；

五级保护资源：包括极重要且一般敏感的资源，很重要且较敏感的资源，重要且敏感的资源，较重要且很敏感的资源，一般重要且极度敏感的资源；

六级保护资源：包括很重要且一般敏感的资源，重要且较敏感的资源，较重要且敏感的资源，一般重要且很敏感的资源；

七级保护资源：包括重要且一般敏感的资源，较重要且较敏感的资源，一般重要且敏感的资源；

八级保护资源：包括较重要且一般敏感的资源，一般重要且较敏感的资源；

九级保护资源：一般重要且一般敏感的资源。

7.4.5.2　资源小类的保护等级评价

对于每一个资源小类，可以对其所包含的资源单元的普遍情况进行评价，得出一个资源保护等级的平均值，小类内的一般资源单元的保护等级取该平均值，对于小类内的特殊单元则需在该平均值的基础上进行进一步的评价。

梅里雪山风景名胜区内 22 个资源小类的保护等级评价情况如表 7-7①所列。

① 表 7-7 在本章最后。

由表 7-7 可以得出，梅里雪山风景名胜区内一级保护资源小类有 4 个，占资源小类总数的 18.2%；二级保护资源小类有 2 个，占资源小类总数的 9.1%；三级保护资源小类有 1 个，占资源小类总数的 4.5%；四级保护资源小类有 2 个，占资源小类总数的 9.1%；五级保护资源小类有 4 个，占资源小类总数的 18.2%；六级保护资源小类有 6 个，占资源小类总数的 27.3%；七级保护资源小类有 1 个，占资源小类总数的 4.5%；八级保护资源小类有 1 个，占资源小类总数的 4.5%；九级保护资源小类有 1 个，占资源小类总数的 4.5%。

其中，应严格加以保护的资源（一、二、三级保护资源）共有 7 类，占资源小类总数的 31.8%；应适当加以保护的资源（四、五、六级保护资源）共有 12 类，占资源小类总数的 54.5%；可适当加以开发利用的资源（七、八、九级保护资源）共有 3 类，占资源小类总数的 13.6%。

可见，在梅里雪山风景名胜区内，需要严格加以保护和适当加以保护的资源小类占绝大部分。

7.4.5.3 资源单元的保护等级评价

梅里雪山风景名胜区资源单元在各个保护等级的分布如表 7-8 所列。

梅里雪山风景名胜区资源单元保护等级分布表 表 7-8

保护等级	资源单元名称	数量
一级	果喀僧格那宗，捉塞，马奔扎拉旺堆，布穷桑结旺修，卡瓦格博，究刚，卡瓦让达，洁瓦仁安，缅茨姆，公主峰 1，公主峰 2，多结扎琼，多结扎青，明永恰冰川，纽恰冰川，扎江婆冰川，斯恰冰川，雨崩冰川，黄牡丹，华榛，云南黄连，长苞冷杉，胡黄连，澜沧黄杉，硫黄杜鹃，棕背杜鹃，金铁锁，丽江铁杉，桃儿七，大灵猫，藏马鸡，白尾稍红雉，滇金丝猴，云豹，小熊猫	35
二级	白马雪山裸岩，梅里雪山裸岩，白马雪山高山流石滩，梅里雪山高山流石滩，梅里雪山大峡谷，云南红豆杉，雪兔子，穿心莛子藨，高河菜，绵参，三分三，血雉，林麝，高山秃鹫，马麝，白鹇，岩羊，猕猴，小灵猫，穿山甲	20
三级	神瀑，黄鼬，雨崩村	3
四级	高山柳灌丛，高山杜鹃灌丛，柏树林，沙棘林，矮灌丛，侧柏林，河岸林，高山、亚高山灌丛，川滇高山栎、黄背栎类林，高山松林，华山松林，亚高山草甸，澜沧黄杉林，落叶阔叶林，落叶松林，云杉林，冷杉林，针阔混交林，高灌丛，下阿东村，佳碧村，明永村，斯农村，西当村，永忠村，永支村，尼农村，红坡村，梅里石村，巨水村，查里通村，高峰村，溜筒江村，军打村	34

续表

保护等级	资源单元名称	数量
五级	澜沧江，德钦湖，蕊旺曲，阿东河，永支河，巨水河，雨崩河，说拉冰湖，卡瓦格博衣措，飞天圣湖，措打马瓮温博，永支瀑布，德钦寺，莲花生大师禅洞，查里顶寺，莲花庙，太子庙，巴久庙，飞来寺，红坡寺，白转经庙，外转经，内转经	23
六级	说拉垭口，多格拉垭口，西当温泉，升平镇清真寺，茶马古道，藏庆新年，默郎钦波，阿尼阔时，乃次朵你，拖乡批节，射箭节，娘乃斋戒节，弦子节，枯冬节，阔时节，藏族服饰，藏式建筑风格，藏族食品，藏族说唱，藏族舞蹈，藏族歌曲，藏族佛事活动，藏族丧葬习俗，藏族婚俗，玛尼堆及其石刻，藏传佛教法器，藏式佛教供品，藏族唐卡画，藏式壁画风格，藏式雕塑风格，五体投地朝拜，转经，卡瓦格博神山传说	33
七级	永支热水塘，曲子水，卡蔗曲次，熟墨曲次，曲次卡	5
八级	多丫卡，斯农 - 明永垭口，咪啦拉卡，叶足，鲁均卡，达那雅，那总腊古，拉松拉卡	8
九级	云雾，晚霞	2

由表 7-8 可知，梅里雪山风景名胜区内一级保护资源单元有 35 处，占资源总数的 21.5%；二级保护资源单元有 20 处，占资源总数的 12.3%；三级保护资源单元有 3 处，占资源总数的 1.8%；四级保护资源单元有 34 处，占资源总数的 20.9%；五级保护资源单元有 23 处，占资源总数的 14.1%；六级保护资源单元有 33 处，占资源总数的 20.2%；七级保护资源单元有 5 处，占资源总数的 3.1%；八级保护资源单元有 8 处，占资源总数的 4.9%；九级保护资源单元有 2 处，占资源总数的 1.2%。

其中，应严格加以保护的一、二、三级保护资源共有 58 处，占资源总数的 35.6%；应适当利用的资源包括四、五、六级保护资源共有 90 处，占资源总数的 55.2%；可以较大强度地加以利用的资源包括七、八、九级保护资源共有 15 处，占资源总数的 9.2%。

可见，在梅里雪山风景名胜区内，需要严格加以保护和较严格加以保护的资源占绝大部分，因此规划政策应向保护倾斜。

7.5　创新点之二：三层次协同规划体系

传统的风景名胜区总体规划基本属于问题导向型规划，也就是说，首先找出风景名胜区存在的问题，然后针对问题提出相应的规划措施。在梅里雪山风景名胜区总体规划中，我们尝试将问题导向与目标导向结合起来，建立了一个三层次协同规划体系，即目标体系规划－战略规划－行动计划。

为什么建立目标体系－战略规划－行动计划三层次系统规划体系呢？首先是因为风景名胜区在理论上存在着一个理想状态，而风景名胜区总体规划的任务就是使用各种手段使规划区域从现实状态走向理想状态。目标就是理想状态的文字描述，目标体系就是理想状态的系统性文字描述，它是其他规划内容的依据和指南。战略则是实现理想状态的关键性、全局性手段。行动计划是近期规划，是为了落实目标规划与战略规划的相关内容所制定的具体行动措施，它们以保护与建设项目形式出现。每一项目包含行动内容（What）、行动时间（When）、行动地点（Where）、行动规模（How Big）和资金匡算（How Much Money）共 5 个方面的内容。因此目标体系－战略规划－实施计划是一个有着紧密逻辑关系的规划结构，它使得一切中期及近期规划措施都指向风景名胜区的使命[①]，有效地避免了问题导向型规划所造成的“头疼医头，脚疼医脚”“只拉车，不看路”的情况。第二，从深度来讲，目标规划、战略规划和实施计划其细致程度是逐渐加深的。目标规划告诉管理者应该向哪一个方向走；战略规划告诉管理者实现目标的关键手段是什么；实施计划则告诉管理者第一步应该做什么、怎么做。这三个层次规划的结合，会使管理者既明确方向，又明晰路线，还清楚如何起步，从而极大地增强了规划的可操作性。

7.5.1　目标体系规划

梅里雪山风景名胜区的目标体系规划包括 5 个方面：使命目标、总目标、资源管理目标、社区管理目标和游客管理目标。

① 使命与风景名胜区性质有些类似，但使命更明确一些。

7.5.1.1　使命目标

使命目标是对风景名胜区存在理由的描述，是一切规划措施的总导向。梅里雪山的使命目标为：规划地区是以位居藏传佛教八大神山之首的梅里雪山、具有世界意义的生物多样性和罕见的低纬度低海拔冰川为主要特征，以资源保护、科学考察、宗教朝圣和适度的生态、文化旅游为使命的国家重点风景名胜区。

7.5.1.2　总目标

总目标是一种政策目标（Policy Goals），规定了规划地区的政策导向。梅里雪山风景名胜区的总目标分为 3 个层次：首先是资源保护总目标，其次是社区发展总目标，最后是旅游品质总目标。梅里雪山风景名胜区的规划总目标为：充分有效地保护梅里雪山风景名胜区的生态系统、自然资源和文化资源；在资源保护的前提下，逐步提高规划边界内民族社区的经济社会发展水平；提供国民认识、欣赏梅里雪山风景名胜区自然文化资源及其价值的各种机会，在资源保护前提下，提高游客体验的质量。

7.5.1.3　资源保护目标

资源保护目标是具体的管理目标，是总目标在资源保护方面的深化和细化，也是指导资源保护和管理的纲领。资源保护目标分别涉及生物多样性保护、冰川保护、地质地貌保护、珍稀动植物资源保护、森林植被保护、自然水系保护、转经路线和转经活动保护、茶马古道路线保护、寺庙保护、民族村落保护、梅里雪山神圣氛围保护，以及其他一些非物质资源的保护等方面的内容。

梅里雪山风景名胜区资源保护目标为：

1. 保护梅里雪山的生物多样性资源及其价值，保存和保护梅里雪山的野生动植物资源，尤其要加强对梅里雪山本地物种的保护，严格控制外来物种的引进和繁育；保存和保护梅里雪山的基因资源和物种组成，保证其生态系统的完整性和生态进程的连续性；对生态破坏严重的地区，尽最大可能修复，使其最大限度地恢复到自然状况。

2. 保存与保护梅里雪山的冰川资源及其价值，保护冰川系统的完整性和自然演变的连续性，尽最大可能减少人类活动（包括社区活动和游客活动）

对冰川的影响。

3. 保护梅里雪山的地形地貌及其美学价值，对地形地貌已遭严重破坏的地区，尽最大可能修复，使其最大限度地恢复到自然状况。

4. 充分有效地保存、管理和展现梅里雪山的文化资源，保证梅里雪山历史的延续，保证子孙后代真实完整地欣赏和体验梅里雪山历史文化资源的权利。应保证转经路线得到整修，并处于较好的状态；保证转经活动得到延续，并保持原有形式，尽可能不受外界干扰；保证茶马古道的路线和历史得到记录和说明，有关历史遗迹得到保护；保证一些具有重要的历史和文化价值的寺庙得到重建和整修，寺庙内的宗教活动得到维持；保证一些具有特殊历史、文化和美学价值的民族村落及村落的结构、建筑特征等得到维持和保护。

5. 保存和保护梅里雪山的自然水系（包括泉源和溪流），保护自然水体的洁净度和清澈度。除最小限度地满足风景名胜区内部水源供给需求外，控制直至消除其他各种形式的人类活动对自然水系的破坏。对自然水系遭到破坏的地区，尽最大可能修复，使其在最大限度内恢复到自然状况。鼓励并提倡对水资源的循环利用。

6. 保护梅里雪山风景名胜区及其周边环境的大气质量，提高能见度，严格控制可能影响梅里雪山大气质量与能见度的人类活动。

7. 保护梅里雪山的神圣庄严氛围，控制各种噪声和光污染，禁止任何以征服梅里雪山为目的的登山活动。

8. 保护和保存其他非物质资源，包括宗教信仰、民族歌舞、传统节日、地方食品、建筑风格、耕作系统等。

7.5.1.4 社区管理目标

社区管理目标是总目标在社区方面的深化和细化。我们从社区能源利用模式和生产模式、就业机会和经济收入、物质生活条件、当地居民文化素质及利益分配机制 5 个方面进行了规划。梅里雪山风景名胜区社区发展管理目标为：

1. 改善居民能源利用模式和生产模式，最大可能地减少对生态环境的压力。

2. 结合资源保护管理和旅游发展的需要，提供当地居民的就业机会，提高当地居民经济收入。

3. 改善当地社区的物质生活条件，包括道路和基础设施条件、卫生条件、医疗保健水平等。

4. 提高当地居民的文化教育水平，广泛建立社区自豪感。

5. 建立公平合理的利益分配机制，减少直至消除社区之间因利益分配而可能产生的矛盾冲突。

7.5.1.5　旅游管理目标

旅游管理目标是总目标在旅游方面的深化和细化，我们从道路交通和旅游服务设施系统、旅游活动模式、游客体验、解说教育 4 个方面进行了规划。旅游管理目标为：

1. 提供多样的游客体验机会，包括多样性的旅游活动模式和旅游活动环境。

2. 提供适当规模的道路交通系统和旅游服务设施系统。

3. 提供多种教育和解说形式，使游客认识和欣赏梅里雪山风景名胜区的资源价值。

7.5.2　战略规划

战略规划是实现目标规划的全局性、长期性手段，是实现目标体系的线路安排。梅里雪山风景名胜区管理战略共有 4 项：科学管理、能源替代、生态与文化旅游和以社区教育为核心的社区参与。

7.5.2.1　科学管理战略

梅里雪山风景名胜区管理面临的问题很多，不仅包括资源保护、社区发展和旅游开发 3 方面的内容，例如濒危动植物的保护、社区物质生活条件的提高、旅游路线的完善等，而且还包括上述 3 方面之间的相互关系，例如协调社区发展使对资源保护的影响减至最低、限制旅游开发使当地社区正常发展等。因此，需要建立一整套科学的管理机制，综合管理风景名胜区；同时，需要一个有较高科学管理水平的管理队伍，执行科学管理。

7.5.2.2　能源替代战略

当地社区现状的能源结构尚停留在较原始的阶段，基本以炭薪能源为主。随着风景名胜区内常住人口的日益增多，这种能源结构产生的问题也日益严重。主要表现在：大量的伐木砍柴，对一些珍稀濒危动植物的栖息环境以及当地的生态系统造成很大的破坏；坡度较大地段地表植被严重缺失，成为泥石流的隐患；生火取暖的生活方式，限制了对于外界物质文化成果的充分利用，使当地社区的物质生活水平迟迟得不到发展。

规划改变原有的能源结构，广泛采用小水电，利用水力发电来替代炭薪。这样不仅充分利用了当地充足的水利资源，而且保护了生态环境，并为当地社区物质水平的提高创造了条件。同时，电力的使用可以提高旅游服务设施的品质，为旅游发展创造良好的条件。可见，能源替代战略在资源保护、社区发展和旅游开发 3 方面可以起到积极的作用。

7.5.2.3　生态、文化旅游战略

目前在各风景名胜区较普遍的旅游方式为大众旅游。这种旅游方式的缺点主要有以下几方面：当地社区在旅游活动中没有得到经济利益，因此对旅游活动不支持，甚至破坏旅游活动的开展；游客在旅游活动中没有得到资源价值和重要性等方面的科学教育，对于风景名胜区资源价值等方面的收获不大；游客规模较大，产生的垃圾、废水等污染，对于自然资源和文化资源潜在的影响和破坏较大。

规划提倡在梅里雪山风景名胜区开展生态、文化旅游，一方面控制游客的数量，限制游览活动的模式，对游客进行相应的解说教育，另一方面鼓励当地社区参与风景名胜区事业。这样不仅有助于提高游客对于风景名胜区资源价值的认识，保护风景名胜区的资源，同时使得当地社区在旅游活动中得到了实实在在的经济利益，推动了当地社区的发展。由此可见，生态、文化旅游战略在资源保护、社区发展和旅游开发 3 方面都起到了积极的作用。

7.5.2.4　社区教育战略

在梅里雪山风景名胜区，当地社区的文化教育水平普遍较低，导致以下问题的产生：当地居民的文化水平低，生产技能低下，劳动生产率低；缺乏对当地资源价值的全面认识，盲目崇拜现代文明，缺乏社区自豪感；不能与游客进行顺畅的交流。

规划提倡社区教育，通过推行各种教育形式，提高当地居民文化教育水平。这样，一方面当地居民的劳动技能提高，经济收入增加；另一方面，加深了对于当地自然和文化资源价值的认识，从而更加自觉地保护当地资源，支持风景名胜区管理工作；同时，当地居民与外来游客的交流加深，有助于当地社区参与到旅游开发活动中。由上得出，社区教育战略在资源保护、社区发展和旅游开发 3 方面都起到了积极的作用。

7.5.3　行动计划

行动计划是在目标规划和战略规划指导下的近期实施计划。梅里雪山风景名胜区的近期行动计划包括保护与发展两个方面。在行动计划中，分别确定了各个保护与发展项目的项目名称（What）、空间位置（Where）和投资估算。表 7-9～表 7-13 为部分行动计划的内容。

近期项目投资分配表　表 7-9

序号	类型	名称	投资（万元）	比例（%）
1	保护项目	保护监控项目	12000	29.02
2	建设项目	道路建设项目	14850	35.91
		旅游设施建设	13000	31.44
		基础设施建设	1500	3.63
		总投资	41350	100

近期保护监测项目一览表　表 7-10

序号	项目名称	投资（万元）
1	珍稀植物监测系统	3000
2	珍稀动物监测系统	3000
3	生态系统监测系统	3000
4	建立游人监控系统	3000
	合计	12000

近期步行观光路建设项目一览表　表 7-11

序号	名称	长度（km）	规划措施	单价（万元/km）	投资（万元）
1	上雨崩观光路	11.5	保持原有土路的选线，拓宽路面并修整	20	230
2	下雨崩观光路	15.4	保持原有土路的选线，拓宽路面并修整	20	305
3	飞来寺观光路	3.0	保持原有土路的选线，拓宽路面并修整	20	60
4	永忠桥观光路	6.0	保持原有土路的选线，拓宽路面并修整	20	120
				合计	715

近期旅游服务设施建设项目一览表 表 7-12

序号	工程名称	新建面积（m^2）	单价（元/m^2）	投资（万元）	改造面积（m^2）	单价（元/m^2）	投资（万元）
1	升平镇	52600	1000	5260	122700	500	6135
2	梅里石	1400	600	84	3200	300	96
3	明永	2300	600	138	5300	300	159
4	西当	2500	600	150	5800	300	174
5	雨崩	1000	600	60	2400	300	72
6	尼农	900	600	54	2000	300	60
7	佳碧	1000	600	60	2400	300	72
8	永支	800	600	48	1900	300	57
9	羊咱	2500	600	150	5800	300	174
	合计			≈ 6000			≈ 7000

近期环卫设施建设一览表 表 7-13

序号	设施名称	数量（处）	空间分布	单价（万元/处）	投资（万元）
1	垃圾收集站	9	升平镇，巨水，雾农顶，斯农，明永，西当，布村，雨崩，军打	5	45
2	公共厕所	17	升平镇，飞来寺，巨水，雾农顶，斯农，明永，西当，布村，雨崩，军打，尼农，斯农冰川，明永冰川，太子庙，神瀑，西当至雨崩路，雨崩至尼农路	25	425
3	空气质量监测点	24	说拉垭口，毒中（1），毒中（2），梅里石，鲁奢不丁，下阿东，斯农，明永，西当，斯农冰川，明永冰川，太子庙，升平镇，飞来寺，巨水，雾农顶，雨崩，神瀑，红坡，永久，永支，莫里通（1），莫里通（2），多格拉垭口	5	120
4	水质量监测点	18	毒中（1），毒中（2），梅里水下游，梅里石，鲁奢不丁，下阿东，阿东河电站，明永，西当，升平镇，巨水，雨崩，神瀑，红坡，永支，莫里通（1），莫里通（2），永支河电站	5	90
				合计	680

7.6　创新点之三：管理政策分区规划

7.6.1　特点

区划（Zoning）技术是一个广泛应用于城市规划和国家公园规划的技术，但在我国的风景名胜区规划中一直没有得到很好地利用。一般来说，目前我国风景名胜区规划基本按照《风景名胜区规划规范》GB 50298—1999的分区方式：即当需要调节控制功能特征时，进行功能分区；当需要组织景观和游览特征时，进行景区划分；当需要确定培育特征时，进行保护区划分；在大型或复杂的风景名胜区中，可以几种方法协调使用。这种分区方法在认识上还基本处于物质空间规划阶段，在形态上缺少清晰的空间描述，在管理政策方面缺少有效的控制对象和控制手段，因此虽然看似分区规划，但实质上，对规划只有指导（引导）意义，不具控制能力，管理上的可操作性不强。

在梅里雪山风景名胜区总体规划中，我们借鉴国际上一些成熟的经验，结合中国风景名胜区的管理需求，制定了一种以人类活动控制、人工设施控制和土地利用控制为核心的、共计 3 大类 18 小类、245 个空间单位的管理政策分区规划（图 7-8、图 7-9）[①]。它有如下几个特点：

第一，以资源重要性和敏感度的评价结果为依据划分管理政策大类。我们将梅里雪山风景名胜区基本划分为 3 个政策大类：资源严格保护区、资源有限利用区和资源利用区。资源严格保护区是指资源特殊、价值高，同时对人类活动和设施建设极其敏感的区域。在这些区域执行最严格的资源保护措施，除允许一定程度的资源管理、特殊科学研究活动外，禁止其他任何形式的人类活动和设施建设。资源有限利用区是指资源价值较高，资源较敏感的地区。这类地区允许低强度人类活动（包括旅游活动以及当地社区社会经济活动）的存在，除保护性基础设施外，一般不允许人工设施尤其是旅游服务设施的建设。资源利用区是指资源重要性和敏感度都一般的地区。这类地区允许较高强度的旅游活动和社区经济社会活动的存在，也允许较大规模的人工设施的存在。表 7-14 给出了分区大类分类依据。

① 图 7-8、图 7-9 在本章最后。

分区大类分类依据表 表 7-14

分区大类名称	利用程度	保护级别	资源价值	资源敏感程度
资源严格保护区	极低强度	极高	极高	极敏感
资源有限利用区	低强度	较高或一般	较高	较敏感
资源利用区	较高强度	较高或一般	一般	不甚敏感

第二，根据管理侧重点的不同，细分政策大类：

1. 对于资源严格保护区而言，资源保护和管理是其核心任务。而不同的资源特征决定了不同的管理目标、管理政策和管理指标。因此我们以资源特征细分资源严格保护区，从而可以有效地对资源进行分类保护。在梅里雪山风景名胜区总体规划中，将资源严格保护区划分为雪山冰川保护区、裸岩保护区、高山流石滩保护区、高山杜鹃保护区、国有林保护区和澜沧江保护区6 小类。

2. 对于资源有限利用区而言，对人类活动的管理是其中心任务，不同的人类活动决定了不同的管理目标、管理政策和管理指标。因此，我们以旅游活动和社区经济社会活动的特征划分资源有限利用区。在梅里雪山风景名胜区总体规划中，将资源有限利用区划分为机动车观光区、步行观光区、探险区、山林漫游区、露营区、高山灌丛生态区、集体林保护培育区和河谷生态区 8 个小类。

3. 对于资源利用区而言，对人工设施建设的管理是其中心任务，不同的人居环境功能决定了不同的管理目标、管理政策和管理指标。因此，我们以人居环境功能划分资源利用区。在梅里雪山风景名胜区总体规划中，将资源利用区划分为田园观光区、服务型村落、服务基地和普通社区 4 小类。

各小类的定义和管理目标见 7.7.2 节。

第三，以人类活动控制、人工设施控制和土地利用控制为核心构筑管理政策。这是因为风景名胜区管理最终要落实到对人类活动、人工设施和土地利用的控制上，只要这 3 个因素能够控制得好，则风景名胜区就能管理得好。规划只要能够明确对这 3 类因素的具体规定，则规划的可操作性必然会增强。在梅里雪山风景名胜区总体规划中，我们对 4 大类，53 小类人类活动进行了控制；对 10 大类 33 小类人工设施进行了控制；对 10 类土地利用方式进行了控制。

第四，管理政策与清晰的空间界限挂钩。我们为 245 个空间单位的每一个给定一个编号，顺着这个编号，管理人员就可以按图索骥查找到相应的适合于本空间单位的管理目标、管理政策和管理指标（图 7-9）。参考《风景名胜区规划规范》GB 50298—1999 的有关规定，结合考虑到分区政策的可操作性，空间单位边界划定原则为以下 3 项：同一分区内的规划对象的特性及其存在环境应基本一致；同一分区内的规划原则、措施及其成效特点应基本一致；规划分区应尽量保持原有的自然、人文、现状等单元界限的完整性。

7.6.2　分区定义和管理目标

18 小类政策分区的定义、管理目标和分布详见表 7-15。

分区定义、管理目标和分布一览表　表 7-15

大类	序号	小类	分区定义	管理目标	分布
资源严格保护区	1	雪山冰川保护区	本区由终年被雪覆盖的山体、与雪山相连的冰川以及冰川两侧和下端各 100m 范围内的区域构成	保护雪山和冰川资源，使其处于完全自然状态	A-1-1～A-1-7
	2	裸岩保护区	本区由雪线以下、高山草甸以上的裸露岩石构成	保护裸岩这种特殊的地质地貌资源，使其处于完全自然状态	A-2-1～A-2-6
	3	高山流石滩保护区	本区由规模较大的高山流石滩生态群落构成	保护高山流石滩这一特殊的生态资源，使其处于完全自然状态	A-3-1～A-3-15
	4	高山杜鹃保护区	本区由规模较大的高山杜鹃生态群落构成	保护高山杜鹃这一特殊的植物资源，使其处于完全自然状态	A-4-1～A-4-20
	5	国有林保护区	本区由国家法律规定的国有林所在区域构成	保护国有林资源，使其处于完全自然状态	A-5-1～A-5-18
	6	澜沧江保护区	本区由澜沧江水体以及沿着江岸适当距离内（建议为 50m）的区域构成	保护澜沧江的水资源和地质地貌资源，恢复受破坏地段的地表植被，最终使其基本处于自然状态	A-6-1

续表

大类	序号	小类	分区定义	管理目标	分布
资源有限利用区	1	机动车观光区	本区由机动车道路、停车场、沿途停车站点和休息处、和机动车道路两侧适当距离内（建议为15m）的区域构成	在保护自然和文化资源的前提下，为游客提供在相对现代的环境中快速、低强度的游览体验机会；同时为当地社区提供快捷舒适的交通联系	B-1-1～B-1-12
	2	步行观光区	本区由步行道路、沿途休息处、和步行道路两侧适当距离内（建议为15m）的区域构成	在保护自然和文化资源的前提下，为游客提供在相对自然的氛围中较慢速、较高强度的游览体验机会；同时为当地社区提供相对快捷的交通联系	B-2-1～B-2-9
	3	探险区	本区由原始山路和原始山路两侧适当距离内（建议为15m）的区域构成	在保护自然和文化资源的前提下，为游客提供在自然的氛围中慢速、高强度的游览体验机会	B-3-1～B-3-13
	4	山林漫游区	本区由探险区两侧适当距离内（建议为100m）的区域构成	在保护自然和文化资源的前提下，为游客提供在原始的氛围中慢速、高强度的游览体验机会	B-4-1～B-4-13
	5	露营区	本区由地势相对平坦、有水源地、围合较好的区域构成，一般位于探险区经过的适当位置	在保护自然和文化资源的前提下，为游客提供在原始的氛围中简单而又舒适的宿营机会	B-5-1～B-5-7
	6	河谷生态保护区	本区由位于澜沧江江岸以上、集体林以下的林地、灌丛、草甸、裸土等构成	在保护澜沧江河谷生态资源的前提下，适度满足当地社区对本区资源的需求，包括种植经济林、耕地、养殖等	B-6-1～B-6-30
	7	集体林保护培育区	本区由国家法律规定的集体林所在区域构成	在保护自然资源和生态资源的前提下，适度满足当地社区对本区资源的需求，包括：伐木、砍枝、采集药材、采集松茸、采集名贵观赏植物等	B-7-1～B-7-21
	8	高山灌丛生态区	本区由位于高海拔地区的高山灌丛草甸生态群落构成	在保护高山灌丛草甸的前提下，适度满足当地社区放牧的需求	B-8-1～B-8-25

续表

大类	序号	小类	分区定义	管理目标	分布
资源利用区	1	田园风光区	本区由具有一定典型意义的村落和村落周围的耕地、园地、草地、林地等区域构成	在保护当地社区自然和文化资源的前提下，带动当地社区社会和经济健康发展，同时适度满足旅游服务和村落观光游览的需求	C-1-1～C-1-13
	2	服务型社区	本区由自然和文化资源价值较一般、但在旅游路线结构中处于重要结点位置的村落和村落周围的耕地、园地、草地、林地等区域构成	在保护当地社区自然和文化资源的前提下，带动当地社区社会和经济健康发展，同时满足旅游服务的需求	C-2-1～C-2-10
	3	服务基地	本区由德钦县城升平镇所在区域构成	在保护当地社区自然和文化资源的前提下，带动当地的社会和经济健康发展，同时极大限度地满足旅游服务的需求	C-3-1
	4	普通社区	本区由普通的村落和村落周围的耕地、园地、草地、林地等区域构成，在资源方面一般不具有典型意义	在保护当地社区自然和文化资源的前提下，给予适当的政策支持，带动当地社区的社会和经济健康发展	C-4-1～C-4-30

7.6.3　分区人类活动控制管理政策

梅里雪山风景名胜区内现有的和潜在的人类活动根据活动主体不同，可以分为 4 大类：管理活动、科学研究活动、旅游活动、社会经济活动，它们对应的主体分别为：管理工作者、科研人员、游客、投资经营者和当地社区成员。其中，管理活动共 11 类，科研活动 5 类，旅游活动 22 类，社会经济活动 15 类。

分区人类活动管理政策详见表 7-16。

分区人类活动管理政策 表 7-16

人类活动 \ 管理分区		资源严格保护区						资源有限利用区								资源利用区			
		1 雪山冰川保护区	2 裸岩保护区	3 高山流石滩保护区	4 高山杜鹃保护区	5 国有林保护区	6 澜沧江保护区	1 机动车观光区	2 步行观光区	3 探险区	4 山林漫游区	5 露营区	6 河谷生态保护区	7 集体林保护培育区	8 高山灌丛生态区	1 田园风光区	2 服务型社区	3 服务基地	4 普通社区
管理活动	1 标桩立界	★	★	★	★	★	★	▲	▲	▲	▲	▲	▲	▲	▲	▲	▲	▲	▲
	2 生态环境监控	★	★	★	★	★	★	★	★	★	★	★	★	★	★	★	★	★	★
	3 防火、防洪	—	—	—	—	★	★	★	★	★	★	★	★	★	★	★	★	★	★
	4 植被恢复	—	—	—	—	—	○	○	○	○	○	○	○	○	○	○	○	○	○
	5 引进物种	—	—	—	—	—	○	○	○	○	○	○	○	○	○	○	○	○	○
	6 路面养护维修	—	—	—	—	—	—	★	★	★	—	—	—	—	—	★	★	★	△
	7 解说咨询	—	—	—	—	—	—	★	★	★	★	★	—	—	—	★	★	★	—
	8 维护治安	—	—	—	—	—	—	★	★	★	★	★	—	—	—	★	★	★	★
	9 急救	—	—	—	—	—	—	★	★	★	★	★	—	—	—	★	★	★	★
	10 收取门票税费	—	—	—	—	—	—	○	○	○	○	○	—	—	—	○	○	○	—
	11 社区教育、管理	—	—	—	—	—	—	—	—	—	—	—	★	★	★	★	★	★	★
科研活动	1 摄影摄像	○	○	○	○	○	○	△	△	△	△	△	△	△	△	△	△	△	△
	2 观测	○	○	○	○	○	○	△	△	△	△	△	△	△	△	△	△	△	△
	3 采集标本	○	○	○	○	○	○	○	○	○	○	○	○	○	○	○	○	○	○
	4 钻探	○	○	○	○	○	○	○	○	○	○	○	○	○	○	○	○	○	○
	5 科学实验	○	○	○	○	○	○	○	○	○	○	○	○	○	○	○	○	○	○
旅游活动	1 摄影摄像	×	×	×	×	×	×	△	△	△	△	△	×	×	×	△	△	△	△
	2 徒步行走	×	×	×	×	×	×	△	▲	△	△	△	×	×	×	△	△	△	△
	3 骑驭	×	—	×	×	×	×	○	△	△	△	△	×	×	×	△	△	○	×
	4 山地自行车	—	—	×	×	×	×	○	×	×	×	×	×	×	×	○	○	△	×
	5 机动车观光	—	—	—	—	—	—	▲	×	×	×	×	×	×	×	○	○	△	×
	6 溜索	×	—	×	×	×	×	—	—	○	○	—	—	—	—	×	×	—	○
	7 垂钓	—	—	—	—	×	×	—	—	×	×	○	—	—	—	○	○	○	○
	8 游泳	—	—	—	—	—	×	—	—	×	×	×	—	—	—	○	○	○	○
	9 漂流	—	—	—	—	×	×	—	—	○	○	×	—	—	—	×	×	—	×
	10 滑雪	×	—	×	×	×	×	×	×	○	○	—	×	×	×	—	—	—	×
	11 温泉浴	—	—	—	—	—	—	—	—	○	○	—	×	×	×	○	○	○	×

续表

人类活动 \ 管理分区		资源严格保护区						资源有限利用区								资源利用区			
		1 雪山冰川保护区	2 裸岩保护区	3 高山流石滩保护区	4 高山杜鹃保护区	5 国有林保护区	6 澜沧江保护区	1 机动车观光区	2 步行观光区	3 探险区	4 山林漫游区	5 露营区	6 河谷生态保护区	7 集体林保护培育区	8 高山灌丛生态区	1 田园风光区	2 服务型社区	3 服务基地	4 普通社区
旅游活动	12 皮筏	—	—	—	—	×	×	—	—	○	○	—	—	—	—	—	—	—	×
	13 游艇	—	—	—	—	—	×	—	—	×	×	—	—	—	—	—	—	—	×
	14 划船	—	—	—	—	—	×	—	—	×	×	—	—	—	—	—	—	—	○
	15 篝火晚会	—	×	×	×	×	×	×	×	×	×	△	×	×	×	△	△	△	○
	16 歌舞集会	—	×	×	×	×	×	×	×	△	△	△	×	×	×	△	△	△	○
	17 射击射箭	—	×	×	×	×	×	×	×	×	×	×	×	×	×	△	△	△	○
	18 狩猎	×	×	×	×	×	×	×	×	×	×	×	×	×	×	×	×	—	×
	19 采摘	×	×	×	×	×	×	×	×	×	×	○	×	×	×	△	△	—	×
	20 烧烤	×	×	×	×	×	×	×	×	×	×	○	×	×	×	△	△	△	×
	21 野营	×	×	×	×	×	×	×	×	×	×	△	×	×	×	—	—	—	×
	22 蹦极、攀岩	×	×	×	×	×	×	×	×	×	×	×	×	×	×	×	×	×	×
社会经济活动	1 宗教活动	×	×	×	×	×	×	○	○	△	△	△	△	△	△	△	△	△	△
	2 建屋	×	×	×	×	×	×	×	×	×	×	×	×	×	○	○	○	○	○
	3 修路	×	×	×	×	×	×	—	—	—	×	×	×	×	×	○	○	○	○
	4 建水电站	×	×	×	×	×	×	×	×	×	×	×	○	○	×	○	○	○	○
	5 建微波站	×	×	×	×	×	×	×	×	×	×	×	○	○	×	○	○	○	○
	6 建电视塔	×	×	×	×	×	×	×	×	×	×	×	○	○	×	○	○	○	○
	7 放牧	×	×	×	×	×	×	×	×	×	○	○	○	○	○	○	○	○	○
	8 养殖	×	—	×	×	×	×	×	×	×	×	×	×	×	×	○	○	○	○
	9 种植	×	—	×	×	×	×	×	×	×	×	×	○	○	×	○	○	○	○
	10 旅游商业服务	×	×	×	×	×	×	○	○	○	×	○	×	×	×	○	△	△	○
	11 采药挖根	×	—	×	×	×	×	—	—	×	○	○	○	○	○	○	○	○	○
	12 狩猎	×	—	×	×	×	×	—	—	×	×	×	×	×	×	×	×	—	×
	13 伐木	×	—	×	×	×	×	×	×	×	×	×	○	○	—	○	○	○	○
	14 开山采石	×	×	×	×	×	×	×	×	×	×	×	×	×	×	×	×	×	×
	15 采矿挖沙	×	×	×	×	×	×	×	×	×	×	×	×	×	×	×	×	×	×

注：★：应该执行；▲：建议开展；△：允许开展；○：有条件允许开展；×：禁止开展；—：不适用。

7.6.4 分区人工设施控制管理政策

梅里雪山风景名胜区现有的和潜在的设施共分为10大类，不仅包括传统意义上的旅游设施的8大类（参见《风景名胜区规划规范》GB 50298—1999），还包括基础设施、宣讲咨询设施和管理设施等。10大类设施分别为：管理设施、解说设施、道路设施、休憩设施、基础设施、餐饮设施、住宿设施、购物设施、卫生设施和其他设施。分区人工设施控制管理政策详见表7-17。

分区设施控制管理政策 表7-17

管理分区 / 人类活动		资源严格保护区						资源有限利用区								资源利用区			
		1 雪山冰川保护区	2 裸岩保护区	3 高山流石滩保护区	4 高山杜鹃保护区	5 国有林保护区	6 澜沧江保护区	1 机动车观光区	2 步行观光区	3 探险区	4 山林漫游区	5 露营区	6 河谷生态保护区	7 集体林保护培育区	8 高山灌丛生态区	1 田园风光区	2 服务型社区	3 服务基地	4 普通社区
管理设施	1 环境监控设施	★	★	★	★	★	★	★	★	★	★	★	★	★	★	★	★	★	★
	2 游人监控设施	—	—	—	—	—	—	★	★	★	★	★	—	—	—	★	★	★	—
	3 景点保护设施	★	★	★	★	★	★	★	★	★	★	★	—	—	—	★	★	★	—
	4 行政管理设施	—	—	—	—	—	—	—	—	—	—	—	—	—	—	★	★	★	★
	5 公安设施	—	—	—	—	—	—	★	★	★	★	★	—	—	—	★	★	★	△
解说设施	1 导游小品	×	×	×	×	×	×	★	★	★	★	★	×	×	×	★	★	★	—
	2 咨询中心	×	×	×	×	×	×	×	×	×	×	×	×	×	×	○	★	★	—
	3 博物馆展览馆	×	×	×	×	×	×	×	×	×	×	×	×	×	×	○	○	▲	—
	4 艺术表演场所	×	×	×	×	×	×	×	×	×	×	×	×	×	×	▲	○	▲	—
道路设施	1 原始山路	×	×	×	×	×	×	—	—	▲	△	△	△	△	△	△	△	△	△
	2 土路	×	×	×	×	×	×	—	△	△	×	△	×	×	×	△	△	△	△
	3 步道	×	×	×	×	×	×	—	△	△	×	△	×	×	×	▲	▲	▲	△
	4 栈道	×	×	×	×	×	×	—	△	△	×	△	×	×	×	△	△	△	△
	5 机动车道和停车场	×	×	×	×	×	×	▲	×	×	×	×	×	×	×	○	▲	▲	○

续表

人类活动 \ 管理分区		资源严格保护区						资源有限利用区								资源利用区			
		1 雪山冰川保护区	2 裸岩保护区	3 高山流石滩保护区	4 高山杜鹃保护区	5 国有林保护区	6 澜沧江保护区	1 机动车观光区	2 步行观光区	3 探险区	4 山林漫游区	5 露营区	6 河谷生态保护区	7 集体林保护培育区	8 高山灌丛生态区	1 田园风光区	2 服务型社区	3 服务基地	4 普通社区
休憩设施	1 休息桌椅	×	×	×	×	×	×	△	△	×	×	△	×	×	×	△	▲	△	△
	2 风雨亭	×	×	×	×	×	×	△	△	×	×	△	×	×	×	△	△	△	△
	3 避难屋	×	×	×	×	×	×	—	—	▲	×	△	×	×	△	—	—	—	—
	4 停留集散点	×	×	×	×	×	×	▲	△	△	×	△	×	×	△	△	▲	△	—
基础设施	1 电力设施	×	×	×	×	×	×	×	×	×	×	×	○	○	×	★	★	★	▲
	2 电信设施	×	×	×	×	×	×	×	×	×	×	×	○	○	×	△	△	★	△
	3 邮政设施	×	×	×	×	×	×	×	×	×	×	×	×	×	×	△	△	★	△
	4 给水设施	×	×	×	×	×	×	×	×	×	×	★	△	△	△	★	★	★	△
	5 排水设施	×	×	×	×	×	×	×	×	×	×	★	△	△	△	★	★	★	△
	6 环卫设施	×	×	×	×	×	×	★	★	★	×	★	×	×	△	★	★	★	▲
	7 防火通道	×	×	×	×	×	×	—	—	—	—	—	△	▲	—	—	—	—	—
	8 消防设施	×	×	×	×	×	×	★	★	★	—	★	△	▲	△	★	★	★	△
	餐饮设施	×	×	×	×	×	×	×	×	×	×	△	×	×	△	▲	★	★	△
	住宿设施	×	×	×	×	×	×	×	×	×	×	△	×	×	△	▲	▲	★	—
	购物设施	×	×	×	×	×	×	×	×	×	×	×	×	×	×	△	★	★	△
	卫生设施	×	×	×	×	×	×	×	×	×	×	△	×	×	×	▲	★	★	▲
其他设施	1 科研实验设施	○	○	○	○	○	○	○	○	○	○	○	○	○	○	○	○	○	○
	2 社会民俗设施	×	×	×	×	×	×	○	○	○	×	×	○	○	○	○	○	○	○
	3 宗教礼仪设施	×	×	×	×	×	×	○	○	○	×	×	○	○	○	○	○	○	○

注：★：应该设置；▲：建议设置；△：允许设置；○：有条件允许设置；×：禁止设置；—：不适用。

7.6.5 分区土地利用管理政策

梅里雪山风景名胜区土地利用类型共分为 10 大类，基本参考《风景名胜区规划规范》GB 50298—1999 用地十大分类，局部加以调整。例如第十类用地在规范内为滞留用地，在本规划中命名为其他用地，包括裸岩和高山流石滩等。10 大类用地根据对土地描述内容的不同，可以分成两大部分：一部分描述地表覆盖状况，包括林地、草地、水域和其他用地 4 大类；另一部分描述土地利用的功能，包括风景游赏用地、旅游设施用地、居民社会用地、道路与工程用地、耕地和园地 6 大类。分区的土地利用管理主要管理第二部分的 6 大类用地，即管理相应的人类活动类型。第一部分的 4 大类用地仅作为分区地表覆盖状况的描述，属于基本属性，极少通过管理活动进行改变。分区土地利用管理政策详见表 7-18。

分区土地利用管理政策　　表 7-18

管理分区 / 人类活动		资源严格保护区						资源有限利用区								资源利用区			
		1 雪山冰川保护区	2 裸岩保护区	3 高山流石滩保护区	4 高山杜鹃保护区	5 国有林保护区	6 澜沧江保护区	1 机动车观光区	2 步行观光区	3 探险区	4 山林漫游区	5 露营区	6 河谷生态保护区	7 集体林保护培育区	8 高山灌丛生态区	1 田园风光区	2 服务型社区	3 服务基地	4 普通社区
1	风景游赏用地	×	×	×	×	×	×	★	★	★	★	★	×	×	×	★	▲	▲	×
2	旅游设施用地	×	×	×	×	×	×	△	△	△	×	★	×	×	×	▲	★	★	×
3	居民社会用地	×	×	×	×	×	×	×	×	×	×	×	○	△	△	★	★	★	★
4	交通工程用地	×	×	×	×	×	×	★	★	★	○	▲	△	△	△	★	★	★	▲
5	林地	△	×	△	★	★	△	△	△	△	△	△	★	★	★	△	△	△	△
6	园地	×	×	×	×	×	×	×	×	×	×	×	▲	△	×	▲	▲	△	▲
7	耕地	×	×	×	×	×	×	×	×	×	×	×	○	×	×	△	△	△	★
8	草地	△	×	△	△	△	△	△	△	△	△	△	★	△	★	△	△	△	△
9	水域：江、河	—	—	△	△	△	★	—	—	△	△	△	△	△	△	△	△	△	△
	水域：湖泊	—	—	—	—	△	—	—	—	△	△	—	—	—	△	—	—	—	—
	水域：冰川、雪山	★	—	△	—	—	—	—	—	—	—	—	—	—	—	—	—	—	—

续表

管理分区 人类活动		资源严格保护区						资源有限利用区								资源利用区			
		1 雪山冰川保护区	2 裸岩保护区	3 高山流石滩保护区	4 高山杜鹃保护区	5 国有林保护区	6 澜沧江保护区	1 机动车观光区	2 步行观光区	3 探险区	4 山林漫游区	5 露营区	6 河谷生态保护区	7 集体林保护培育区	8 高山灌丛生态区	1 田园风光区	2 服务型社区	3 服务基地	4 普通社区
10	其他用地：裸岩	—	★	△	△	—	—	—	—	—	—	—	—	—	—	—	—	—	—
	其他用地：高山流石滩	—	△	★	△	—	—	—	—	—	—	—	—	—	—	—	—	—	—

注：★：应该设置；▲：建议设置；△：允许设置；○：有条件允许设置；╳：禁止设置；—：不适用。

7.7　创新点之四：分区规划图则

分区规划图则是为了满足风景名胜区的管理需要，同时为了加强规划的可操作性的一种尝试。在梅里雪山风景名胜区总体规划中，我们在区划的基础上为每一类政策分区编制了分区规划图则。在每一项图则中都为该类分区制定管理目标、管理政策和管理指标。管理政策分为人类活动管理政策和设施建设管理政策，它们以图例的形式进行表达。风景名胜区的管理人员拿到分区规划图则后，就能明确在某一地域中什么活动允许开展，什么禁止开展；什么人工设施允许建设，什么设施禁止建设。

举例来说，图 7-10①为步行观光区的分区规划图则，该图则一共包括 11 项规划内容：步行观光区在分区大类中属于资源有限利用区；在梅里雪山总体规划中，共有 9 处步行观光区；每一个步行观光区分别给定一个分区编号，从 B-2-1 到 B-2-9，相应地，可以从区位图中查出它们的空间位置；步行观光区的总面积为 112hm^2；占总规划面积的 0.07%；步行观光区由步行道路、沿途休息处和步行道路两侧 15m 的范围组成；它们的管理目标是在

① 图 7-10 在本章最后。

保护自然和文化资源的前提条件下，为游客提供在相对自然的氛围中较慢速、较高强度的游览体验机会；同时为当地社区提供相对快捷的交通联系。在步行观光区中必须开展的人类活动主要是风景名胜区的管理活动：生态环境检测、防灾、路面养护、解说咨询、治安维护和急救共 6 项；允许开展或在一定条件下允许开展的人类活动包括：徒步旅行、摄影摄像、科学考察、骑驭、宗教活动等 14 项；禁止开展的人类活动包括机动车观光、滑雪、狩猎、采摘、野营、伐木、采石等 21 项。在步行观光区中允许建设或在一定条件下允许建设的人工设施包括环境监控设施、游客监控设施、栈道、环卫设施、消防设施等 16 项；禁止建设的人工设施包括机动车停车场、住宿设施等 13 项。

7.8 创新点之五：解说规划

解说（Interpretation）是国家公园和保护区管理工作的一项重要内容，因为只有通过解说才能将国家公园或保护区的价值真实并完整地传达给游客，尤其是青少年游客。因此可以说解说是国家公园和游客之间的重要桥梁。传统的风景名胜区规划内容里面并不包括解说规划等软性规划。在梅里雪山风景名胜区总体规划中我们尝试将解说规划等软性规划纳入到规划体系之中，受到了管理者的欢迎。

梅里雪山风景名胜区总体规划中解说规划制定的原则是：根据梅里雪山风景名胜区的重要性，确定游客应有的旅游体验；然后根据游客体验，制定出所有需要的解说主题；再根据解说主题确定解说方式。重要性是指风景名胜区吸引游客的因素，是该风景名胜区区别于其他风景名胜区的特征。游客体验是指游客在旅游中所获得的信息、知识、感受等。针对风景名胜区重要性的几个方面，游客体验也各不相同。解说主题是根据风景名胜区的重要性制定出来的，要使游客在旅游过程中了解体验的内容。组织原则是根据解说主题的需要和不同解说方式的利弊制定出的解说原则，即根据不同主题的需要，配合不同的解说方式。总之，重要性是解说主题制定的依据，游客体验是解说要达到的目标，组织原则是为了实现解说目标所选择的解说方式。

梅里雪山风景名胜区总体规划确定的解说主题包括以下 5 项：

1. 雪山冰川主题：了解低纬度低海拔冰川的成因；了解梅里雪山在藏传佛教中的地位；了解梅里雪山的神话传说。

2. 地质地貌主题：了解横断山脉褶皱的成因；领略澜沧江峡谷的绮丽风光；观赏高山流石滩的壮观景象。

3. 植被主题：了解梅里雪山特有的植被垂直带谱分布规律；了解植被与气候之间的关系；观赏若干种梅里雪山当地特有的珍稀植物。

4. 转经主题：了解转经的由来；体验转经文化传统。

5. 民族文化主题：了解康巴文化的丰富内涵；体验民族歌舞（弦子舞与锅庄舞）的独特美感；了解藏族人民的生活和宗教习俗。梅里雪山风景名胜区总体规划确定的解说形式主要分为两种：人员解说和物品解说。人员解说包括导游解说和定点表演。物品解说包括展品展示、解说牌、指示牌、解说手册等。

规划重点解说路线共有 14 条，详见表 7-19。

重点解说路线规划一览表　　表 7-19

编号	旅游路线	重要性	游客体验	主题	解说方式
1	明永－明永冰川－太子庙；斯农－斯农冰川	梅里雪山是藏传佛教 8 大神山之首，是唯一的雄性神山；明永和斯农是两个罕见的低纬度低海拔冰川	了解有关神山以及藏传佛教传说；了解低纬度低海拔冰川的成因	雪山冰川主题	宣传手册、导游讲解、标牌提示、多媒体演示
2	溜筒江－梅里石布村－永忠－西当－尼农－佳碧羊咱－永支－永久－查理顶	澜沧江峡谷地处横断山脉褶皱处，是研究地质成因的极佳地点	了解澜沧江的地质成因；领略梅里雪山大峡谷的迷人风光	峡谷主题	宣传手册、导游讲解、标牌提示、多媒体与三维动画演示
3	明永－明永冰川－太子庙；斯农－斯农冰川西当－雨崩－雨崩神瀑－尼农－佳碧	高山灌丛；珍稀动植物	认识三种以上的当地特有植被；了解梅里雪山特有的垂直带谱分布	植被主题	宣传手册、标牌提示、导游讲解

续表

编号	旅游路线	重要性	游客体验	主题	解说方式
4	德钦－西当（永中）－雨崩－雨崩神瀑－雨崩－西当－明永－太子庙－德钦；德钦－白转经－羊咱－永久－说拉垭口－西藏－多格拉垭口－梅里石－德钦	藏族人民转经的必经之路	了解转经的由来；体验转经文化传统	转经主题	宣传手册、导游讲解、标牌提示、录像演示
5	德钦－布村－明永－斯农；德钦－军打－尼农－雨崩－西当德钦－红坡；德钦－下阿东	藏族聚居区；民族文化传统深厚	了解康巴文化的丰富内涵；体验民族歌舞（弦子舞与锅庄舞）的独特美感；了解藏族人民的生活和宗教习俗	民族民俗主题	宣传手册、人员表演、导游讲解、录像演示

7.9 创新点之六：社区参与与社区规划

前几章中多次提到，公众参与是国家公园和保护区运动的重要发展趋势。而对于具体的风景名胜区而言，规划边界内部和周边社区的参与是风景名胜区资源得到有效保护的重要环节。因为没有稳定的周边环境，就没有稳定的管理成效。当地社区如果不能从保护中获益，资源保护也不可能持续。当然，这并不意味着风景名胜区内部不允许社区整治和社区拆迁。国际上一般的做法是，将在国家公园或保护区内部居住了两代人（约 40 年）的家庭视为“原住民”家庭，他们与国家公园的自然文化环境已经融为一体，可视为国家公园或保护区的一种资源，可以在国家公园管理框架内，继续居住，并对他们的人居环境加以保护。而对于其他居民，则采取各种方式，予以搬迁。

梅里雪山风景名胜区内部有 33 个藏族村落，他们世世代代居住与此，与梅里雪山的自然环境已融为一体。每一个藏族村落也是一道独特的文化景观，反映了人居环境的多样性。因此在梅里雪山风景名胜区总体规划中，我们特别注意了对社区的保护性规划。

7.9.1　社区规划目标

在梅里雪山风景名胜区总体规划中，我们提出了 3 项社区规划目标：第一，保护社区有地方特色和价值的乡土建筑形式、村落布局和村落空间结构及其赖以存在的自然环境，确保社区存在的物质结构不受改变；第二，保护并发扬社区藏族传统文化，建立社区自豪感，维护社区社会结构的稳定发展，激发居民维护自身文化传统的积极性，保证社区文化结构的完整性；第三，通过旅游业适度发展带来的机会促进当地经济结构的调整，创造新的就业机会，带动社区经济的发展，同时改变社区完全依赖传统农业、畜牧业等单一经济结构，利用旅游发展增加经济收入渠道，从而提高居民生活水平。

7.9.2　社区规划原则

社区规划的原则共有 3 项。第一，参与原则。即在规划和实施过程中加强与当地社区的沟通、磋商和多层次的合作，凝结共识，充分调动当地社区的积极性，共同保护风景名胜区的资源。第二，可持续发展原则。即在资源保护、社区经济社会发展与旅游之间建立一种协调、平衡的关系，确保风景名胜区资源的永续利用。第三，生态与文化旅游的原则。即以生态旅游和文化旅游为社区旅游产业结构调整的主要方向，在发展社区旅游的同时要突出资源保护，加强生态意识教育和改善社区生活质量。

7.9.3　社区分类规划

由于规划区域内长期的自然发展形成的居民点与环境相互融合、村落与自然景观的高度和谐统一，本身已成为一种特殊景观，所以不能简单地按照一般的风景名胜区规划将居民点划分为搬迁型、缩小型、控制型或者聚居型等几类。本规划按照居民点的特点和居民点与当地经济发展的主导——旅游服务的关系来进行分类，便于把握社区未来的发展方向。按照以上思路，将规划区域分为无居民区和居民控制区。

无居民区包括分区规划中的资源严格保护区和资源有限利用区，除必要的风景名胜区管理、旅游服务工作人员之外，不允许存在任何其他常住人口；居民控制区是指分区规划中的资源利用区，由于居民点都集中在该区域内，所以除必要的风景名胜区管理、旅游服务工作人员之外，允许当地常住人口的存在，但必须控制人口规模。居民控制区内的社区，根据其在旅游中的不同功能分为城镇居民点、旅游型居民点、服务型居民点和普通居民点。城镇居民点是作为风景名胜区服务基地，旅游管理、服务中枢的升平镇，设有餐饮、住宿、咨询、交通、购物和民俗文化娱乐等旅游服务设施。旅游型居民点是指具有良好景观，可以作为景点开展村落旅游的村庄，设有相应的餐饮、住宿、咨询、交通和民俗文化娱乐等多样性旅游服务设施，由当地居民兼任风景名胜区的管理人员和旅游服务工作人员。服务型居民点是指可以提供一定旅游服务的村庄，设有相应的餐饮、咨询、交通和购物等基本旅游服务设施，由当地居民兼任风景名胜区的管理人员和旅游服务工作人员。普通居民点是指规划范围内仅设置简单住宿设施的村庄（图 7-11）。

7.10　创新点之七：管理体制规划

风景名胜区内部管理体制一直是制约资源保护和有效管理的一个瓶颈。考虑到梅里雪山风景名胜区是一个全新的保护单位，按照第 6 章提出的“新旧有别”“新区新方法”的原则，借鉴国际上的经验和教训，我们在梅里雪山风景名胜区总体规划中制定了管理体制规划（图 7-12）。

首先是成立梅里雪山风景名胜区管理委员会，作为梅里雪山风景名胜区总体规划的实施机构，依据《梅里雪山风景名胜区总体规划》全面负责梅里雪山风景名胜区的保护和发展事宜。委员会设主任一人，如有必要设副主任若干人。设秘书室、会计员和人事管理员。根据梅里雪山风景名胜区各项业务管理需要，管理机构下设 5 个处：规划处、资源保护处、旅游管理处、建设处和解说教育处。根据梅里雪山风景名胜区区域环境管理需要，管理机构下设 6 个管理站：梅里石管理站、冰川神瀑管理站、永支管理站、阿东管理站、升平管理站、红坡管理站。同时管理机构应设置风景名胜区警察队，维护治安。

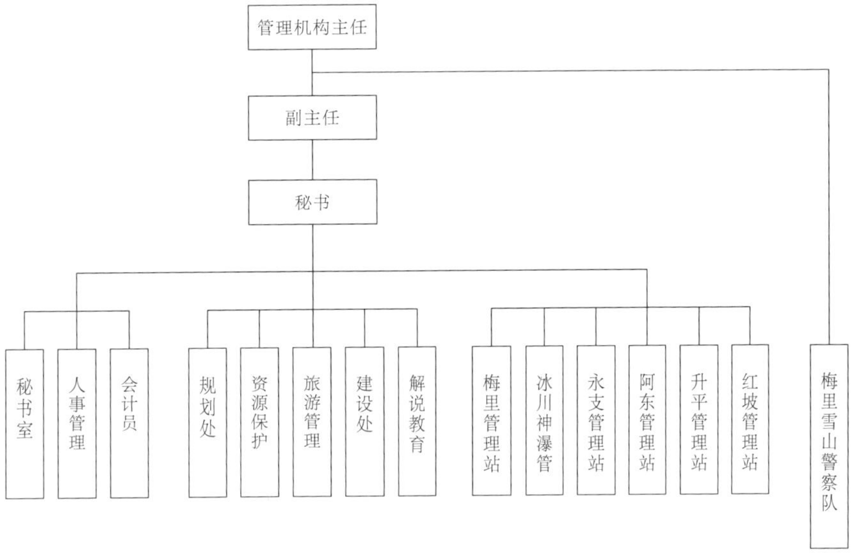

图 7-12　梅里雪山风景名胜区管理机构组织图

规划处负责风景名胜区各层次规划的组织编制，对规划的实施进行监督和审核，对土地使用申请和建设项目申请进行审核、上报、监督，协调风景名胜区内不同机构之间的关系。资源保护处负责风景名胜区内自然资源、文化资源和生态系统等的调查、建档、编制保护培育专项规划、实施保护措施等相关事宜。旅游管理处负责游客管理、旅游事业管理、游憩规划等。建设处负责风景名胜区有关资源保护设施、旅游服务设施、解说设施、交通设施、基础设施等工程的测量、设计、发包、施工、监督和工程维护等。解说教育处负责风景名胜区内解说设施的规划设计、解说人员训练、解说资料的编印、游客解说服务、游客服务中心展示等。风景名胜区警察队负责风景名胜区内治安秩序的维护、灾害急难的抢救，处理违反风景名胜区管理规定的各类事项。梅里雪山风景名胜区分为 6 个管理区，每个管理区设一个管理站，每一个管理站设 3 名管理员。管理站对风景名胜区管理机构负责，其主要职责是向风景名胜区管理机构及时传递各管理区的信息。每一管理区设若干检查点，每一个检查点设两名检查员。检查点对风景名胜区管理机构的旅游管理处负责，其主要职责是检查游客门票、统计游客信息等。

梅里石管理区位于风景名胜区的西北部，澜沧江西岸，面积 217.2km^2。梅里石管理站位于梅里石村。梅里石管理区内设置两处检查点，分别位于梅里河口和五十一大桥西岸。冰川神瀑管理区位于风景名胜区的中西部，澜沧江西岸，面积 272.1km^2。冰川神瀑管理站位于布村。冰川神瀑管理区内设置 3 处检查点，分别位于布村、永忠桥西岸和尼农桥东岸。永支管理区位于风景名胜区的西南部，澜沧江西岸，面积 368.7km^2。永支管理站位于羊咱村。永支管理区内设置两处检查点，分别位于羊咱村和永支村。阿东管理区位于风景名胜区的东北部，澜沧江东岸，面积 245.3km^2。阿东管理站位于下阿东村。阿东管理区内设置一处检查点，位于阿东河水电站附近。升平管理区位于风景名胜区的中东部，澜沧江东岸，面积 297.5km^2。升平管理站位于升平镇内。升平管理区内设置 3 处检查点，分别位于雾农顶、白转经和飞来寺。红坡管理区位于风景名胜区的东南部，澜沧江东岸，面积 181.5km^2。红坡管理站位于九农顶村。红坡管理区内设置一处检查点，位于红坡村入口。

7.11 创新点之八：规划管理信息系统①

为实现梅里雪山风景名胜区规划管理的科学化、信息化，我们建立了“梅里雪山风景名胜区规划管理信息系统”，旨在应用 3S 技术辅助风景名胜区总体规划的完成，并在风景名胜区数字化规划成果的基础上，建立规划区域空间与属性一体化的综合数据库，充分利用 GIS 的可视化管理工具，对规划信息进行管理、查询、统计分析以及更新和维护，以实现梅里雪山风景名胜区对规划信息的现代化管理和规划方案实施的辅助决策。

7.11.1 系统目标

梅里雪山规划管理信息系统的近期包括：（1）建立类型比较齐全、资料相对完备的数据库，如基础图形数据库、现状资料数据库、景观资源评价

① 本节内容与党安荣、刘晓冬合作完成。建立梅里雪山风景名胜区规划管理信息系统的概念、基本框架由作者提出，技术流程和系统结构由党安荣拟定。

数据库、规划成果数据库等；（2）建立一个以局域网为依托的软、硬件支撑环境，配置必需的 GIS 和数据通信软件平台，并预留与外部通信网络的接口，以便将来扩展到广域网；（3）以总体规划成果及基础图形等资料为依托，实现规划资料和基础数据管理现代化，提高资料的现实性、准确性和利用率；（4）根据政府管理决策部门的需要，开发一些功能实用、操作方便的辅助决策分析模型，如土地利用评价、建设工程选址等；（5）以规划管理业务工作为目的，建立项目报建审批管理系统，用现代化手段取代传统的手工作业，提高管理的科学化、规范化和标准化；（6）利用各种动态监测手段，建立游客容量模型、冰川监测模型、植物资源变化监测模型等专业模型，针对梅里雪山特有的资源特征进行辅助规划管理。

从长远来看，风景名胜区规划管理信息系统的建设必须着眼于按照统一的技术规范和编码标准，建立一个集区域规划、资源保护、土地管理、环境监测、消防救护等综合性的风景名胜区规划管理信息系统，即"数字风景名胜区"，以便于实现风景名胜区内部横向业务管理与外部纵向行政管理之间的信息交换与共享，对风景名胜区的发展变化状况能够进行全面监控。

7.11.2　系统设计

系统设计主要是根据所确定的系统目标，通过系统功能设计、系统结构设计、用户界面设计等环节，逐步细化目标，以便将系统的开发落实到各个具体的组成部分中。

7.11.2.1　系统功能设计

从梅里雪山风景名胜区规划管理所面临的一系列问题和应用需求出发，设计信息系统主要应该具有以下几大功能：

1. 建立基础数据库

采集和存储多种形式信息无疑是信息系统最为重要的功能之一。把规划前期调研资料，如社会、经济、人口、资源、游客等各种属性信息、统计数据与地表空间位置相连，组成完整的规划信息数据库，充分发挥信息系统的信息集成作用，为资源评价和规划决策提供背景支持，解决规划工作中数据组织问题。

2. 信息查询检索

信息只有能够方便地获得才能够发挥其最大效用。信息系统在集成了信息数据的基础之上，提供的另外一个重要功能就是信息查询，允许存储在数据库中的各类信息，以多种形式向用户提供服务。这一功能无论对于规划设计还是规划管理都有着极其重要的作用。

3. 规划决策支持

在风景名胜区规划设计过程中，信息系统最主要的应用是利用其空间数据管理和分析功能对基础数据进行分析和表达，以作为规划的依据；在此基础上，进一步增加风景名胜区规划专业模块进行分析，实现资源保护或利用定性分析和定量研究相结合的规划研究方法，提出多种保护或利用方案供决策部门选择，真正做到辅助决策，实现风景名胜区总体规划的科学化。

4. 规划实施管理

风景名胜区信息系统是编制规划、规划立法与规划管理的基础与纽带。规划管理部门可以方便地查询调用风景名胜区的规划信息和其他相关信息以辅助规划管理决策。同时，风景名胜区发展变化的各类新信息又通过各个部门进入系统，让规划管理部门更好地掌握实际情况。在规划管理中，信息系统充分地发挥其强大的空间及相关属性信息的管理和展示功能。

5. 动态监测管理

利用遥感（RS）技术及各种监测、考察手段，对风景名胜区进行动态监测，将监测信息实时动态地输入信息系统，与预期规划目标进行对比，开展分析研究，为管理部门提供动态监测信息和相应的治理措施。

6. 辅助制图功能

GIS 的制图方法比传统的人工或自动绘图方法要灵活得多。作为一个专项 GIS 的梅里雪山风景名胜区信息系统，同样提供制图功能，且它的制图方法开始于数据库的创建，利用 GIS 提供的地理空间分析功能，如图层叠加、缓冲区、最佳路径、自动配准等，可以完成一些在其他普通 CAD 系统中无法完成的制图任务。

7.11.2.2　系统结构设计

根据上面的系统目标分析与系统功能设计，确定如下系统结构设计及其系统组成（图 7-13）。从图中可以看出：梅里雪山规划管理信息系统首先是在网络环境下进行构建的，该系统的研制必须考虑在网络中运行，具有相应的网络功能；梅里雪山规划管理信息系统是建立在微型计算机和微软的微机操作系统环境下，这样便于系统管理维护与应用操作；梅里雪山规划管理信息系统是在一定的地理信息系统软件平台上进行二次开发来构建，开发语言选择通用的脚本语言，如 VBA；梅里雪山规划管理信息系统是基于规划管理基础数据库来运行的，这些数据库包括图形、图像、文本等数据类型，涵盖现状数据、过程数据、规划数据等内容；梅里雪山规划管理信息系统不仅要具有 GIS/RS 的基本功能，如数据管理、分析、表达等，还需要具有一定的规划专业功能，诸如风景名胜区规划、管理、监测等功能；梅里雪山规划管理信息系统是一个开放系统，具有一定的再次（二次）开发功能，以便于随着技术的发展，进一步开发新的功能；梅里雪山规划管理信息系统必须具有良好的用户界面，通过形象图标、中文菜单、对话框等形式，使用户操作简单、应用方便；梅里雪山规划管理信息系统不仅要能够满足梅里雪山风景名胜区规划管理部门应用，还能够提供上级主管部门应用的需求；基于上述系统结构设计，就可以进一步开展详细设计和开发系统。

7.11.2.3　系统界面设计

系统界面是否友好、用户应用是否方便，直接关系到系统的可应用程度和系统的生命力，所以，我们将系统界面单独提出来进行设计。首先确定用户界面设计的有关原则为：（1）全部中文；（2）操作简单；（3）图表结合；（4）类型多样。

系统初始化界面由菜单和控制按钮组成，主要功能是进入信息系统各个数据库、退出信息系统、显示系统结构等。进入信息系统之后，随着所选择数据库的不同，系统的界面和风格也有所不同，主要有两种形式：一种是地图界面，只显示主题地图，一种是图表界面，显示主题的图、表结合体。地图界面的特点就是其界面上的控制（菜单、按钮、工具栏）除了在不同数据库间切换的菜单按钮之外，其他的控制功能主要是为显示地图及其属性。图表界面的特点是其界面分 3 个部分，左半部分为地图，右上部分为表格，右下部分为图表。

除了图、表信息外，风景名胜区规划管理中还有大量的文本信息，例如资源评价报告和规划文本等。对这些信息，主要采用电子文件 PDF 格式，引用外部程序（Acrobat Reader）打开。

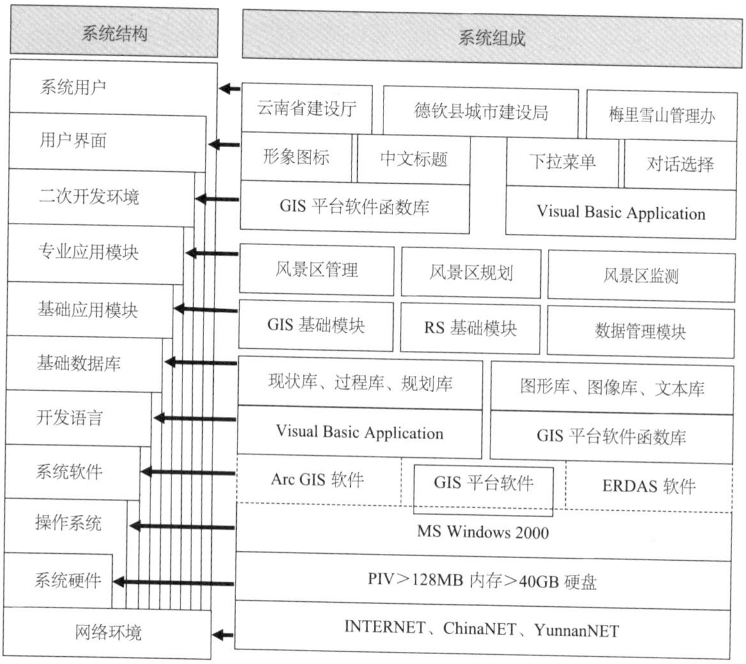

图 7-13　梅里雪山风景名胜区信息系统结构设计

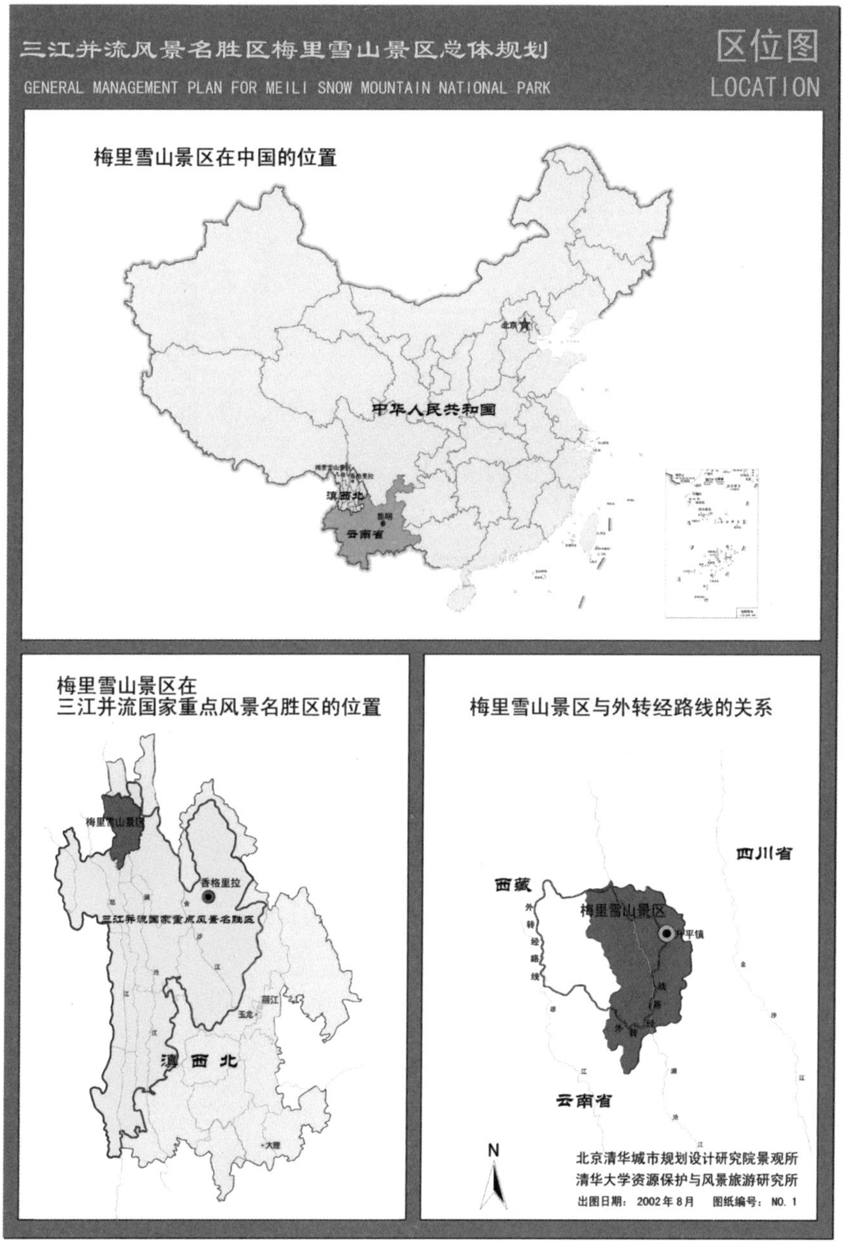

图 7-1　梅里雪山风景名胜区区位图

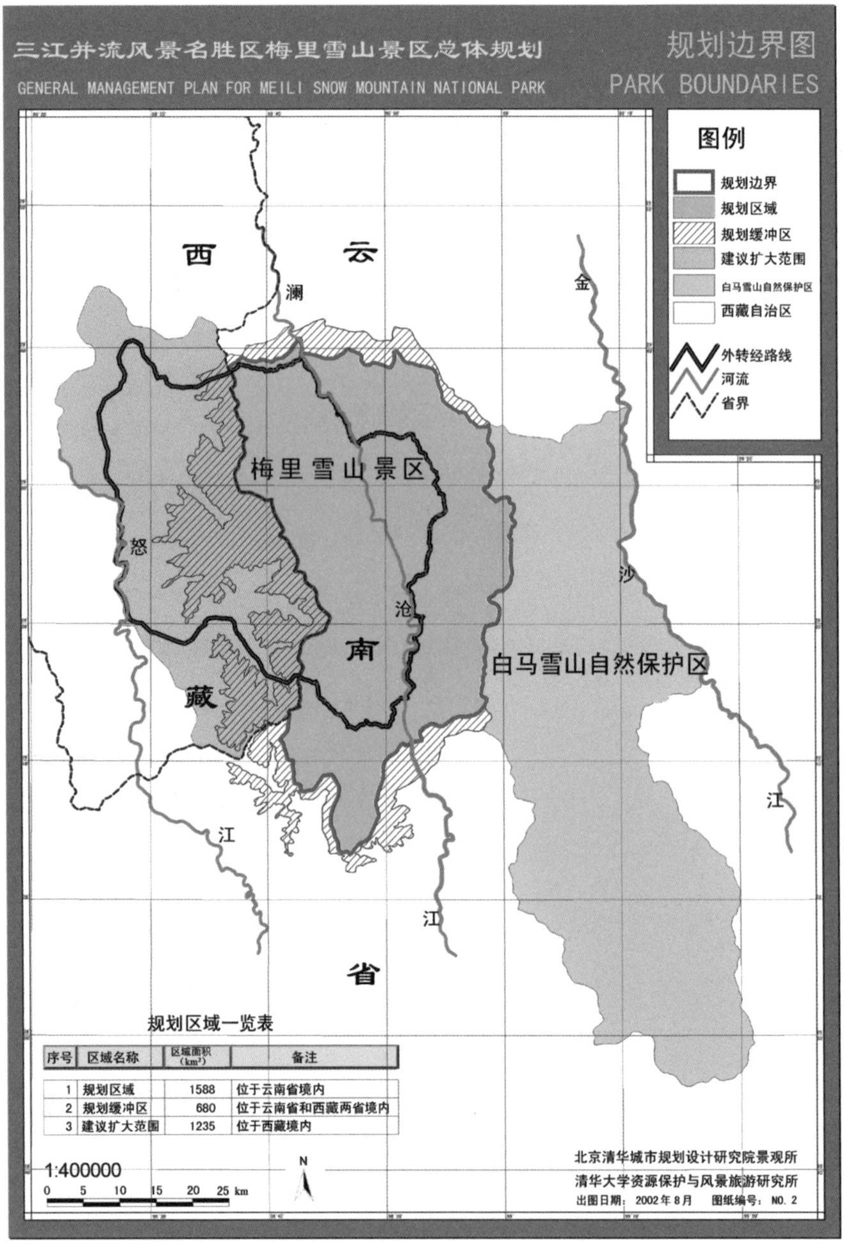

图 7-2　梅里雪山风景名胜区规划边界图

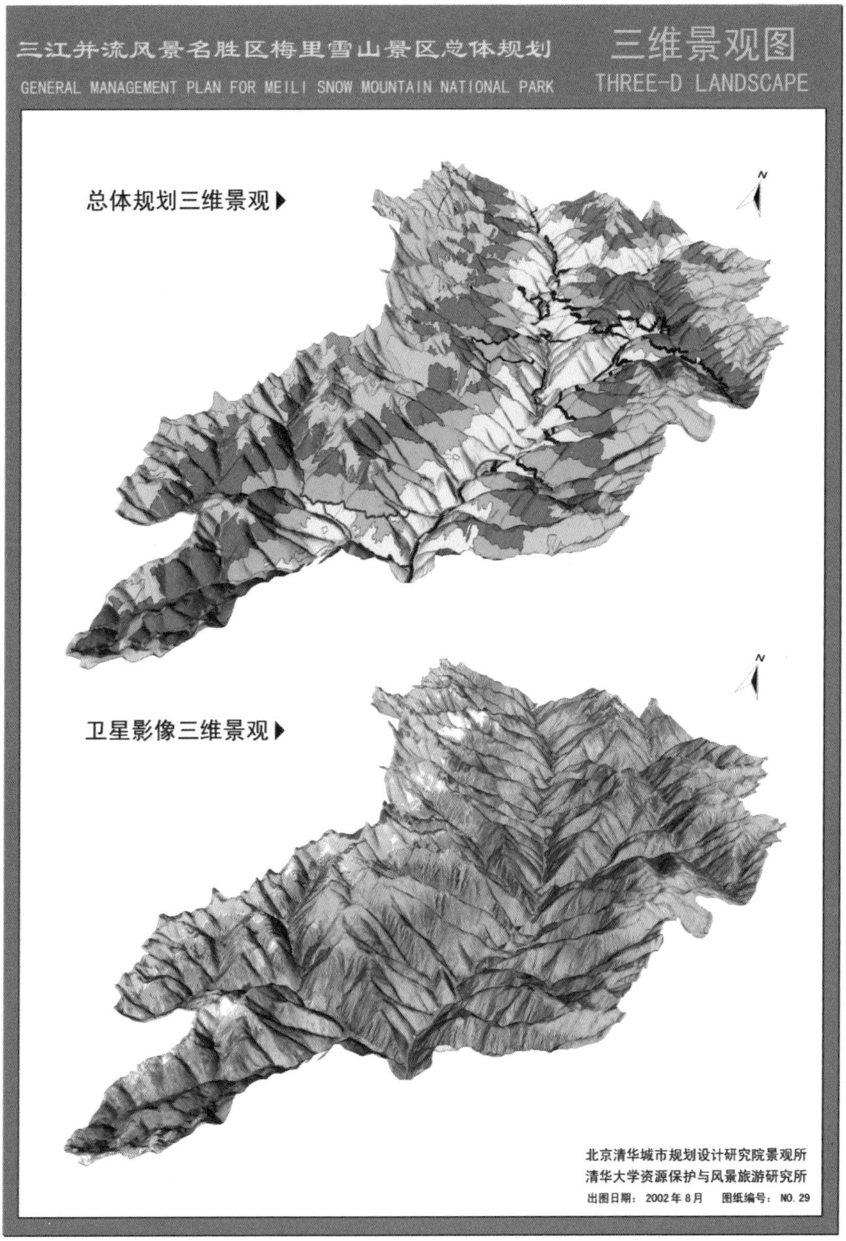

图7-3　梅里雪山风景名胜区三维景观图

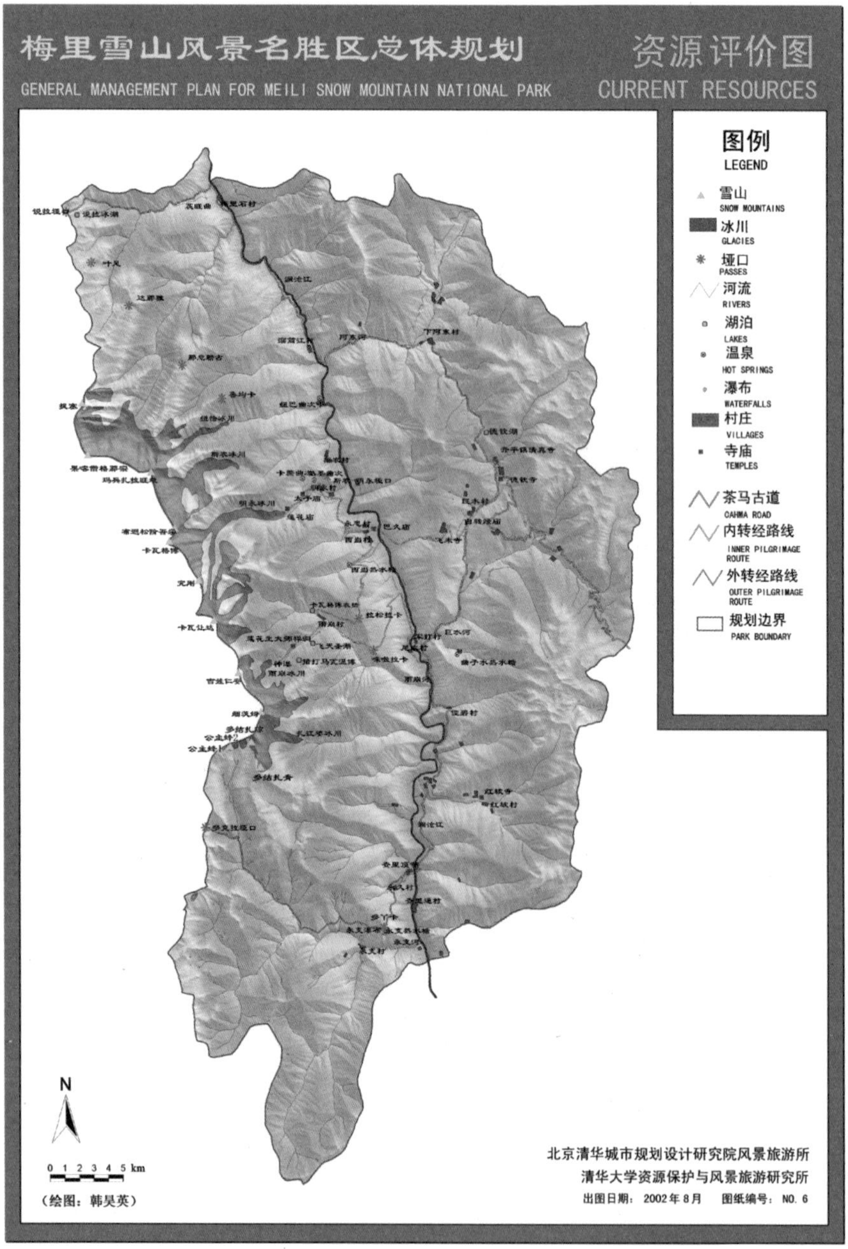

图 7-5　梅里雪山风景名胜区总体规划资源评价图

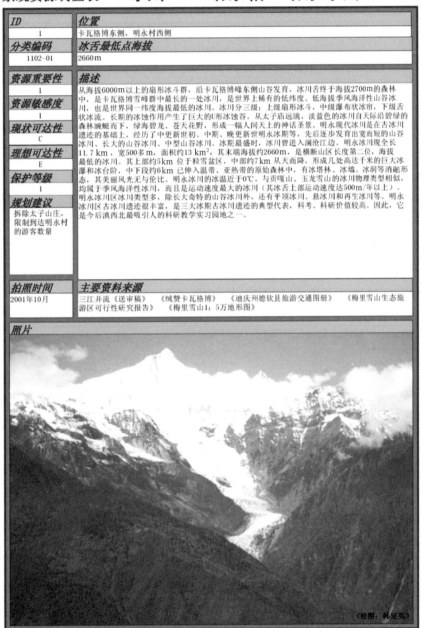

景观资源调查表　冰川——明永恰（明永冰川）

ID

1

位置

卡瓦格博东侧，明永村西侧

分类编码

1102-01

冰舌最低点海拔

2660m

资源重要性

1

资源敏感度

1

现状可达性

C

理想可达性

E

保护等级

1

规划建议

拆除太子山庄，限制到达明永村的游客数量

描述

从海拔6000m以上的扇形冰斗群，沿卡瓦格博峰东侧山谷发育，冰川舌终于海拔2700m的森林中，是卡瓦格博雪峰群中最长的一处冰川，是世界上稀有的低纬度、低海拔季风海洋性山谷冰川，也是世界同一纬度海拔最低的冰川。冰川分三级：上级扇形冰斗，中级瀑布状冰帘，下级舌状冰流。长期的冰蚀作用产生了巨大的U形冰蚀谷。从太子庙远眺，淡蓝色的冰川自天际沿碧绿的森林蜿蜒而下，绿海碧龙、苍天花野，形成一幅人间天上的神话圣景。明永现代冰川是在古冰川遗迹的基础上，经历了中更新世初、中期、晚更新世明永冰期等，先后逐步发育出宽而短的山谷冰川、长大的山谷冰川、中型山谷冰川。冰期最盛时，冰川曾进入澜沧江边。明永冰川现全长11.7km，宽500多m，面积约13 km^2，其末端海拔约2660m，是横断山区长度第二位，海拔最低的冰川。其上部约5km 位于粒雪盆区，中部约7km 从天而降，形成几处高达千米的巨大冰瀑和冰台阶，中下段约6km 已伸入温带、亚热带的原始森林中，有冰塔林、冰墙、冰洞等消融形态，其美丽风光无与伦比。明永冰川的冰温近于0℃，与贡嘎山、玉龙雪山的冰川物理类型相似，均属于季风海洋性冰川，而且是运动速度最大的冰川（其冰舌上部运动速度达500m/年以上）。明永冰川区冰川类型多，除长大奇特的山谷冰川外，还有平顶冰川、悬冰川和再生冰川等。明永冰川区古冰川遗迹很丰富，是三大冰期古冰川遗迹的典型代表，科考、科研价值较高。因此，它是今后滇西北最吸引人的科研教学实习园地之一。

拍照时间

2001年10月

主要资料来源

三江并流《送审稿》　《绒赞卡瓦格博》　《迪庆州德钦县旅游交通图册》　《梅里雪山生态旅游区可行性研究报告》　《梅里雪山1：5万地形图》

照片

图 7-6　梅里雪山风景名胜区景观资源调查表

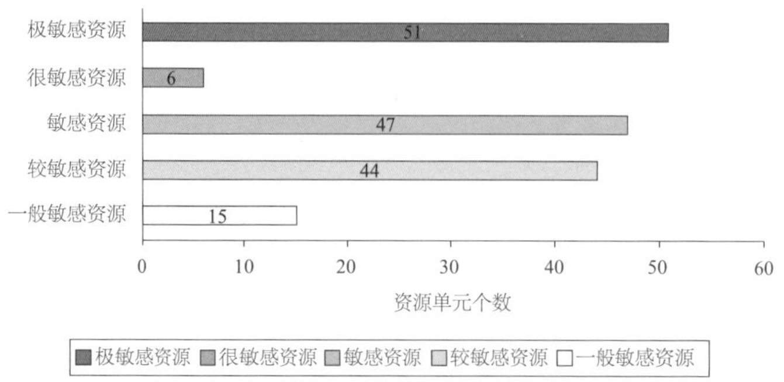

图 7-7 资源敏感性等级评价统计图

梅里雪山风景名胜区的资源保护等级光谱 表 7-1

敏感度 / 重要性	极度敏感①	很敏感②	敏感③	较敏感④	一般⑤
极重要（1）					
很重要（2）					
重要（3）					
较重要（4）					
一般（5）					

一级保护资源
二级保护资源
三级保护资源
四级保护资源
五级保护资源
六级保护资源
七级保护资源
八级保护资源
九级保护资源

梅里雪山风景名胜区资源保护等级评价表 表 7-7

敏感度 / 重要性	极度敏感①	很敏感②	敏感③	较敏感④	一般⑤
极重要（1）	雪山、冰川、珍稀植物、珍稀和濒危动物	裸岩、高山流石滩	峡谷		转经路线
很重要（2）			植被、村落	寺庙	茶马古道
重要（3）			河流、湖泊	神话传说、节假庆典、民族民俗、宗教礼仪	
较重要（4）			瀑布	温泉	垭口
一般（5）					自然天象

一级保护资源
二级保护资源
三级保护资源
四级保护资源
五级保护资源
六级保护资源
七级保护资源
八级保护资源
九级保护资源

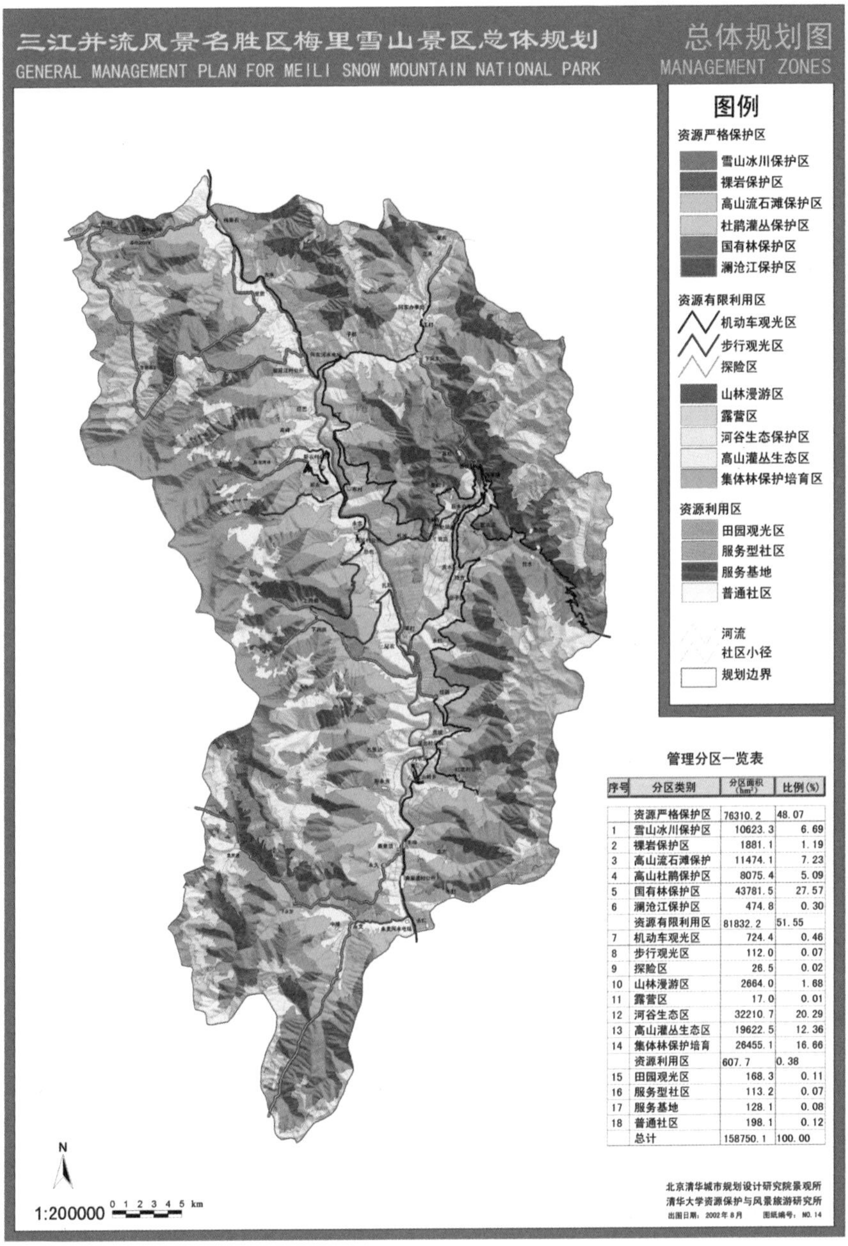

管理分区一览表

序号	分区类别	分区面积（hm²）	比例（%）
	资源严格保护区	76310. 2	48. 07
1	雪山冰川保护区	10623. 3	6. 69
2	裸岩保护区	1881. 1	1. 19
3	高山流石滩保护	11474. 1	7. 23
4	高山杜鹃保护区	8075. 4	5. 09
5	国有林保护区	43781. 5	27. 57
6	澜沧江保护区	474. 8	0. 30
	资源有限利用区	81832. 2	51. 55
7	机动车观光区	724. 4	0. 46
8	步行观光区	112. 0	0. 07
9	探险区	26. 5	0. 02
10	山林漫游区	2664. 0	1. 68
11	露营区	17. 0	0. 01
12	河谷生态区	32210. 7	20. 29
13	高山灌丛生态区	19622. 5	12. 36
14	集体林保护培育	26455. 1	16. 66
	资源利用区	607. 7	0. 38
15	田园观光区	168. 3	0. 11
16	服务型社区	113. 2	0. 07
17	服务基地	128. 1	0. 08
18	普通社区	198. 1	0. 12
	总计	158750. 1	100. 00

图 7-8　梅里雪山风景名胜区总体规划图

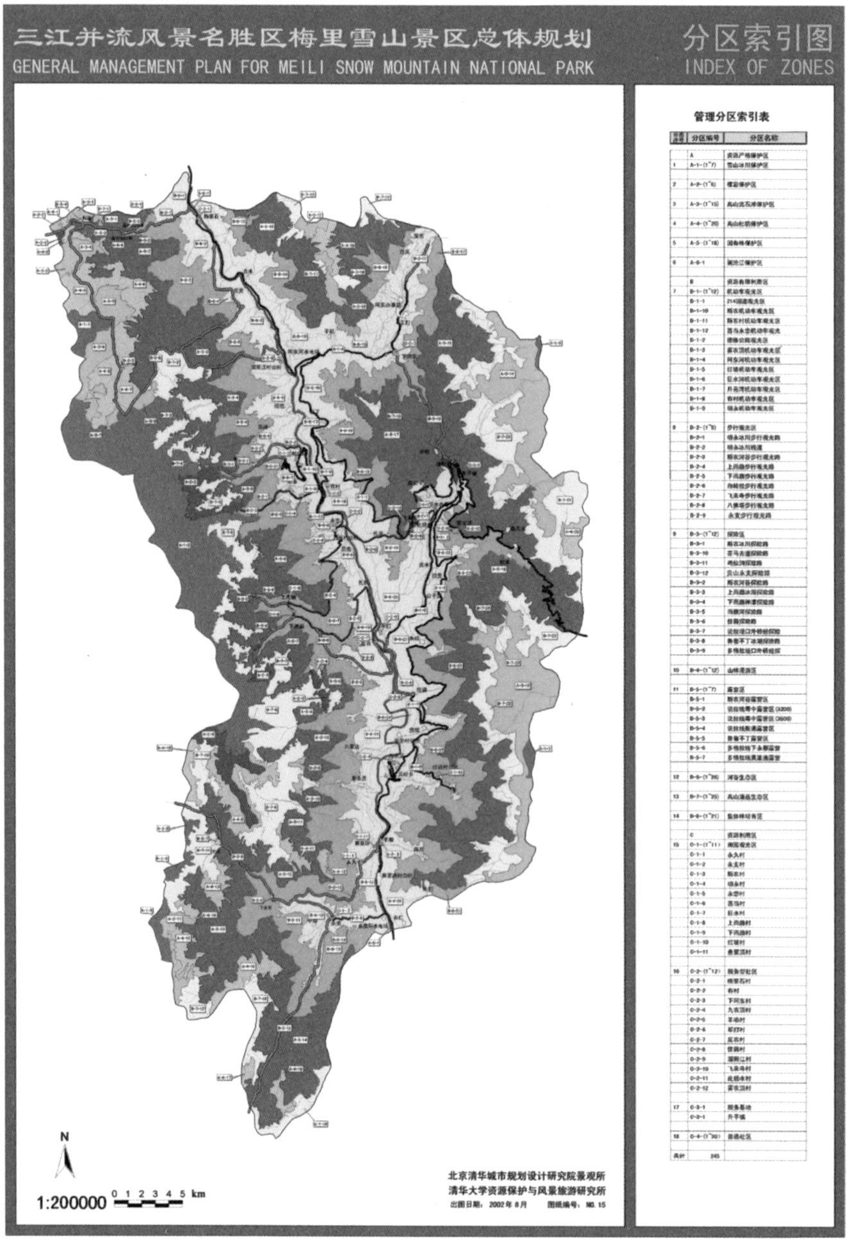

图 7-9 梅里雪山风景名胜区总体规划分区索引图

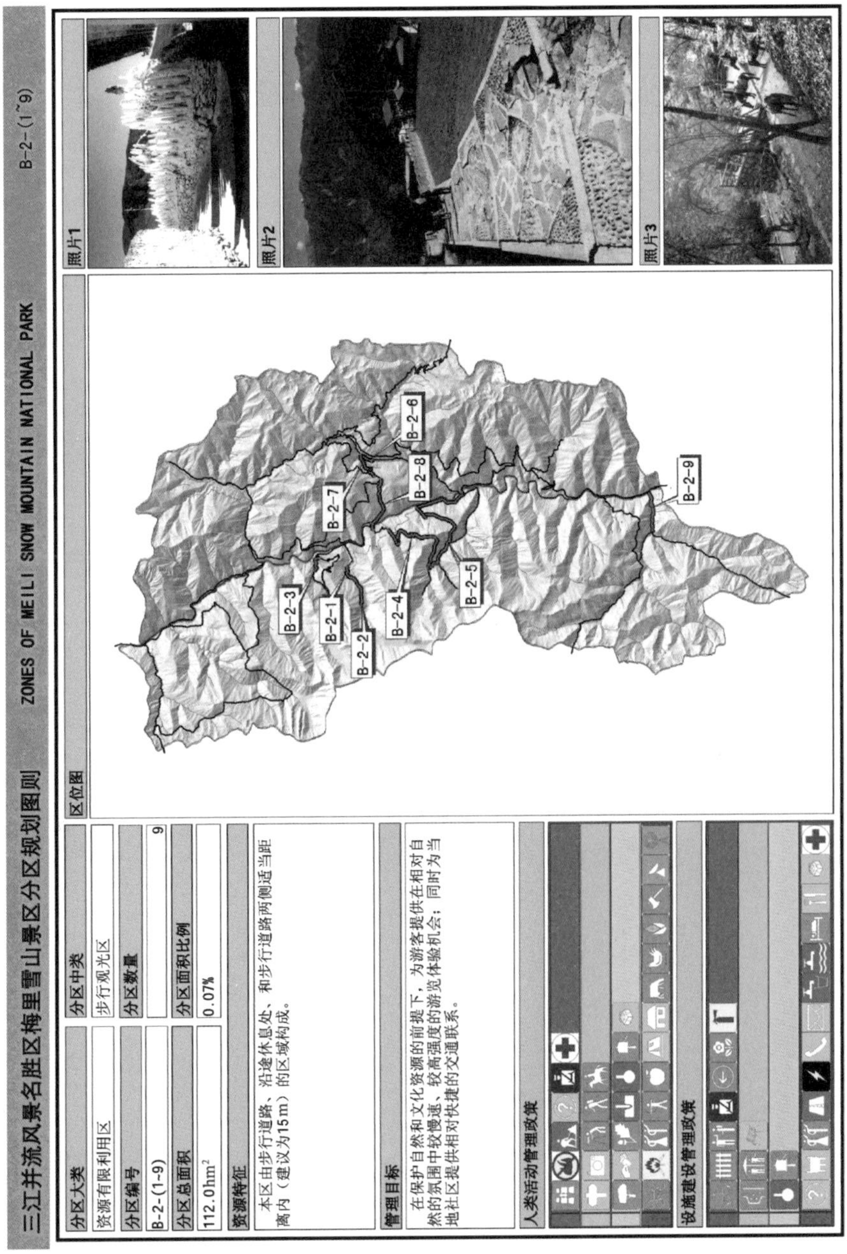

（绘图：庄优波）

图7-10　梅里雪山风景名胜区社区规划图

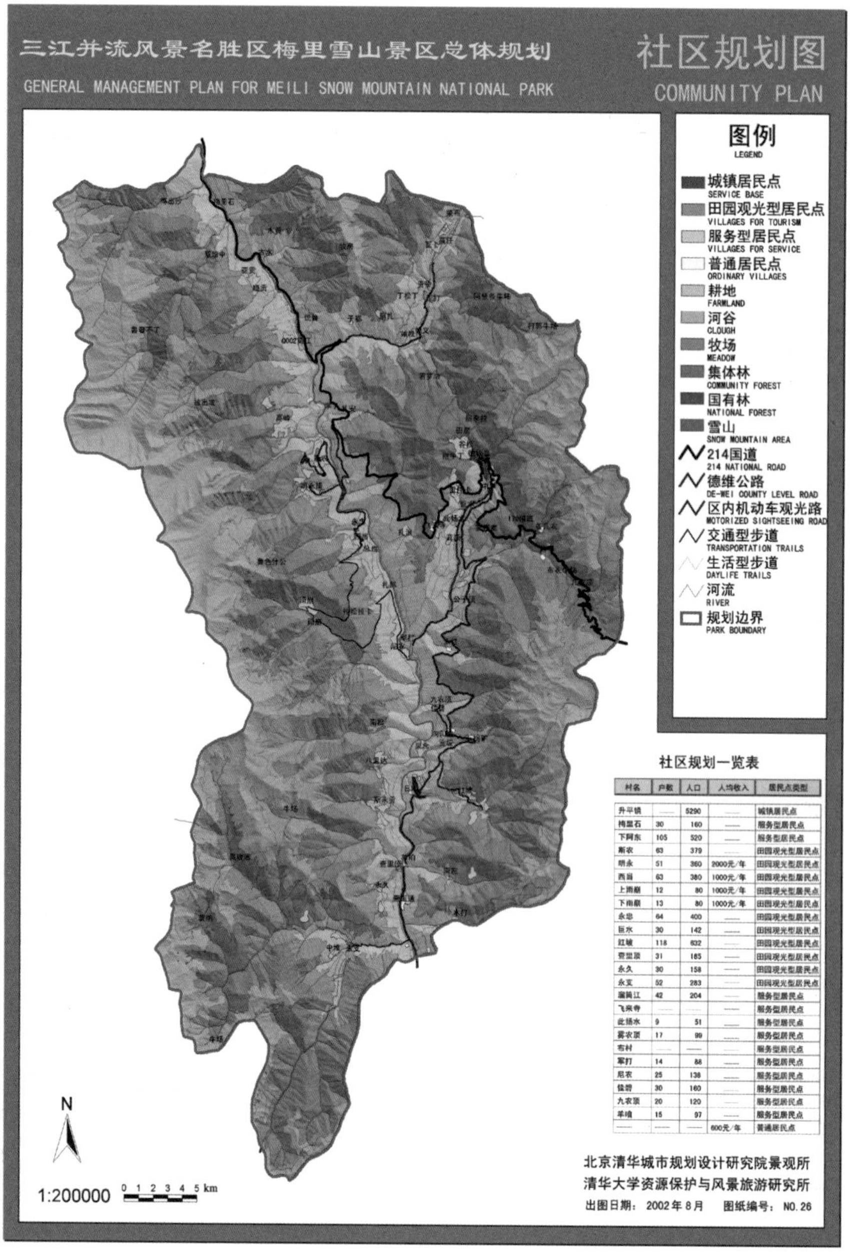

村名	户数	人口	人均收入	居民点类型
升平镇	——	5290	——	城镇居民点
梅里石	30	160	——	服务型居民点
下阿东	105	520	——	服务型居民点
斯农	63	379	——	田园观光型居民点
明永	51	360	2000元/年	田园观光型居民点
西当	63	380	1000元/年	田园观光型居民点
上雨崩	12	80	1000元/年	田园观光型居民点
下雨崩	13	80	1000元/年	田园观光型居民点
永忠	64	400	——	田园观光型居民点
巨水	30	142	——	田园观光型居民点
红坡	118	632	——	田园观光型居民点
查里顶	31	165	——	田园观光型居民点
永久	30	158	——	田园观光型居民点
永支	52	283	——	田园观光型居民点
溜筒江	42	204	——	服务型居民点
飞来寺	——	——	——	服务型居民点
此扬水	9	51	——	服务型居民点
雾农顶	17	99	——	服务型居民点
布村	——	——	——	服务型居民点
军打	14	88	——	服务型居民点
尼农	25	138	——	服务型居民点
佳碧碧	30	160	——	服务型居民点
九农顶	20	120	——	服务型居民点
羊咱	15	97	——	服务型居民点
——	——	——	600元/年	普通居民点

图 7-11 梅里雪山风景名胜区社区规划图

Chapter Eight

第 8 章 结论与讨论

8.1 结论

1832 年，在美国西部大开发的背景下诞生了国家公园的概念，其目的是要为当代和子孙后代保护和传承自然文化遗产。1872 年，美国黄石国家公园成为世界上第一个国家公园。从 1872—2001 年，国家公园运动从美国一个国家发展到世界上 225 个国家和地区，从单一的国家公园概念衍生出“国家公园和保护区体系”“世界遗产”“生物圈保护区”等相关概念。截至 1997 年，世界上共有国家公园和保护区 30350 个，总面积相当于中国与印度国土面积之和，占地球表面积的 8.83%。

虽然国家公园和保护区运动在不同国家有着不同的政治、社会、经济与文化背景，但作为一项国际性运动，它们又有着许多共同之处。其中很重要的一点就是它们所需要处理的矛盾与关系基本相同。这些关系包括：保护与发展之间的关系；中央政府与地方政府之间的关系；国家公园用地与周边土地之间的关系；不同政府部门之间的关系；立法机构、行政机构和民间团体之间的关系；管理者与经营者之间的关系以及国家公园管理机构与民间保护团体之间的关系等。

论文在综合大量外文文献的基础上，在国内首次较为系统地总结了 130 年来世界国家公园运动在思想认识和技术方法上的进步。思想认识方面的进步包括：保护对象从单一的视觉景观保护走向生物与文化多样性保护，从单一陆地保护走向陆地和海洋综合保护；保护方法从消极保护走向积极保护，从绝对保护走向相对保护；保护力量从一方参与走向多方参与；空间结构从“孤岛”走向网络。技术方法方面的进步包括以下 7 种：“可接受的改变极限（LAC）”“游憩机会类别（ROS）”“游客体验与资源保护（VERP）”“基地保护规划（SCP）”“市场细分（Market Segment）”“分区规划（Zoning）”，以及“环境影响评价（EIA）”。

美国是世界上建立第一个国家公园的国家，与我国一样，它具有国土面积大、遗产资源丰富、影响遗产资源的经济社会因素复杂等特点。在其 130 年发展过程中，美国遇到的许多问题正是我国目前正在面对或将要面对的问题。“他山之石，可以攻玉”，美国的经验教训虽然不能照抄照搬，但可以为我们解决同类问题提供启示和借鉴。论文在实地考察美国国家公园并广泛阅读相关文献的基础上，全面概括了美国国家公园体系发展的6个阶段，具体而详细地剖析了其立法、规划与管理过程，归纳了美国国家公园体系的经验教训。在这种深度和广度上对美国国家公园体系的系统介绍，在国内是第一次。

美国国家公园体系的发展可以分为6个阶段：萌芽阶段（1832—1916年）、成形阶段（1916—1933年）、发展阶段（1933—1940年）、停滞与再发展阶段（1940—1963年）、生态保护阶段（1963—1985年），以及教育拓展与合作阶段（1985年以后）。美国国家公园的管理建立在较为完善的法律体系之上，包括宪法、成文法、习惯法、行政命令和部门法规5个层次的数百部法律法规为保护和管理提供了坚实的法律依据。美国国家公园的规划经历了物质规划、综合行动计划和决策体系3个阶段，总的趋势是从“如何建”向“如何管”过渡，规划与管理之间的关系越来越密切。以目标引领规划是其基本思路；公众参与与环境影响评价是影响规划的两个重要因素；软性规划与硬性规划的结合是其总体管理规划的一大特点。美国国家公园的管理包括土地保护管理、自然资源管理、文化资源管理、荒野管理、解说与教育管理等方面。回顾美国国家公园管理的历史，我们发现管理“不科学”是其教训，而管理中的科学化、制度化和决策民主化则是其发展趋势。

论文应用IUCN“国家公园和保护区体系”的概念，首次将我国风景名胜区、自然保护区、生物圈保护区、世界遗产、国家地质公园、国家森林公园等作为一个开放复杂巨系统进行整体性研究。种种现象表明，这些我们从祖先手中继承下来的，还要传承给子孙万代的珍贵遗产，在经济社会转型期面临着十分严峻的形势，正处于被蚕食和损害的边缘。论文在综合分析上述保护性用地问题的基础上，提出**造成目前危机的根源是管理不到位。而管理不到位又是由以下7种不到位造成：认识不到位、立法不到位、体制不到位、技术不到位、资金不到位、能力不到位和环境不到位**。

认识不到位，既表现为基于现实背景下的宏观决策层对国家公园和保护区体系的重视程度不够充分，又表现为地方政府重开发、轻保护的思想严重，还表现为公众对自然文化遗产保护的态度相对漠然。立法不到位表现为我国现行没有一部国家公园与保护区管理方面的总法。现有的法律法规又存在着质量不高、相互矛盾、针对性不强等问题。体制不到位在宏观上表现为政出多门、相互扯皮，缺少一个强有力的、能够总揽全局的管理机构，以及清晰、明确、统一的管理目标体系；微观上既表现为多头管理、条块分割，还表现为管理者与经营者之间的错位、换位与抢位（裁判员想当运动员，运动员想当裁判员）。技术不到位表现为科研工作薄弱、技术标准不健全、规划质量不高、监测手段落后。资金不到位表现为中央财政投入资金少，资源无偿使用现象普遍，保护资金监管力度薄弱。能力不到位表现为专业人员匮乏、一般人员冗余、培训力度不够。环境不到位在宏观上表现为缺乏科研机构、公众、非营利组织、媒体等建设性参与的渠道，微观上表现为由于权责利的不平衡，保护单位周边社区不仅没有成为资源保护方面的积极力量，而且成为遗产资源管理的一大难题。

针对上述现状研究所发现的问题，论文以系统论为理论依据，将中国国家公园和保护区体系作为一个开放复杂巨系统，对其组成要素、结构和功能进行了全面分析。结合世界国家公园运动的发展趋势和美国国家公园体系的经验教训，在对作者切身参与的两个相互关联的案例研究基础上，提出了建立和完善中国国家公园和保护区体系的战略方针和行动建议。

作为区域性实践项目，对滇西北国家公园和保护区体系建设规划的研究旨在中观层次上为建立完善中国国家公园和保护区体系积累经验。这是我国第一次在区域层次上整合风景名胜区、自然保护区等遗产资源的实践探索。该项研究的成果得到了项目委托方之一美国大自然保护协会时任首席代表和德华（Edward Norton）先生高度评价。研究中的一些成果目前已经得到部分实施。研究提出了以下 4 个观点，包括：（1）国家公园和保护区体系的环境因素是其存在和发展的坐标系，国家公园和保护区体系不可能脱离它们而独立存在。这些环境因素包括：区域可持续发展、区域经济社会发展计划、区域土地利用、区域城镇体系、现状保护性用地、区域外国家公园和保护区体系等。（2）滇西北国家公园和保护区体系不是一个单一目标体系，而是一个三重目标体系：首要目标是保护滇西北具有典型特征的生物与文化多样性，以及它们在生态和文化上的联系；次要目标既包括为当代和子孙后代提供适当的游憩机会，也包括促进当地社区经济的可持续发展。（3）滇西北国家公园和保护区体系的空间结构是一个双重网状结构。在此基础上，该研究进一步制定了候选保护单位的 10 条入选标准；明确了滇西北国家公园和保护区体系的管理机制和管理政策；最终提出了建立完善滇西北国家公园和保护区体系的行动计划。

作为示范点实践项目，梅里雪山风景名胜区总体规划技术研究旨在微观层次、技术层面为建立完善中国国家公园和保护区体系积累经验。规划针对我国尤其是梅里雪山的实际情况，有选择地应用了世界国家公园运动发展过程中的新认识、新理念和新技术，在风景名胜区总体规划领域进行了全面创新。创新点包括以下 7 个方面：资源保护等级光谱、三层次协同规划体系（目标体系规划—战略规划—行动计划）、政策管理分区规划、分区规划图则、解说规划、社区规划、管理体制规划和规划管理信息系统。其中在政策管理分区规划中，综合根据资源重要性和敏感度，将规划区域划分为 245 处管理政策分区，每一分区具有明确的边界，对应着明确的管理目标、管理政策和管理指标。管理政策分为 3 大类 18 小类，每一小类又分别针对 4 大类、53 小类人类活动，10 大类 33 小类人工设施，10 类土地利用方式制定了强制性政策规定。每一分区具有一个唯一编号，根据这一编号，管理者可以通过文本或规划图则，查出对应于该空间范围的管理目标、政策和指标。这种分区规划的方法是作者针对我国遗产资源管理现状设计的，深度超过了世界上已知的总体管理规划水平。梅里雪山风景名胜区总体规划在“三江并流”申报世界自然遗产的过程中发挥了重要作用，联合国教科文组织暨世界保护联盟（IUCN）的专家吉姆 • 桑塞尔（Jim Thorsell）博士和莱斯 • 莫罗依（Les Molloy）博士认为，这是他们在评估世界自然遗产 20 多年，考察 180 多个世界自然遗产提名地过程中，看到的世界上最好的保护区总体管理规划。

中国遗产资源在空间上具有数量大、分布广，资源特征、敏感度以及遗产地周边经济社会环境差异较大的特点；在时间上处于社会经济转型期，既面临矛盾重重的危机，又拥有一揽子地、系统地、根本地解决问题的机遇。根据上述时空特点，论文提出的建立完善中国国家公园和保护区体系的 32 字战略方针为：**科学为本，全面创新；上下启动，多方参与；三分结合，集散有序；一区一法，界权统一**。

“科学为本，全面创新”是指：以科学研究作为立法、保护、利用、管理、规划和决策的基础，采用相关学科的研究成果，对中国国家公园和保护区体系进行全面创新——观念创新、目标创新、制度创新、规划创新、技术创新和方法创新。采用一切实践中行之有效的手段达到有效保护中国遗产资源的目的。实现这项战略方针的关键点在于科学决策体系的建立。

“上下启动，多方参与”是指：从中央和基层保护单位两头同时启动改革创新程序。中央一级以调整体系宏观结构，即资源管理的行政体制结构为主要目的，基层保护单位以试点的形式积累经验、总结教训、反馈信息；同时在强有力的法律框架内，调动所有利益方（Stakeholders）——包括中央和地方政府、各级立法和执法机构、媒体、民间保护团体、学校和科研团体、周边社区，以及相关旅游服务商——的积极性，明确权责利之间的关系，分工合作共同完成资源保护和管理的任务。实施“上下启动，多方参与”战略的关键点在于中央领导的魄力和高质量法律法规体系的建立。

“三分结合，集散有序”是指：以建立有序的“体系”结构为目的，在评估鉴定资源重要性和敏感度的基础上，根据重要性分级、根据资源特征分类、联合根据资源的重要性和敏感度在每一个保护单位的边界内进行管理政策分区。同时根据分级的结果分别采取集中控制和分散控制相结合的方式。对具有国家意义尤其是世界意义的保护单位由中央政府集中控制，其他具有区域重要性和地方重要性的资源由省级和地市级政府分别管理，由中央政府的相关部门进行综合协调。实施“三分结合”战略的关键点在于资源评价和入选标准，实施“集散有序”战略的关键点还是立法。

“一区一法，界权统一”是指：以保证保护区边界内管理权的统一性（或唯一性）为目的，国家人大为每一个国家级保护单位、省级人大为每一个省级以下保护单位独立立法，明确各保护单位的使命、边界、管理机构组成、决策程序等重大事项。实施“一区一法，界权统一”的关键点在于立法能力和责权利的平衡。

为了落实上述战略方针，论文从立法、机构建设与调整、技术支持、社会支持、规划管理、资金以及能力建设7个方面研究了政策途径，并具体落实为41项行动建议，主要内容包括①：

1. 建议由全国人大尽快制定实施《中华人民共和国国家公园和保护区体系法》，作为国家遗产资源保护方面的基本法。

2. 建议国务院在行政体制改革过程中，成立中华人民共和国国家公园与保护区管理局，全面负责中国的国家公园和保护区管理事宜。世界遗产类的保护性用地建议由该局直接管理。在重新评估审查后，国家级保护性用地建议由该局直接管理。将由中央直接管理的国家级保护单位的管理人员纳入国家公务员体制。

3. 建议中央政府和省级政府在分别在中央和省政府一级成立自然文化遗产专家委员会，聘请长期从事遗产资源研究的专家学者担任委员。专家学者的学术背景应该多样化，至少包括生态学家、动物学家、植物学家、文物学家、地理学、地质学、地景学、区域规划、经济学、管理学、社会学方面的人士。专家委员会的定位是政府决策咨询机构。

① 详细内容参见5.4节的内容。

4. 建议国家质量技术监督局尽快组织相关高等学校和科研机构进行《中华人民共和国国家公园和保护区体系分级评价标准》和《中华人民共和国国家公园和保护区体系分类管理标准》的研究工作。国家级的保护单位的入选标准要从严制定。

5. 建议建立驻场科学顾问制度，为每一个保护单位指派符合该保护单位资源特征的科学家或科学家工作小组定期访问该保护单位，成为该保护单位进行科学保护和管理的技术支持力量。建议建立中国国家公园和保护区体系环境和社会评价评价机制，强制所有保护单位内的重大建设项目必须进行环境（包括视觉景观环境）影响评价和社会影响评价。

6. 建议建立公众参与机制，引进听证制度。对国民普遍关心的国家公园和保护区体系管理政策、总体规划包括税费标准进行公示和听证，在决策阶段充分征求利益相关方的意见和建议。在小学、中学和大学结合环境保护和可持续发展等内容，设立自然文化遗产保护方面的课程内容。建立“志愿者”机制，从社会尤其是大学生、研究生中招募“遗产保护志愿者”，安排他们定期到保护单位承担相应保护、管理和研究任务。

7. 全面引进分区规划（Zoning）技术，根据资源的重要性和敏感度确定资源严格保护区、资源有限利用区和设施建设区，并从人类活动控制、人工设施控制和土地利用控制三方面落实分区强制性管理政策。改进资源评价的技术方法，将资源敏感度与资源重要性同时作为资源评价的内容，并根据重要性和敏感度的评价结果确定资源保护等级和资源管理政策。

8. 向资源依托型企业收取资源使用费。加强门票收入的监管力度，防止门票收入用于非保护性设施的建设。实施特许经营制度，采取招投标的方式确定保护单位边界内的经营单位。采取收支两条线的制度，建议所有国家级保护单位的门票收入、特许经营收入和资源使用费收入一律上交国家财政的专项账户。保护单位的日常支出采取年度拨款的方式，项目建设采用申请方式，一事一议。在国家财政的专项账户内设立保护基金，切实保证资源保护方面的资金投入。在国家财政的专项账户内设立社区补助基金，以激励当地社区保护资源的积极性。

9. 建立管理人员技术资格认证制度，提高管理人员的专业化水平。大力加强培训工作。邀请多学科技术专家对管理人员进行各种形式的培训，提高管理人员的整体素质。在高校和专科院校设立遗产资源管理专业，培养国家公园和保护区体系的后备管理人员。

中国遗产资源覆盖约 135 万 km^2，占国土面积 14% 以上，相当于 22500 多个北京旧城。它们是国家可持续发展的重要物质基础，是中华大地王冠上的明珠，是中华文明的历史见证，是我们从祖先手中继承下来，还要真实完整地传承给子孙万代的“不可替代”的国家财产。希望论文成果能够在整合中国遗产管理体制，改善遗产资源的保护、规划与管理现状等方面发挥积极作用，同时促进遗产资源研究的系统化，并在地景学方面丰富人居环境科学理论。

8.2 讨论

论文研究的领域为自然文化遗产资源的保护与管理。在这一领域，世界上绝大多数国家承认的概念有“世界遗产”“国家公园和保护区体系”“生物圈保护区”等。由于“世界遗产”和“生物圈保护区”的概念过于狭窄，论文选择了“国家公园和保护区体系”搭建研究平台。为了尊重这一概念的系统性和完整性，同时为了与国际同行交流的方便，论文偏重于对自然遗产和混合遗产的研究。对单纯的文化遗产，如重点文物保护单位等，除第 3 章美国国家公园体系和第 7 章滇西北的实践中有所涉及外，其余部分研究分量较轻。文化遗产的保护与管理虽然在一些具体环节上有其特殊性，但就问题和对策而言，它与自然遗产和混合遗产有很多共通之处，因此从这个意义上来讲，希望论文中的一些研究成果能适用于文化遗产的保护与管理。

在论文研究过程中作者深刻体会到：对自然文化遗产的保护和管理，其本质是对一个开放复杂巨系统的控制。因此理论与实践相结合、多学科相结合、宏观与微观相结合等研究开放复杂巨系统的方法应该成为研究中国遗产资源管理的基本方法。虽然论文一直努力实践这些方法，但由于遗产资源管理本身的复杂性，同时由于时间、能力和其他条件的限制，论文将重点放在整体性研究的层面，各部分的分解性研究将是作者今后努力的方向。

Appendix 1

附录 1　美国国家公园体系大事年表（1832—1991 年）

1832 年 在前往达科他州（Dakotas）旅行的路上，美国艺术家乔治·卡特林（George Catlin）对美国西部大开发影响印第安文明、野生动植物和荒野（Wildness）深表忧虑。他写道："它们可以被保护起来。只要政府通过一些保护政策设立一个大公园（a Magnificent Park）……一个国家公园（a Nation's park），其中有人也有野兽，所有的一切都处于原生状态，体现着自然之美。"这是世界上第一次出现国家公园概念。
阿肯色州温泉被美国国会设立为第一个"国家保留地（National Reservation）"，1921 年温泉地区成为国家公园。

1864 年 美国国会放弃对约塞米蒂峡谷（Yosemite Valley）和附近森林的管理，转给加利福尼亚州，管理目标为"公众使用、度假和休闲"。

1872 年 美国国会立法确定黄石地区（Yellow Stone）为"国家公园"，这是第一个真正意义上的"国家公园"。

1885 年 鉴于加拿大私营尼亚加拉（Niagara）瀑布的失败，纽约州将美国一方的尼亚加拉设立为公营保留地（the Niagara Reservation）。

1889 年 卡萨格兰德（Casa Grande）废墟保留地（现卡萨格兰德国家纪念物）被批准设立，其目的是保护具有 600 年历史的大规模的印第安人构筑物废墟。

1890 年 约塞米蒂国家公园（不包括属于州管的山谷）设立。
奇克莫加—查塔努加（Chickamauga and Chattanooga）成为第一个国家军事公园，由战争部管理。

1892 年 约翰·缪尔（John. Muir）设立谢拉俱乐部 (the Sierra Club)，用以促进国家公园的设立和保护。

1899 年 雷尼尔山国家公园 (Mount Rainier NP) 设立。

1902 年 克拉特湖 (Crater Lake NP) 国家公园设立，该公园是最早因科学价值而设置的公园之一。

1906 年 古迹法生效，该法使总统有权通过公告将任何具有史前、史后或科学价值的联邦土地划归为国家纪念地。魔鬼塔 (Devils Tower NM) 是第一个通过公告形式确定的国家纪念地。
米撒沃德国家公园（Mesa Verde NP）设立，它是第一个为保护历史价值而设的国家公园。

1910 年 格莱西尔国家公园（Glacier NP）设立。

1913 年 经过长期辩论后，约塞米蒂赫奇赫奇水库（Hetch Hetchy）由国会批准设立。此举促使国家公园保护者强烈呼吁设置专门机构以管理和保护美国国家公园。

1915 年 落基山国家公园（Rocky Mountain NP）设立。
斯蒂芬·马瑟（Stephen Mather）担任内政部部长助理，掌管国家公园事务。

1916 年 国家公园局法生效，从立法角度确定了国家公园体系和国家公园局。
夏威夷火山国家公园 (Hawaii Volcanoes NP) 和拉森火山国家公园 (Lassen Volcanic NP 进入国家公园体系。

1917 年 国家公园局承担了现有的 14 个国家公园和 21 个国家纪念物的管辖权。马瑟被任命为该局的局长，阿尔伯特（Albright）为副局长。
麦克金利山国家公园（Mount McKinley NP）设立，该公园拥有美国最高山峰。

1919 年 国家公园协会（现改名为国家公园和保护协会，National Park and Conservation Association）设立，用以促进公园的设立和保护。
阿卡迪亚国家公园 (Acadia NP) 成为美国东部进入国家公园体系的第一个。

1921 年 为了促进州立公园系统的发展，缓解国家公园面临的旅游压力，马瑟召集了第一次美国州立公园会议。

1928 年 马瑟患病，并辞去局长职位。1929 年，他的长期助手阿尔伯特接任。

1932 年 雪伦多亚国家公园内的天际线公路（Skyline Drive）开始建设，为后来属于国家公园体系的风景路建设开创了先例。

乔治 • 赖特（Gorge Wright）加入国家公园局，成为新设的野生动物分部的主管，给国家公园的管理带进科学气息。

1933 年　富兰克林 • 罗斯福总统颁布法令要求将战争部和农业部的军事历史地段和国家纪念地划归美国国家公园局管辖。

公民保护团 (Civilian Conservation Corps) 设立；其目的是集合未就业的人力资源用于国家公园设施的建设和土地的恢复。

1934 年　大沼泽国家公园（Everglades）被批准设立。

1935 年　历史地段法生效，这是美国第一个有关历史保护地的比较全面的法律；对“国家历史地段”进行了分类。

1936 年　《公园、公园路和休闲地法》的颁布使得国家公园局能对公园和休闲需要进行研究，并授权它辅助各州规划他们的州立公园。

博尔德水库（Boulder Dam NRA）国家休闲地设立，这是第一处由国家公园局经营的休闲地。

1937 年　第一个国家海滨—哈特勒斯角（Cape Hatteras NS）被批准，开始了后来一系列沿海岸线和湖泊建立保护区的先例。

1939 年　国家公园局野生动物保护部门转入鱼类和野生动物局。

1941 年　美国加入“二战”，导致了公园局人员和资金的大幅度缩减；公园局总部移至芝加哥。

1951 年　康拉德 • 韦斯（Conrad Wirth）成为公园局的局长。他是第一个景观建筑师出身的局长。

1956 年　“66 计划”开始，它是一项耗资 10 亿美元，历时 10 年的项目，用来缓解战后游客量不断增加而造成的国家公园设施建设压力。

1958 年　通过立法设立户外休闲资源评价委员会（ORRC），主持全国性的户外游憩需求调查。

1961 年　科德角国家海滨（Cape Cod NS）被批准，有将近 1600 万美元的拨款用于征购土地。如果城镇采用了令人满意的区划，土地的所有者容许继续保留他们的所有权。

1962 年　首届世界国家公园会议在美国西雅图召开（以后每 10 年召开一次）。

1963 年　根据户外休闲资源评价委员会的建议，立法设立户外游憩管理局，负责整个国家户外休闲规划以及给各州和地方提供补助金。

1964 年　荒野法和水土保持基金法生效。

第一次以联合委员会方式管理国际公园（美国和加拿大共管的 Roosevelt Campobello International Park）。

1965 年　特许经营法生效。

1966 年　国家历史保护法生效，促进了国家历史地注册制度的建立。

皮克彻罗克斯（Pictured Rocks NL）被批准为第一个国家湖滨。

1968 年　国会立法确立国家风景路。

1969 年　通过国家环境政策法，建立环境影响评价制度。

1972 年　代表国家公园体系扩展到东西海岸大都市区的盖特韦（Gateway）和金门（Golden Gate）国家休闲地建立。

第二届世界国家公园会议召开。

黄石国家公园百年庆典。

1974 年　大柏树（Big Cypress）和大灌丛（Big Thicket）国家保护区（National Preserve）设立，它们是第一批国家保护区。前者用以保护大沼泽国家公园的水源区。这类的保护区和国家公园相似，有着丰富的动植物资源，但允许狩猎及一些在国家公园内不被允许的活动。可以说是在人们对国家公园要求开放狩猎压力下的一种让步和权宜措施。

约塞米蒂地区有关土地所有者在制定公园总体规划和拍摄公园电视系列片的作用引起大争论。

1975 年　丹佛设计中心成立，它是专责负责美国各国家公园长期规划、环境分析、设施设计的综合性技术支持单位。

1977 年 卡特总统将国家公园局的历史地段保护职能划归室外休闲局，并将该局重新命名为遗迹保护和休闲局（HCRS）。

终止自然区、历史区、游憩区三分法。

1978 年 卡特总统依 1906 年制定的古迹法行使权力，宣告在阿拉斯加设立 10 处国家纪念物及扩增三处国家公园单位，从而使国家公园体系的面积增加了一倍。

首次以绿色联盟公园方式规划的新泽西州松地国家保存区（Pinelands National Reserve）成立。

所谓绿色联盟公园方式（Greenline Park Type）即透过与规划基地有关系的中央、地方机关及公民所共同组成的联合委员会，协调出兼顾地方经济发展需要与国家资源保护政策的景观规划方式。

这类公国家公园大部分位于国家公园体系范围以外，它们利用国家公园所提供的联邦基金及规划技术上的协助，而成为国家公园系统的联盟单位。松地国家保存区是美国国家公园体系内唯一以此种规划而成的联盟单位。

1979 年 征购黄石国家公园的大部分土地使用权。

1980 年 阿拉斯加州国有土地保护法通过。

公园部发布报告“1980 年的国家公园白皮书”，描绘了种种对国家公园资源的威胁因素。国家历史地段法得到修正，容许出租和再使用国家公园局管理的历史构筑物。

1981 年 詹姆斯•沃特（James Watt）被任命为内政部部长；他宣称改变国家公园局的政策，包括延期偿付国家公园土地征购费（从当年开始），恢复设施使用以及强调私人参与国家公园事物。

遗迹保护和休闲部解散；它的各项职能及其雇员划入国家公园局。

1984 年 开始一项对自由女神像和艾利斯岛的复兴工程，该工程由私人投资 2 亿多美元。

国家公园局提供资金和技术援助伊利诺伊 - 密歇根运河国家遗迹走廊（Illinois—Michigan Canal National Heritage Corridor）。

1985 年 总统颁布行政命令，由直属的户外休闲资源评价委员会审查国家游憩资源供需情况。

1988 年 黄石国家公园及邻近林业局所属的国家森林区内发生由闪电引起的大火，烧出了两个机构间的林火管理政策争议（国家公园局采取放任烧政策，国家林业局则采取科学机制政策；“Let it burn policy” VS.“the Scientific Triggers”）。其后两部门共同组成跨机构联络小组，在发生类似事件时，根据该小组的建议决策执行。

1991 年 庆祝国家公园局建局 75 周年。

（根据相关外文资料翻译整理）

Appendix 2

附录 2 美国国家公园体系单位基本数据

类别和单位[a]	年份（年）[b]	如何确定?	类别和单位[a]	年份（年）[b]	如何确定?
国家公园（51）			金斯峡谷（加利福尼亚州）	1890	L
阿卡迪亚（缅因州）	1916	P	科伯克山谷（阿拉斯加州）	1978	P
阿奇斯（犹他州）	1929	P	克拉克湖（阿拉斯加州）	1978	P
巴德兰兹（南达科他州）	1929	L	拉森火山（加利福尼亚州）	1907	P
大本德（得克萨斯州）	1935	L	马默斯洞窟（肯塔基州）	1926	L
比斯坎（佛罗里达州）	1968	L	弗德台地（科罗拉多州）	1906	L
布赖斯谷（犹他州）	1923	P	雷尼尔山（华盛顿州）	1899	L
峡谷区（犹他州）	1964	L	美属萨莫亚群岛	1988	L
卡皮特尔礁石（犹他州）	1937	P	北喀斯喀特（华盛顿州）	1968	L
卡尔斯巴德洞窟（新墨西哥州）	1923	P	奥林匹克（华盛顿州）	1909	P
海峡群岛（加利福尼亚州）	1938	P	化石林（亚利桑那州）	1906	P
火山口湖（俄勒冈州）	1902	L	红杉树（加利福尼亚州）	1968	L
迪纳利（阿拉斯加州）	1917	L	落基山（科罗拉多州）	1915	L
德赖托图格斯（佛罗里达州）	1935	P	萨克尔（加利福尼亚州）	1890	L
大沼泽地域（佛罗里达州）	1934	L	谢南多厄（弗吉尼亚州）	1926	L
北极门（阿拉斯加州）	1978	P	西奥多·罗斯福（北达科他州）	1947	L
格拉西尔湾（阿拉斯加州）	1925	P	维京群岛（维京群岛）	1956	L
格拉西尔（蒙大拿州）	1910	L	沃亚格斯（明尼苏达州）	1971	L
大峡谷（亚利桑那州）	1893	P	风洞（南达科他州）	1903	L
大提顿山（怀俄明州）	1929	L	兰格尔—圣伊莱厄斯（阿拉斯加州）	1978	P
大盆地（内华达州）	1922	P	黄石（怀俄明、爱达荷、蒙大拿州）	1872	L
大雾山（田纳西、北卡罗来纳州）	1926	L	约塞米蒂（加利福尼亚州）	1890	L
瓜达卢普山（得克萨斯州）	1966	L	宰恩（犹他州）	1909	P
哈莱卡拉火山（夏威夷州）	1916	L	国家保护区（13）		
夏威夷火山（夏威夷州）	1916	L	阿尼亚查克（阿拉斯加州）	1978	P
温泉公园（阿肯色州）	1832	P	白令大陆桥（阿拉斯加州）	1978	P
罗亚尔岛（密歇根州）	1931	L	大赛普里斯（佛罗里达州）	1974	L
卡特迈（阿拉斯加州）	1918	P	迪纳利（阿拉斯加州）	1978	P
基奈峡湾（阿拉斯加州）	1978	P	北极门（阿拉斯加州）	1978	P

续表

类别和单位[a]	年份(年)[b]	如何确定?	类别和单位[a]	年份(年)[b]	如何确定?
格拉西尔湾（阿拉斯加州）	1925	P	卡斯提罗圣马可斯(佛罗里达州)	1924	P
卡特迈（阿拉斯加州）	1918	P	克林顿堡（纽约州）	1946	L
克拉克湖（阿拉斯加州）	1978	P	锡达断层（犹他州）	1933	P
诺阿塔克（阿拉斯加州）	1978	P	奇里卡瓦（亚利桑那州）	1924	P
兰格尔—圣伊莱厄斯（阿拉斯加州）	1978	P	科罗拉多（科罗拉多州）	1911	P
育空—查利河（阿拉斯加州）	1978	P	康加里沼泽（南卡罗来纳州）	1976	L
廷目卡恩生态和历史保护区（佛罗里达州）	1988	L	月亮火山口（爱俄明州）	1924	P
锡基特大草丛（得克萨斯州）	1974	L	死谷（加利福尼亚州）	1933	P
国家保留地（2）			德弗尔斯·波斯特派尔（加利福尼亚州）	1911	P
以伯斯兰丁(华盛顿州)	1978	L	魔鬼塔（怀俄明州）	1906	P
石头城（爱达荷州）	1988	L	代诺索（科罗拉多、犹他州）	1915	P
国家纪念物（76）			埃菲吉墩（艾奥瓦州）	1949	P
阿盖特化石层(内布拉斯加州)	1965	L	埃尔不毛地（新墨西哥州）	1987	L
阿里贝茨·福林特采石场（得克萨斯州）	1965	L	埃尔莫罗（新墨西哥州）	1906	P
阿尼亚克（阿拉斯加州）	1978	P	弗洛里森特化石层（科罗拉多州）	1969	L
阿兹台克废墟（新墨西哥州）	1923	P	弗德利卡堡（佐治亚州）	1936	L
班德利尔（新墨西哥州）	1916	P	马坦萨斯堡（佛罗里达州）	1924	P
甘尼森黑谷（科罗拉多州）	1933	P	福特迈克亨利（马里兰州）	1925	L
布克提华盛顿（弗吉尼亚州）	1956	L	珀拉斯凯堡（佐治亚州）	1924	P
布克岛礁石（维尔京群岛）	1961	P	斯坦魏克斯堡（纽约州）	1935	L
卡布里约（加利福尼亚州）	1913	P	萨姆特堡（南卡罗来纳州）	1948	L
德切利峡谷	1931	L	尤宁堡（新墨西哥州）	1954	L
库穆卡希角（阿拉斯加州）	1978	P	福斯尔比尤特（怀俄明州）	1972	L
卡皮林火山（新墨西哥州）	1916	P	乔治·华盛顿诞生纪念地（弗吉尼亚州）	1930	L
卡萨格兰德（亚利桑那州）	1889	L	乔治·华盛顿卡弗（密苏里州）	1943	L

续表

类别和单位[a]	年份(年)[b]	如何确定?	类别和单位[a]	年份(年)[b]	如何确定?
希拉·克里夫居住地（新墨西哥州）	1907	P	拉塞尔洞穴（亚拉巴马州）	1961	P
大波蒂奇（明尼苏达州）	1951	P	萨瓜罗（亚利桑那州）	1933	P
大沙丘（科罗拉多州）	1032	P	萨利纳斯·普韦布洛·米申斯（新墨西哥州）	1909	P
黑格曼化石层（爱达荷州）	1988	L	斯科茨布拉夫（内布拉斯加州）	1919	P
霍霍卡姆皮马（亚利桑那州）	1972	L	自由女神（纽约州）	1924	P
美国霍姆斯特德 NM（内布达拉斯州）	1936	L	森塞特火山口（亚利桑那州）	1930	P
霍文威普（科罗拉多、犹他州）	1923	P	廷帕诺戈斯洞窟（犹他州）	1922	P
朱厄尔洞穴（南达科他州）	1908	P	通托（亚利桑那州）	1907	P
约翰迪化石层（俄勒冈州）	1974	L	图其古特（亚利桑那州）	1939	P
约书亚特里（加利福尼亚州）	1936	P	沃尔纳特峡谷（亚利桑那州）	1915	P
拉瓦地层（加利福尼亚州）	1925	P	怀特桑兹（新墨西哥州）	1933	P
利托比格霍恩战地（蒙大拿州）	1879	P	乌帕提齐（亚利桑那州）	1924	P
蒙特苏马城堡（亚利桑那州）	1906	P	亚卡豪斯（科罗拉多州）	1919	P
谬尔伍兹（加利福尼亚州）	1908	P	国家历史地段（71）		
天然桥（犹他州）	1908	P	亚伯拉罕·林肯诞生纪念地（肯塔基州）	1916	L
纳瓦霍（亚利桑那州）	1909	P	亚当斯（马萨诸塞州）	1946	L
奥克马尔吉（佐治亚州）	1934	L	阿勒格尼联运铁路（宾夕法尼亚州）	1964	L
俄勒冈洞穴（俄勒冈州）	1909	P	安德森维尔（佐治亚州）	1970	L
奥根派卡克特斯（亚利桑那州）	1937	P	安德鲁·约翰逊（田纳西州）	1935	L
彼德罗格利夫（新墨西哥州）	1990	L	老本茨堡（科罗拉多州）	1960	L
平纳克尔斯（加利福尼亚州）	1908	P	波士顿非洲裔美国人纪念地（马萨诸塞州）	1980	L
派普斯普林（亚利桑那州）	1923	P	卡尔萨登堡之家纪念地（北卡罗来纳州）	1968	L
派普斯通（明尼苏达州）	1937	L	查尔斯派克内（南卡罗来纳州）	1988	L
波弗蒂波因特（路易斯安那州）	1988	L	奇姆尼石（内布拉加斯州）	1956	L
虹桥（犹他州）	1910	P	克拉拉巴顿（马里兰州）	1974	L

续表

类别和单位[a]	年份(年)[b]	如何确定?	类别和单位[a]	年份(年)[b]	如何确定?
多彻斯特高地(马萨诸塞州)	1974	L	亨利斯杜鲁门(密苏里州)	1983	L
埃德加爱伦坡(宾夕法尼亚州)	1978	L	赫伯特胡佛(爱俄明州)	1965	L
爱迪生(新泽西州)	1955	P	弗兰克林D·罗斯福(纽约州)	1944	P
艾森豪威尔(宾夕法尼亚州)	1967	P	霍普维尔弗尼斯(宾夕法尼亚州)	1938	P
埃利诺罗斯福(纽约州)	1977	L	哈伯尔贸易岗(亚利桑那州)	1965	L
尤金奥尼尔(加利福尼亚州)	1976	L	詹姆斯A·加菲尔德(俄亥俄州)	1980	L
福特剧院(哥伦比亚特区)	1866	L	约翰菲茨杰拉德肯尼迪(马萨诸萨州)	1967	L
鲍伊堡(亚利桑那州)	1964	L	约翰缪尔(加利福尼亚州)	1964	L
戴维斯堡(得克萨斯州)	1961	L	印第安村奈夫河(北达科他州)	1974	L
拉勒米堡(怀俄明州)	1938	P	林肯之家纪念地(伊利诺伊州)	1971	L
拉尼德堡(堪萨斯州)	1964	L	朗费洛(马萨诸萨州)	1972	L
波因特堡(加利福尼亚州)	1970	L	马奇L·沃克(弗吉尼亚州)	1978	L
罗利堡(北卡罗来纳州)	1941	P	马丁·路德·金(佐治亚州)	1980	L
斯哥特堡(堪萨斯州)	1965	P	马丁凡伯伦(纽约州)	1974	L
史密斯堡(阿肯色州、俄克拉荷马州)	1961	L	吉米·卡特(佐治亚州)	1987	L
联合贸易岗堡(北达科他州、蒙大拿州)	1966	L	玛丽迈克利尔德白求恩会议馆(哥伦比亚特区)[I]	1992	L
温哥华堡(华盛顿州)	1948	L	九十三地(南卡罗来纳州)	1976	L
弗雷德里克·道格拉斯(哥伦比亚特区)	1962	L	帕洛阿尔托战地(得克萨斯州)	1978	L
弗雷德里克·罗奥姆斯特(马萨诸萨州)	1979	L	宾夕法尼亚大街(哥伦比亚特区)	1965	P
弗伦德希普山(宾夕法尼亚州)	1978	L	普瓦科霍拉海尔奥(夏威夷州)	1972	L
戈尔凳斯派克(犹他州)	1957	P	萨加莫尔山(纽约州)	1962	L
格兰特科尔兰奇(蒙大拿州)	1972	L	圣戈登斯(新罕布什尔州)	1964	L
汉普顿(马里兰州)	1948	L	圣保罗教堂(纽约州)	1978	L

续表

类别和单位[a]	年份(年)[b]	如何确定?	类别和单位[a]	年份(年)[b]	如何确定?
塞勒姆马里泰姆(马萨诸萨州)	1938	P	乔治罗杰斯克拉克(印第安那州)	1966	L
圣胡安	1949	P	哈珀斯渡口(西弗吉尼亚\马里兰\弗吉尼亚州)	1944	L
索克斯爱伦沃克斯(马萨诸萨州)	1968	L	霍普韦尔文化 NHP(俄亥俄州)	1923	P
斯普林菲尔德阿莫利(马萨诸萨州)	1974	L	独立镇(宾夕法尼亚州)	1948	L
斯廷镇(宾夕法尼亚州)	1986	L	简拉菲特 NHP/Press(路易斯安那州)	1907	P
西奥多·罗斯福诞生纪念地(纽约州)	1962	L	卡劳帕帕(夏威夷州)	1980	L
西奥多·罗斯福就职纪念地(纽约州)	1966	L	卡洛可－霍诺科豪(夏威夷州)	1978	L
托马斯通(马里兰州)	1978	L	金诺米申(亚利桑那州)	1908	P
塔斯吉尔学院(亚拉巴马州)	1974	L	克朗代克戈尔德拉什(阿拉斯加\华盛顿州)	1976	L
尤利西斯 S·格兰特(密苏里州)[k]	1989	L	洛厄尔(马萨诸萨州)	1978	L
范德比尔特大厦(纽约州)	1940	P	林登 B·约翰逊(得克萨斯州)	1969	L
韦尔农场(康涅狄格州)	1990	L	小人国(马萨诸萨州)	1959	P
怀特曼大厦(华盛顿州)	1936	L	莫里斯镇(新泽西州)	1933	L
威廉霍华德塔夫特(俄亥俄州)	1969	L	纳奇兹(密西西比州)	1988	L
国家历史公园(32)			内兹珀斯(爱达荷州)	1965	L
阿波马托克斯考特宅(弗吉尼亚州)	1930	L	佩科斯(新墨西哥州)	1965	L
波士顿(马萨诸萨州)	1974	L	普尤霍纳奥霍瑙瑙(夏威夷州)	1955	L
查科文化(新墨西哥州)	1907	P	圣安东尼奥米申斯(得克萨斯州)	1978	L
切萨皮克及俄亥俄运河(马里兰\哥伦比亚特区\弗吉尼亚州)	1938	P	圣弗兰西斯科马提泰姆(加利福尼亚州)	1988	L
科罗尼尔(弗吉尼亚州)	1930	L	圣胡安岛(华盛顿州)	1966	L
坎伯兰缝隙(肯塔基\弗吉尼亚\田纳西州)	1940	L	锡特卡(阿拉斯加州)	1910	P

续表

类别和单位[a]	年份(年)[b]	如何确定?	类别和单位[a]	年份(年)[b]	如何确定?
瓦利福奇（宾夕法尼亚州）	1976	L	罗杰威廉姆斯（罗尔京群岛）	1965	L
太平洋战争（关岛）	1978	L	萨德斯克斯其斯库（宾夕法尼亚州）	1972	L
女权纪念地（纽约州）	1980	L	西奥多·罗斯福岛（哥伦比亚特区）	1932	L
祖尼－锡沃拉（新墨西哥州）	1988	L	托马斯·杰斐逊纪念地（哥伦比亚特区）	1934	L
国家纪念物（26）			亚利桑那舰纪念地（夏威夷州）	1980	L
阿肯色波斯特（阿肯色州）	1960	L	越南老兵纪念地（哥伦比亚特区）	1980	L
阿灵顿罗伯特 E·李纪念地（弗吉尼亚州）	1925	L	华盛顿纪念碑（哥伦比亚特区）	1848	L
查米萨尔（得克萨斯州）	1966	L	莱特兄弟（北卡罗来纳州）	1927	L
科罗纳多（亚利桑那州）	1941	L	国家休闲地（18）		
迪索托（佛罗里达州）	1948	L	阿米斯特德休闲地（得克萨斯州）	1965	L
联邦会堂（纽约州）	1939	P	大霍恩峡谷（蒙大拿、怀俄明州）	1966	L
卡洛林堡（佛罗里达州）	1950	L	查特胡奇河（佐治亚州）	1978	L
克拉特索普堡（俄勒冈州）	1958	L	奇克索（俄克拉荷马州）	1902	L
格兰特将军纪念地（纽约州）	1958	L	古力达姆（华盛顿州）	1946	L
汉密顿格兰奇（纽约州）	1962	L	库里坎蒂（科罗拉多州）	1965	L
杰斐逊国家纪念地扩建（密苏里州）	1854	L	凯霍加山谷（俄亥俄州）	1974	L
行为艺术约翰 F·肯尼迪中心（哥伦比亚特区）	1958	L	特拉华沃特加普（宾夕法尼亚、新泽西州）	1965	L
约翰斯敦福拉德（宾夕法尼亚州）	1964	L	盖特韦（纽约州、新泽西州）	1972	L
林肯纪念地（哥伦比亚特区）	1911	L	高列河（西弗吉尼亚州）	1988	L
林肯少年时期纪念地（印第安纳州）	1962	L	格伦峡谷（犹他、亚利桑那州）	1958	L
波托马克林登 B·约翰逊纪念林（弗吉尼亚州）	1973	L	黄金门（加利福尼亚州）	1972	L
拉什莫尔山（南达科他州）	1925	L	奇兰湖（华盛顿州）	1968	L
佩里大捷和国际和平纪念地（俄亥俄州）	1936	P	米德湖（内华达、亚利桑那州）	1936	L

续表

类别和单位[a]	年份(年)[b]	如何确定?	类别和单位[a]	年份(年)[b]	如何确定?
梅勒迪斯湖（得克萨斯州）	1965	L	帕德里岛（得克萨斯州）	1962	L
罗斯湖（华盛顿州）	1968	L	雷伊斯角（加利福尼亚州）	1962	L
圣莫尼卡山脉（加利福尼亚州）	1978	L	国家湖滨（4）		
惠斯基敦—萨斯塔—特里尼蒂（加利福尼亚州）	1965	L	阿波斯尔群岛（威斯康星州）	1970	L
国家战场（11）			印第安纳沙丘（印第安纳州）	1966	L
安蒂特姆（马里兰州）	1890	L	皮克彻罗克斯（密歇根州）	1966	L
比格霍尔（蒙大拿州）	1910	P	国家军事公园（9）		
考彭斯（南卡罗来纳州）	1929	L	奇克莫加和查塔努加（佐治亚、田纳西州）	1890	P
多纳尔森（田纳西州）	1928	L	弗雷德里克和斯波奇尔韦尔尼郡战争纪念地（弗吉尼亚州）	1927	P
尼塞希提堡（宾夕法尼亚州）	1931	L	葛底斯堡（宾夕法尼亚州）	1895	P
莫纳卡希（马里兰州）	1934	L	吉尔福德法院（北卡罗来纳州）	1917	P
彼得堡（弗吉尼亚州）	1926	L	霍斯舒本德（亚拉巴马州）	1956	L
斯通河（田纳西州）	1927	L	金斯山（南卡罗来纳州）	1931	P
图珀洛（密西西比州）	1929	L	皮里奇（阿肯色州）	1956	L
威尔森溪流（密苏里州）	1960	L	夏洛（田纳西州）	1894	P
约克敦（弗吉尼亚州）	1930	L	威克斯堡（密西西比州）	1899	P
国家海滨（10）			国家野外与风景河流（9）		
阿萨蒂格岛（马里兰州、弗吉尼亚州）	1965	L	阿拉格纳克（阿拉斯加州）	1980	L
卡纳维拉尔（佛罗里达州）	1975	L	布鲁斯通（西弗吉尼亚州）	1988	L
科德角（马萨诸萨州）	1961	L	特拉华（宾夕法尼亚、新泽西州）	1978	P
哈特拉斯角（北卡罗来纳州）	1937	L	科伯克（阿拉斯加州）	1980	L
卢考特角（北卡罗来纳州）	1966	L	劳尔圣科罗克斯（威斯康星、明尼苏达州）	1972	L
坎伯兰岛（佐治亚州）	1972	L	奥伯德（田纳西州）	1976	L
法尔岛（纽约州）	1964	L	理奥格兰德（得克萨斯州）	1978	L
格尔夫岛（佛罗里达、密西西比州）	1971	L	圣科罗克斯（威斯康星、明尼苏达州）	1968	L

续表

类别和单位[a]	年份(年)[b]	如何确定?	类别和单位[a]	年份(年)[b]	如何确定?
萨蒙（阿拉斯加州）	1980	L	阿巴拉契亚（缅因—佐治亚州）	1968	P
国家河流（7）			纳奇兹路（佐治亚、亚拉巴马、田纳西州）	1983	L
大南堡（田纳西、肯塔基州）	1974	L	波托马克遗迹（马里兰、哥伦比亚特区、弗吉尼亚、宾夕法尼亚州）	1983	L
布法罗（阿肯色州）	1972	L	国际历史地段（1）		
特拉华国家风景河（宾夕法尼亚、新泽西州）	1978	L	圣科洛伊克斯岛（缅因州）	1949	L
密西西比国家河流和休假地（密苏里州）	1988	L	国家战地地段（1）		
密苏里国家休闲河（南卡罗来纳、内布拉加斯州）	1978	L	布赖希斯科洛斯洛斯（密西西比州）	1929	L
新河乔治（西弗吉尼亚州）	1978	L	其他（11）		
奈厄布拉勒国家风景河道（内布拉加斯州）	1991	L	凯托克廷山地公园（马里兰州）	1936	P
景观路（4）			国会花园（哥伦比亚特区）	1978	L
兰里奇（北卡罗来纳、弗吉尼亚州）	1933	L	福特华盛顿公园（哥伦比亚特区）	1930	P
乔治·华盛顿纪念地（弗吉尼亚、马里兰州）	1930	L	格林贝尔特公园（马里兰州）	1950	P
小约翰·D·洛克菲勒纪念地（怀俄明州）	1972	L	国家首都公园（哥伦比亚特区）	1790	L
纳奇兹路（密苏里、亚拉巴马、田纳西州）	1934	L	国家林荫道（哥伦比亚特区）	1790	L
国家战场公园（3）			皮斯卡特卫公园（马里兰州）	1961	L
肯纳索山（佐治亚州）	1917	L	威廉王子森林公园（弗吉尼亚州）	1936	P
马纳萨斯（弗吉尼亚州）	1940	P	罗克克里克公园（哥伦比亚特区）	1890	L
里士满（弗吉尼亚州）	1936	L	白宫（哥伦比亚特区）	1790	L
国家风景路（3）			沃尔夫特拉普农田公园（弗吉尼亚州）	1966	L

（根据 *Our National Park System* 翻译整理；数据截至 1991 年 9 月）

a . 如无其他表示，则为截至 1991 年 9 月的各类型和单位名称。

b . 所示的年份为对某一地块采取保护措施的最早年份。

c . 国会立法确定的单位用 L 表示；总统颁布法令确定的用 P 表示。

d . 如无其他表示，所指面积截至 1988 年 12 月 31 日。因此，这个总数包括跨联邦、州、地方以及私人土地。它们最终成为或者不成为公园的一部分取决于公园立法章程，征购土地资金的到位，相近法令章程的优先权以及其他因素。

e . 1989 年索引出版后，重新确定其身份为一个附属地区。

f . 面积仍未确定，它包括有 15 个内战前的黑人构筑物，这些构筑物由 1.6 英里长的黑人遗产小道连成的。

g . 波士顿国家历史公园的一部分，包括班克山、老北方教堂、圣保罗宅、法尼尤尔大厅、老南方会议楼、美国船会及船会博物馆组成面积达 41 英亩的查尔斯顿海军基地。

h . 面积未确定。地段包括卡特总统的居住地、童年时期的家、中学以及铁路仓库。

i .1989 年索引出版后，国会立法确定编入。

j . 面积数未确定。这个具有历史意义的特区从国会大厦延伸至白宫。

k . 面积数未确定。1989 年 10 月 2 日立法确定（103STAT.67.）。

l . 面积数未确定。包括梅尔罗斯——一位历史上著名的种植者的家。

m. 由美国海军所拥有。

n . 面积包括殖民地国家历史公园。

o . 面积包括北极门国家公园，长达 110 英里。

p . 面积包括科巴克克山谷国家公园，长达 70 英里。

q . 国家基金公园是 1790 年为设立一个国家永久基金最初决定的一部分。它开始由 17 个早期公共保留地组成，现在则由位于华盛顿特区内大约 300 个地段组成。

Appendix 3

附录 3 美国国家公园管理人员职业分类

0025	公园管理 / 园警[c]	0326	办公室自动化	0304	信息接待人员
4749	维护技工	3603	石作工	1371	地图制作技术人员
0318	秘书	1010	展览专家	0486	野生生物学
0083	警察[d]	1170	不动产	0230	受雇者联系员
0303	各方面职员和助手	0802	工程技师	0856	电子技术人员
0401	生物科学总部	0099	学生训练总部	5406	公用系统操作人员
5716	工程装备运作	0525	计算技工	2604	电子机械
5703	动力机械操作	4206	探测师	1171	鉴定与评价
0203	人事部门办事员和助手	0305	信件和文件员	0501	金融管理
0322	打字员	1106	采购部办事员和助手	0340	项目管理
0503	金融部门办事员和助手	0801	工程总部	4104	路标绘制员
0807	景观建筑	3566	保管部工作人员	6907	仓储工作
0341	管理官员	0186	社会服务救援人员和助手	1071	声光产品
1640	设备管理	0085	安全保卫	1301	物理学总部
0808	建筑	0408	生态部	0235	雇佣发展部
4607	木工	0212	人事部工作人员	5201	杂务
0170	历史	0335	计算机职员和助手	0899	工程和建筑学生培训员
5003	园艺	0028	环境保护专家	0544	员工名单管理员
1102	订约者	0260	同等雇佣机会部	0850	电力工程
0334	计算机专家	1001	艺术和信息总部	3703	焊接
0193	考古	5042	伐木工	0332	计算机操作员
0810	市政工程	1084	视觉信息工作人员	4204	接管工
1105	购物	0404	生物技术人员	0344	管理部办事员和助手
5823	自动机械工	0510	统计师	1712	训练指导员
3502	劳动部	0343	管理分析师	0221	职位分类员
2805	电工	0018	安全和职业健康管理员工作人员	1811	罪犯调查
1016	博物馆专家和技工	0345	项目分析师	0530	现金处理员
5705	拖拉机操作	5786	小工艺品制作	1411	图书馆技术人员
0301	各部门管理者	0392	总部	0817	调查技术人员
1015	博物馆馆长	0830	机械工程	0809	建造管制员
1101	商业和工业总部	5408	污水处理厂操作工	0188	娱乐业专家
0201	人事管理	1082	写作与编辑	0437	园艺
0561	预算部办事员和助手	1315	水文	5801	各固定 / 移动设备维护

0560	预算分析师	4701	各维护和操作总部	1173	房屋管理
2005	供应部办事员和技工	0462	林业技术人员	0819	环境工程
4742	公用系统修理和操作	4605	木制品	2810	电工（高电压）
4102	油漆工	1035	公共事业	0399	管理和办公支撑设备
5803	重移动设备技工	1350	地质	5701	各固定 / 移动设备操作
0023	室外休闲规划	5409	水处理厂操作人员	5001	各动植物工作人员
0818	工程机械绘图	0540	凭据检查	0803	安全工程
1087	编辑助手	5026	害虫控制	0389	广播操作
0963	合法设备检查	0610	看护	1107	资产处理办事员和技术员
1710	教育和职业培训	2151	派遣员	1104	资产处理
0391	通信管理	0021	社区规划技术人员	1152	产品监控
5306	空调员	0394	通讯办事员	0434	植物病理学
1083	工艺编写员	1054	剧场专家	4417	平版印刷操作
0342	支撑服务部管理者	4414	平版摄影	4401	各种出版物和制品
1410	图书馆员	4843	航向辅助设备修理	2601	各种电力设备安装与维护
7404	厨师	0880	采矿工程	1340	气象学
0190	人类学总部	1373	地块测量	3414	机械学
5048	动物照料员	0505	资金管理	2010	存货清理管理者
5788	水手	3830	铁匠	1810	调研总部
0189	休闲娱乐资助人员和助手	1702	教育和培训技术人员	4740	设备管理总部
5002	农庄	0184	社会学	1160	经济分析师
1370	制图	1020	图表员	5415	空调设备操作员
1715	再就业	0150	地理	0360	平等机会协定员
5806	动力设备服务员	0350	设备操作员	5313	电梯技工
1421	档案技术人员	1412	技术信息服务部	5876	电动设备技工
0101	社会科学	0950	律师助手专家	2854	电力设备维修
1060	摄影	3801	各项铁器工作	0110	经济学家
5334	海洋机械设备	0312	绘图职员	3653	柏油工
0430	植物学	6904	工具和零件照管人	0471	农艺学
2181	航行器操作员	2003	供应项目管理者	0470	土地科学
3806	片铁技工	1530	统计师	0414	昆虫学
5309	加热 / 锅炉厂设备技工	8610	小引擎技工	4754	公墓看护人
0361	平等机会协助	0142	人力开发	9961	柴油商
0020	社区规划	0090	导游	0393	通信专家

0688	卫生保健	0460	林地	9931	总工程师
3910	动画制作	1670	设备专家	5402	锅炉厂操作工
0007	订正官员	0698	环境卫生技术人员	4402	装订工
5210	绳索员	0855	电子工程	4604	林业工
0482	渔业生物学	0102	社会科学资助人员和助手	2132	旅行
0081	火灾保护与预防	1316	水文技术人员	1140	贸易专家
0499	生物科学和学生培训	1099	信息与艺术学生培训	2030	设备与仓储管理分配员
1420	案卷保管员	0382	电话接线员	1531	统计师助手
1726	再教育	1199	商业和工业学生培训	3911	声音记录
5423	喷沙员	0454	牧场保护	6610	小型武器修理
5401	各工业设备操作	1360	海洋学	0019	安全技术员
0233	劳力联系	0029	环境保护助手	5706	扫路工
5352	工业设备技工	9924	海员	1654	出版管理
4737	设备技工总部	2101	运输专家	0351	出版办事员
1740	教育服务部	0457	土地保护	0435	植物生理学
1311	物理科学技术人员	0080	保险管理	1310	物理学
0881	石油工程	1176	建造管理	1515	业务研究
0511	稽查	1051	音乐专家	1056	艺术专家
4801	各种大设备维护	1801	检验 / 调研 / 承诺总部	5301	各种工业设备维护
0699	医药卫生学生培训	4601	各种森林工作	5737	机头工程
0302	邮差	3506	酷夏援助 / 学生援助	1520	数学
5438	电梯操作	9902	主管人	0199	社会科学学生培训
4804	锁匠	0410	动物学	5311	锁匠
0701	兽医卫生科学	9905	首席长官	0299	人事管理学生培训
5326	吊桥修理	3606	搭屋顶工	5222	潜水
0455	牧场技术工	5725	起重机操作	0180	心理学
1802	承诺的检验和支持	3501	各种服务和支持工作总部	0998	发言人的测验
1750	装备系统	1320	化学	0356	数据誊写
4606	各种木匠	1550	计算机科学和学生培训		

（根据外文资料翻译整理）

Appendix 4

附录 4 美国国家公园体系相关法律及其主要内容

国家公园局授权法

1864 年 6 月 30 法案，美国宪法第 16 章，第 48 节，13 款 325 条

向加利福尼亚州颁发“约塞米蒂山谷”以及“Mariposa 大树林”周围土地的许可。该地区将用于加利福尼亚州的公共用途、休假及娱乐，且永远不得转让。

1872 年 3 月 1 日法案，美国宪法第 16 章，第 21 节等，17 款 32 条

在靠近黄石河上流源头的地方留出一定区域作为公园。一般而言，该法案的实施标志着制定了一个新的公共政策。也就是说，将保留该部分公共土地并且将根据美国法律撤销居民区，占用或出售，以及将其开放为和保留为用于满足人们利益和娱乐需要的公园或者娱乐场所。内务部长应该规定保护措施使上述公园内的木材、矿床、自然神奇景观或奇迹景观免受破坏或掠夺并使它们保持自然状态。

1900 年法案，美国宪法第 18 章，第 42–44 节，CFR 标题 50，P.L.97–79 修正

宣布洲际运输非法捕杀的鸟类以及其他动物为违法行为（这是首批联邦野生动物保护法律之一，其针对的是杀死大量野生动物卖钱的“猎人”）。协助各州执行现有法律。而 1981 年的修订为各州、联邦、印第安部落及国外现有的保护鱼类、野生动物和稀有植物的法律提供了更有效的强制执行手段，是一部单行的全面法律。除了 CRF 条款以外，该法还授权公园管理者及美国律师对在公园区域内进行的涉及捕猎鱼类、野生动物及稀有植物的违法犯罪行为提出起诉。

1916 年 8 月 25 日法案（国家公园管理局组织法），美国宪法第 16 章，第 1 节等，由 P.L.64–235 修改

建立国家公园局，考虑到黄石和萨克尔公园的管理，并且规定了在特定伤害发生时的刑事处罚。

特此设立的管理局应当促进和规范对名为国家公园、纪念物和保留地的联邦地区按照符合其基本目的的方法与手段进行使用，其基本目的就是保持该地区内的风景和自然历史事物以及野生动物，并通过会使那些京晤面受损害的方式方法来提供相应的乐趣，以使其能够为后世子孙提供乐趣。

授权内务部长为 NPS 地区的管理和使用制定规章规定。允许在特定情况下出售和处理原木，并且允许消灭危及公园使用的动植物。如果对该地区没有危害，则允许授予受让人租约并且允许颁发放牧许可证，除非在黄石没有放牧。

1920 年 6 月 5 日法案，美国宪法第 16 章，第 6 节，41 款 917 条

开始为设立公园和纪念物制定新政策（到目前为止，它们设立于公共领域）。授权内务部长接受专有土地、通过专有土地的通行权或其他的土地、建筑物或其他各种国家公园和纪念物内部的财产，以及捐赠用于国家公园和纪念物系统的资金。

1925 年 2 月 21 日法案，43 款 958 条，（临时法案，未编入法典）

1920 年开始进一步扩大政策指导范围，制定规则以确保 Appalachian 山南部土地和 Kentucky 地区 Mammoth 山洞可以作为国家公园得到永久保持。导致对 GreatSmokies，Mammoth 山洞和 Shenandoah 国家公园的授权。

1930 年 5 月 26 日法案，美国宪法第 16 章，第 17–17j 节

授权购买设备与供给，为服务和住宿签订合同，临时照顾和消除公园中的穷人，为雇员损害进行偿付，租用和购买耕畜和财产补偿合同，并报销雇员旅费。

1933 年 3 月重组法案，47 款 1517 条

重组政府的行政部门，并且通过行政命令 6166 和 6228（美国宪法第 5 章，第 124-132 小节）传达到内务部以供国家公园管理局管理由其他联邦机构管理的国家资本的国家纪念物和公园、国家纪念地、历史和军事公园。国家公园体系单元的数量实际上立刻增加两倍。

1936 年 6 月 23 日公园，风景路和游憩法案，美国宪法第 16 章第 17k–n 节，49 款 1894 条

指导内务部长制订公园、风景路和游憩地区计划；并且允许各州谈判和签订与任何公园、风景路或者游憩地区的规划、设立、开发、改善以及维持有关的合同或者协议。

1953 年 8 月 8 日法案，美国宪法第 16 章，第 1b–1c 节

授权内务部长向附近的执法部门以及消防机构提供紧急救助、救火以及合作援助；进行架设并保养防火器材，水管，电话线、电线和其他的公用事业管线；向受让人、承包商或者其他用户提供公用事业服务费；以及签订基础设施合同。还允许获得道路使用权并且允许操作、维修和保养设备。第 2 部分把“国家公园体系”定义成“现在或从今以后由内务部为了公园、纪念物、历史、风景区干道、娱乐或者其他目的而通过国家公园管理局管理的任何地区和水域”，并要求“对国家公园体系内部的每个区域应该根据适用于该地区的特定条款的规定进行管理”。

国家公园体系管理改进法案，1970 年 8 月 18 日，美国宪法第 16 章等，由 P.L.94–458,P.L.95–250 和 P.L.95–625 修改

该法案认为国家公园体系已经得到了惊人的发展，并且现今在美国及其领地的每个主要地区都包括了大量自然的、历史的和娱乐的区域。明确了适用于国家公园体系的管理当局。批准进行行政活动，例如向雇员提供运输和娱乐设施、为雇员购买特定设备、为交通工具内提供空调等。还批准设立与 NPS 的职能有关的顾问委员会。并经一般授权法进行了充分修改。

1976 年 10 月 7 日，一般授权法，美国宪法第 16 章，第 1a–1 节等，90 款 1939 条，P.L.94–458

修改或废止以前的法案中的许多条款，并且对国家公园体系的管理另外规定了改进和授权条款。实质上废除了所有以前的拘留权，授权设立法律执行官员，并且授权这些官员调度救火部队，无拘票即拘留、执行拘票以及进行调查。还公布了船运及其他的水上条例，食物及住宿、经济援助者的旅行费用及统一的津贴。要求内务部长最晚每年 1 月 15 日按照制订的总管理计划向国会提交一份关于国家公园体系每一单元中设备、构造或建筑物开发的详细计划。还要求国家公园管理局调查、研究并监视国家级的重要地区。在每一财政年度初期，要求公园管理局向国会提交一份不少于 12 个有资格成为公园系统一部分的地区的清单。这些地区代表了公园系统中包含的资格。当内务部长认为“对于与国家注册簿上列出的场地或者物体位置有关的信息而言，如果透露特定的上述信息则会对这些场地或物体有害或使其有毁灭的危险的时候，允许内务部长拒绝向公众透露这些信息。”

1968 年 10 月 2 日法案修正案（一般称作红杉树法案），1978 年 3 月 27 日，美国宪法第 16 章，第 1a–1 节，第 79a–q，92 款 163 条，P.L.95–250

修订了 1968 年红杉树国家公园执行法，还为国家公园体系管理提供了额外的指导。国会进一步地重申、宣布并指明，国家公园体系各地区的创设与管理应当符合而且建立在 1916 年 8 月 25 日法案的第一部分设定的目的之上，即为了所有美国公民的共同利益。对活动的授权应该进行解释而且应根据国家公园体系的高公共价值和完整性对这些地区进行保护、经营和管理。这些区域的管理，并且对于这些已被建立的不同区域，不应造成目标与价值损毁。除非它

们已经或应该被直接且指定由国会提供。

参议院报告第 95–528 章，1976 年 9 月（该法案）在第 7 页中声明

该委员会完全同意由管理委员会对 1970 年 8 月 18 日法案提出的修正案，该修正案考虑到了对国家公园体系的管理重新调整且确保决策制订的基础，还考虑了该系统继续是美国宪法 16 章 1 节所规定的标准。即“保护该系统中的景观、自然及有历史意义的事物及野生动物，以及利用会使它们免受损害的方式来提供相应的乐趣，该方式将使它们能为未来子孙提供乐趣。”这些最高管理准则的重申还旨在作为解决红木国家公园和其他国家公园体系区域周围的领域内的任何私人和公共的价值与利益之间的竞争的司法解决的基础。

国家公园和游憩法，1978 年 11 月 10 日，美国宪法第 16 章，第 1 节等，92 款 3467 条，P.L.95–625

设立 8 个新的河流名称，授权 17 项河流研究，并且改进河流计划的管理流程；提高 29 个单位的探测限额，提高 34 个单位内的开发限额；在 39 个单位内调整边界；增加荒野面积；把国家铁路系统扩大三倍；增加 12 个新的国家公园体系单位并且授权对另外 8 个单元进行研究。还为城市娱乐复兴计划提供资金；建立一个松树砍伐委员会，在黄石购买特许设施；将计划扩大到对历史性和古老数据的恢复，并且要求秘书审核所有被提议出售或处理的联邦土地以确保把娱乐价值考虑在内。要求国家公园服务局对每一个单位都及时编制和修改总管理计划。要求 GMPs 包括资源保护措施；一般开发位置、时间及花费；承载能力分析；以及边界修正。

1980 年阿拉斯加国家利益土地保留法案，美国宪法第 16 章，第 3161 节等，94 款 2371 条，P.L.96–487

增加或扩展阿拉斯加国家公园体系、国家野生动物庇护系统、国家野外及景观河流系统、国家原野保留系统和国家森林系统中的 5 个国家保留系统的现有单位。建立 5 个国家公园；扩展 3 个现有公园（其中两个为纪念物）；设立 2 个国家纪念物和 10 个国家保留区（后者将被作为公园进行管理，除了其内部授权的运动狩猎及陷阱区以外）；并且在 NPS 管理下设置 13 个野外及河流景观。通过增加了 5000 多万英亩的面积使国家公园体系的面积增加了一倍多。还为对阿拉斯加的公园规定了一般 NPS 法律授权的特殊例外条款，包括与生存和道路使用权相关的特别规定。

NPS 资源，改善管理能力，美国宪法第 16 章第 19 节 jj，P.L.101–337

为破坏任何公园系统资源、造成其损失或伤害其的任何人确定该人的责任；如果发现破坏资源或缺少回应，或者破坏已经发生了，则允许开始提起弥补损害的民事诉讼；要求采取所有必需的活动来防止或使损害最小化；要求评估 / 监测损害程度；考虑反馈花费而且所弥补的损害仅可以被用来偿还反馈花费或恢复 / 更换 / 购置所损害的资源的对等品；要求向国会提供与依法花费的资金有关的年度报告；授权接受捐赠。

其他影响 NPS 的法律

可达性

美国残疾人保障法，美国宪法第 42 章，第 12101 节，104 款 327 条，P.L.01–336

声明：所有的新建筑物和计划都将容易进入。建筑及运输障碍派出委员会（第 36CRF1191 部分）提供了可达性的设计和规划指导。另外，NPS 特别指令 83-3 声明，可达性将与开发的

程度相对应，即高度发展的（参观中心，博物馆、露营车辆等）将是完全可以进入的，而次发达地区（在偏僻地区旅游和徒步露营）会具有可达性较低的特征。

1968 年建筑障碍法案，美国宪法第 42 章，第 4151 节等，82 款 718 条，P.L.90–480

自从 1968 年 8 月 12 日，使建筑物或设施由联邦政府或联邦授权依法建造、改造、租赁或资助。为建筑物确定设计 / 构造或者改造的标准，以确保在残疾人能够到达并且使用这些建筑物。历史意义的建筑物不适用该标准直至其被变更。

1973 年康复法案，美国宪法第 29 章等，第 701 节，87 款 357 条，P.L.93–112. 由 1974 年复健法案修正案，88 款 1617 条修改

为残疾人规定了较广的服务范围以及基本民事权利。设立建筑及运输障碍派出委员会以确保符合 GSA 和其他联邦机构制订的标准。包括数据收集及报告要求。

禁止歧视视力、听力、灵活性及智力损伤的人（504 部分）。

文化资源

1987 年放弃失事船只法案，美国宪法第 42 章，第 2101–6 节，102 款 432 条，P.L.100–298

确认了美国对以下三类“放弃失事船只”的所有权：内嵌在某州的淹没土地的失事船只；内嵌在由某州的淹没土地保护的珊瑚构造物中的失事船只；以及那些位于某州的被列为或被认定为合乎古迹场所国家注册处的注册资格的土地上的失事船只。该法律然后将对大多数的上述失事船只的所有权转让给各州，并且规定各州应当制定管理失事船只的政策，以便保护自然资源、允许公众适当进入，以及允许对失事船只进行修复，该修复必须符合对失事船只及现场的历史价值和环境整体性的保护的标准。

1976 年美国民间风情保存法案，美国宪法第 20 章，第 2101–2107 节，89 款 1130 条，P.L.94–201

建立美国“保护、支持、复兴及扩展美国民间风情传统和艺术”的政策。为民间风情下了定义，设立美国民间风情中心。并且授权国会的图书馆管长推行各种美国民间风情计划。

美国印第安宗教自由法案，美国宪法第 42 章，第 1996 节，92 款 469 条，P.L.95–341

宣布保护 / 保留美国印第安人、爱斯基摩人、阿留申人、夏威夷土著人固有的及宪法赋予的信奉、表达、实践其传统宗教的权利，并且要求对联邦程序 / 计划的目标 / 政策进行目前的完全评估。不对联邦机构施加特定的程序职责。在此情况下，应当根据 NEPA 或其他使用的规定考虑或提出宗教相关事情。

1906 年古迹法，美国宪法第 16 章，第 432 节和 CFR 第 3 章，225 款 43，34 条，P.L.59–209

对历史或者史前遗物或者联邦土地上的“任何史迹”提供保护，对未授权的文物破坏或者掠夺设立刑事处罚；授权总统通过宣言公布国家纪念物；授权对联邦土地上的史迹进行科学调查，该科学调查需经许可并依据法规。保护公共土地上的古迹和遗迹。对于有授权人员在 NPS 土地上开展的活动，允许国家公园管理局不必为之得到许可。由考古资源保护法案（1979）取而代之成为可以用来起诉在国家公园体系地区内破坏文物的事件的可选联邦工具。

1974 年考古和历史保护法案，美国宪法第 16 章，第 469 节，174 款 88 条，P.L.93-291

修订和更新 1960 水库救助方案，以增加大坝建造的法律依据。规定对由于下列原因可能导致损失或者破坏的重要科学的、史前的、历史的或者考古的数据（包括遗迹和标本）进行保存：（1）建造大坝、水库和附属设施，或（2）由于任何联邦营造物项目或者联邦特许项目、活动或者计划而引起的任何地形变化。规定对被联邦活动影响的区域进行数据修复。

1979 年考古资源保护法案，美国宪法第 16 章，第 470 节，712 款 93 条，P.L.96-95 及 CFR7 第 43 章，A 和 B 子部分，CFR 第 79 章，第 36 节

确保对公共或者印第安土地上的考古资源进行保护，并且鼓励私人 / 政府 / 职业团体之间的越来越多的合作与信息交流，从而有利于现今和未来子孙的娱乐和教育。规范对公共土地与印第安人土地进行的挖掘和收集工作。把考古资源定义为过去人类生活或者活动的任何具有考古意义且至少已有 100 年历史的物质遗迹。要求在颁发许可证之前，通知会被认为是具有宗教或者文化重要性的印第安人部落。该法案在 1988 年做了修订，要求发展在公共土地上的考古资源考察计划以及怀疑破坏事件的报告系统。

行政命令 11593：文化环境的保护与加强，CFR，1971 年 3 月

指导所有联邦机构支持文化财产的保留；指示他们按照管辖权向古迹场所国家注册处确定且推荐文化财产以及“警告以确信任何联邦所有的可能适格于推荐的财产免遭无意的转让、出卖、销毁或重大改造。”

依照 1976 年税收改革法案进行的历史性保留证明

确定了旧的和 / 或历史性的建筑物的长期租约的所有者或持有者用来获得为修复而得到联邦减税的认证的程序；描述对那些出于保护的目的对文化资源进行捐献的所有者进行的减税。

历史遗址法案，美国宪法第 16 章，第 461-467 节，49 款 666 条，CFR 第 65 章，第 36 节，P.L.74-292

该法案建立了“保护供公共使用的对美国人民的灵感和利益很重要的历史遗址、建筑物和事物的国家政策”。指导内务部长在历史领域实施广泛的计划并且使内务部长在历史保存领域中具有全国性的领导地位。批准美国历史建筑调查、美国历史工程记录及国家历史遗址及建筑（全国历史性标记）。

1955 年博物馆财产管理法案，美国宪法第 16 章，第 18f 节，69 款 242 条，P.L.84-127

授权国家公园管理局接受博物馆财产的捐赠或遗赠，用捐赠的资金购买它们，交换它们，以及收受博物馆贷款。

国家历史保护法案，修正版，美国宪法第 16 章，第 470 节等，80 款 915 条，CFR.3618.60.61.63.68.79.800，P.L.89-665

宣布一个国家历史保护政策，包括鼓励在州及私人层次上进行保护；授权内务部长扩展且维持史迹地点国家注册处，该处包括具有地方、州及国家重要性的财产；为了调查规划以及为了获得和发展国家注册财产，向各州和全国文物保护信托基金授予相称的联邦许可；设立历史保护顾问委员会；要求联邦机构考虑它们的义务对于联邦登记财产的影响，并且为顾问委员会提供评议的机会（第 106 节）。在 1976 年修改（P.L.94-422）以把第 106 节扩大到适格于以及列在国家注册簿中的财产。在 1980 年修改（P.L.96-515），以与 E.O.11593 的要求一致。在联邦

项目规划中给予全国历史性标记额外保护，并且允许联邦机构出租历史产业及把该收益应用于其管辖的任何国家登记财产。其中，于 1992 年修改以重新定义联邦任务，提出“预期毁灭”，并且着重强调美洲土著人与夏威夷土著人的利益与相关事情。

1949 年国家信托法案，美国宪法第 16 章，第 468c–e 节，63 款 927 条，P.L.81–408

促进公众参与对具有国家级重要性或者利益的场所、建筑物及目标的保护。创设国家历史保护基金并使其有权威了历史保护的目的而获得并持有历史遗物。部分得到由 NPS 管理的基金支持。

美洲土著人坟墓保护及返还法案，美国宪法第 25 章，第 3001–3013 节，104 款 3049 条，P.L.101–601

把对美洲土著人的人文遗迹、丧葬品、祭品以及世袭遗产的所有权或控制权让与直系子孙或文化上相关的美国土著群体，上述人文遗迹、丧葬品、祭品以及世袭遗产是在该法案生效以后，在联邦或者部落土地上挖掘和发现的；建立对保留区内的走私贩卖或违法获得文物的犯罪行为的惩罚制度；在此情况下，得到联邦资金的联邦机构及博物馆应该为它们所拥有的或者控制的美洲土著人的人文遗产以及相关丧葬品列出详细目录，在五年之内识别出它们的文化及地理联系，并且对与美洲土著人无关的丧葬品、祭品以及世袭遗产进行信息总结。当直系子孙或美国土著群体提出要求时，要将这些物品返还。

历史及文化财产的保护，E.O.11593；CFR60、61、63、800 章第 36 节。最终报告 6068

参见行政命令 11593

1976 年公共建筑物合作使用法案，美国宪法第 42 章，第 4151–4156 节，90 款 2505 条，P.L.94–541

在可行的地方，要求总务管理局获得并使用空间以在具有建筑或文化重要性的建筑物内容纳联邦机构。在可达性方面修正了建筑障碍法案。

1960 年水库救助法案，美国宪法 16 章，第 469–469c 节，70 款 220 条，P.L.86–523

规定对在大坝及水库建造时可能会丢失或被破坏的历史性的和考古学的数据（包括遗迹及标本）进行修复及保留。

1976 年税收改革法案，90 款 1916 条，P.L.94–455

提供税收激励以鼓励保留商业历史构造，包括那些由公园受让人运作的建筑。

1980 年世界遗产公约，94 款 3000 条，P.L.96–515

国家历史保护法案修正案的 TITLEIV 指导内务部长向世界遗产目录推荐具有国际重要性的历史遗产；要求联邦机构考虑它们的活动对在世界遗产清单上的美国以外的历史遗产或史迹地点国家注册处的相应国家的影响。

自然资源

1980 年酸雨法案，美国宪法第 42 章，第 8901 节等，94 款 770 条，P.L.96–294

设法识别酸雨的原因与源头，并且评估酸雨对环境、社会及经济的影响。要求由跨部门的酸雨特别工作组完成一个10年的综合计划。

在实施国家环境政策法案过程中对主要或特别农业土地影响的分析，E.S.80-3,08/11/80,FR.59109号45

作为EIS流程的一部分，要求确定联邦机构提出的在主要是及只是农业的土地上活动的影响；要求这样的土地被考虑作为决定是否准备EIS的一个因素。（主要及特别农田由国家资源保护管理局确定）。

秃头鹰及金鹰保护法案，在P.L.28章中修改，美国宪法第16章，第668-668d节，54款250条

禁止捕获、占用和贩卖秃头鹰和金鹰。并规定了刑事和民事处罚。

清洁空气法案，在P.L.360章中作了修订，美国宪法第42章，第7401节等，69款322条

设法防止和控制空气污染；开始并加速研究及开发；为州及地方政府提供与实施空气污染防治计划的研究与开发有关的技术及经济支持进行。为没有达到国家环境空气质量标准的地区确定要求。对那些空气清洁度高于NAAQS的地区规定防止发生显著性退化。

1982年岸洲资源法案，美国宪法第16章，第3501节等，96款1653条，P.L.97-348

建立岸洲资源系统，以识别和特别图示未开发岸洲地势（岛屿、沙嘴等）以及它们的相关的沿阿拉斯加和墨西哥湾海岸线的水上栖息地。该法案限制了某些特定的联邦活动（建造桥梁、道路、码头、海岸线稳定性特征等）或对在国家公园体系中的这种活动的联邦协助。该法案由1988年的五大湖岸洲法案修改而成，包括在五大湖滨岸区内的岸洲。

1972年海岸带管理法案，修订版，美国宪法第16章，第1451节等，86款1280条，P.L.92-583

声明了关于“保存、保护、开发以及在可能的地方恢复或增加国家海岸带资源”（包括那些作为五大湖边界的地方）以及鼓励和支持各州（1977全年）对它们的海岸带内的非联邦土地及水管理开发管理计划的国家政策。要求联邦活动尽可能与已经通过的州海岸带管理计划保持一致。规定联邦执照以及许可证的申请人要证明它们的活动是否与其直接影响的州的管理计划一致。

美国综合环境处理、赔偿和责任法（一般引用为CERCLA或超级资金法案），美国宪法第42章，第9601节，94款2767条，P.L.96-510

规定清理封闭或废弃场所的有害及有毒物质。建立一个使各州可以用来清除废弃场所的基金（资金来自对特定化学原料征收的税款）。通过起诉责任当事人，允许政府重新获得清洁和相关损害的费用补偿。1986年根据超级资金修正及再授权法案再次得到授权；第120节指出CERCLA适用于联邦设施。

紧急规划及社区知情权法案，美国宪法第42章，第1101节，100款1725条，P.L.99-499

对于化学及放射目录，为紧急规划、紧急通告及社区知情权报告设定程序。计划通过确信对于潜在的紧急情况进行预先规划，来保护社区使其免受有害化学品的危害。所有的联邦机构均被豁免，但是内务部强烈鼓励自愿遵守该法的所有规定。

1973 年濒危物种法案，修订版，美国宪法第 16 章，第 1513 节等，87 款 884 条，P.L.93-205

要求联邦机构确保其授权的、资助的或者已实施的任何活动均不得危害任何濒危或受威胁的物种的继续生存，也不得导致对濒危的生活环境造成破坏或者负面改变。第 7 部分要求所有的联邦机构与内务部协商并且确保其授权的、资助的或者已实施的任何活动不可能危害该物种的继续生存，或者对该物种的生活环境造成破坏或者负面改变。

1969 年濒危物种保存法案

提供一项计划以保存、保护、恢复及繁殖所选择的本地产的鱼和野生物种，包括生存受到威胁的候鸟。

三角湾保护法案，美国宪法第 16 章，第 1221 节，82 款 625 条，P.L.90-454

提供评估国家三角湾的方法以维持保护自然美与为了我们国家的发展而开发他们这两者之间的适当需求平衡。

行政命令 11514：保护和加强环境质量，EO11991 修订版，CFR 第 40 章

宣布联邦政府“将领导保护和加强国家环境品质，以保持和造福人类生活”。联邦机构应该启动对于指导他们的政策、计划及项目所必需的措施以实现环境的目标。

要求 CEQ 向联邦机构发布关于程序以及 NEPA 大量条款的实施的规定。通过要求行政机构遵守它们的规定来强化 CEQ 的权力。

行政命令 11988：漫滩管理，CFR121 号 3（补充条款 177），FR26951 第 42

要求联邦机构尽可能避免与占据和改造漫滩相关的长期和短期的不利影响，并且避免在那些存在实际可选性的地方直接和间接地支持漫滩开发。如果可能的话，指导所有的联邦机构避免在百年（或者基本）漫滩内进行开发和其他的活动。要求在这些区域内已存的且需要重建、恢复或被替换的建筑和设施必须与新的设施与建筑一样经过同样的审查。（如果是古建筑物，则严格审查将仅是确定它们是否保留的唯一因素）。禁止在 500 年漫滩上放置具有高重要性及不可替换的纪念物、古物、古建筑物或者其他历史文化资源。在 500 年漫滩上禁止发生任何危急活动（即使有一点轻微的危险都会很严重的活动，例如野餐、有害材料存储、主要燃料存储设施以及 40000gpd 或更大的污水处理设施）

行政命令 11990：湿地保护，CFR121 章第 3 节，FR26961 第 42（补充条款 177）

要求联邦机构尽可能避免与湿地改变或破坏相关的长期和短期的负面影响；并且避免在那些存在实际可选性的地方直接和间接地支持在湿地内建设新建筑。

1988 联邦山洞资源保护法案，美国宪法第 16 章，102 款 4565 条，P.L.94-377

要求识别并保留在联邦土地上的重要山洞，并且为了科学、教育和娱乐目的而促进政府机构与其他人之间增加与这些山洞有关的合作和信息交流。

联邦杀虫剂、杀真菌剂及灭鼠剂法案，美国宪法第 7 章，第 136 节等，86 款 973 条，P.L.92-516

要求所有的杀虫剂都要注册，并且根据该注册使用杀虫剂。限制使用特定的杀虫剂及根据净水及安全饮用水法案管制其他作为有毒污染物的物质。

联邦水污染控制法案（一般引述为净水法案），美国宪法第 33 章，第 1251 节等，P.L.92–500，由净水法案 P.L.95–217 修订得到

进一步促进到 1985 年为止恢复和维持本国水域的化学、物理和生物完整性的目标以及消除排放到通航水域的污染的目标。对于进入美国水域的新的和现有的工业排放物，确定排放限制。授权各州用它们根据本法第 208 部分制定的水质管理计划代替联邦控制，为消除水污染规定执行程序。要求符合第 404 部分为会导致向通航河流的支流、湿地或者相关水资源排放疏浚弃土或填充物所要求的批准。

1958 年鱼和野生动物合作法案，美国宪法第 16 章，72 款 563 条，P.L.85–624，修正版

适用于主要联邦水源开发计划（蓄水、改变渠道方向和加深渠道或者以其他方式控制或者修改河流或者其他水体）。每当该计划导致水体变化，则要求联邦机构咨询鱼类和野生动物管理局及相应的州政府。要求对野生动物保护与水资源开发的其他特征进行相同的考虑。在申请 404 号许可时，即引起了同鱼类和野生动物管理局之间的合作。

1973 年洪涝灾害保护法案　美国宪法第 24 章，第 1709–1 节，87 款 975 条，P.L.93–234

主要是增加国家洪灾保险计划的范围限制。要求各州和当地社区作为未来联邦资助的一个条件参与该计划并且采用适当的漫滩条例和实施机制。要求得到或者改善了确定洪灾地区上的土地或者设施的并且由联邦机构（包括由联邦管理或者投保的机构）协助的财产所有者购买洪水险。

1985 年食品安全法案（沼泽开垦法案）

把某些联邦福利限定赋予在 1985 年 12 月 23 日以后在某些“改造过的湿地”上生产农产品的农场主。

1970 年地热流法案，修正自美国宪法第 30 章，第 1001–1027 节，84 款 1566 条

授权租赁土地用于地热流的勘探、开发和开采（所包括的地热流比流意义广泛）的。如果对国家公园体系单位会产生副作用的话，则 1988 年的修正案防止地热租赁。该修正案也防止使用 Yellowstone 附近的 Corwin Springs 的现存的或新的地热资源，直至美国地质调查局 / 国家公园管理局为国会准备了研究以后。

地热流修正法案，美国宪法第 30 章，第 1001 节、1105 节、1026 节和 1027 节 P.L.100–443

通过要求土地管理局在发布列出的公园单位的临近土地上的地热资源租赁前获得国家公园管理局的同意，对于所列公园单位中的中选者增加保护（43CFR3200 的条例管理公园单位临近土地的地热租赁）。

1976 年 Manguson 渔业保护和管理法案，美国宪法第 16 章，第 1801 节等，90 款 331 条 P.L.94–625

规定保护、保存和促进美国渔业资源。自从 1976 年 1 月 1 日把美国专有捕鱼带从增 12 英里增加到 200 英里，并且规定开发区域渔业管理计划和规定，从而管理该捕鱼带内的捕鱼活动以及对其范围内的处于产卵期的鱼类进行控制。

海洋哺乳动物保护法案，美国宪法第 16 章，第 1361 节等，86 款 1027 条，P.L.92–552

为海洋哺乳动物提供必须的和广泛的保护，使其不受商业勘探、技术以及可能的灭绝的困扰。对于特殊的、认可的研究和某些商业捕鱼操作过程中偶然发生的捕获则允许例外。任何居住在阿拉斯加和居住在北太平洋或北冰洋海岸的印第安人、阿留申人或爱斯基摩人被免除暂停捕获，只要该捕获确实是为了生存目的或者是为了创造和销售真正的土著手工艺品和衣物的目的，在上述各情况下均不允许浪费。

1972 年海洋保护、研究和动物保护区法案（即普遍所知的海洋垃圾法案），美国宪法第 16 章，第 1361 节等，86 款 1052 条，P.L.92–532

建立一项管理海洋倾弃和防止或严格限制任何材料的海洋倾弃，只要该材料会对人类健康、福利或康乐或者海洋环境、生态系统或经济潜力产生负面影响。第Ⅰ和Ⅱ章：处理海洋倾弃而且与大多数 NPS 活动鲜有关系。第Ⅲ章：允许指定海洋动物保护区。要求考虑备选活动和该地区内的现存或建议的海洋生物保护区之间的关系，以及如果适当的话，在公园或合适的地方建立海洋生物庇护所的愿望。授权工程军团（第 103 节）颁发许可，允许为了向海洋中倾泻的目的而运输疏浚弃土。

候鸟保护法案，美国宪法第 16 章，第 715 节等，45 款 1222 条，P.L.257

目的在于保护珍稀或濒危物种，以及调整对美国或国外鸟类或其他动物的介绍。

1918 年候鸟缔约法案，40 款 755 条，P.L.186

除非规定允许，禁止捕猎、占有和买卖候鸟。授权被授权的 USDA 雇员进行研究、逮捕和拘禁；对违法行为规定了民事和刑事处罚；允许各州采取更加严厉的措施保护候鸟；允许为了科研和繁殖目的而捕猎。

1970 国家环境政策法，美国宪法第 42 章，第 4321 节等，83 款 852 条，P.L.91–190

为实施国家环境保护政策而建立政策、设定目标俄和提供方法。该法案包含一个“行动强制”条款，来确保联邦机构根据法律条款和精神处理。要求对主要的联邦行动进行系统分析，该联邦活动将考虑所有可能的替代方法以及对于短期的和长期的、不能挽回的和不能撤销的以及不可避免的影响的分析。还设立了环境质量委员会。

1968 年国家洪水保险法案，美国宪法第 42 章，第 4001 节等，82 款 572 条，P.L.90–448

建立国家洪水保险程序，鼓励各州和地方政府制定规划和土地利用计划来帮助减少有洪水危险地区的损失。并确保包括特许和批准在内的联邦活动与这些努力相适应。

国家公园体系最终实施规范，FR 第 45 章，第 35916 节，E.O.11988 和 11990，由 FR47 章 36718 节修订

E.O.11988 和 11990 指导水资源委员会为联邦行政机构制定准则，该准则已经在 1978 年 2 月 10 日完成。1979 年 6 月 20 日，内务部在 520DM 发布了该准则。国家公园管理局在 1980 年 5 月 28 日公布了最终实施规范（45FR35916），并于 1982 年 8 月 23 日进行了修订（47FR36718）。公园管理局书写了作为 93-4 特殊指令的漫滩准则。湿地准则正在进行修订。

保护和增强环境质量，由 E.O.11514，由 E.O.11991，35FR4247；1997，42FR26967 等法令进行了修订

详细情况见执行指令 11514。

资源保护与恢复法案，美国宪法第 42 章，第 6901 节等，30 款 1148 条，P.L.94–580

控制危险性和 / 或固体废物的处理，包括废渣填埋（NPS 员工指令 76-20）。建立搜集、运输、区分、恢复和处理固体废物的准则。制定联邦对危险废物的主要管理程序。为建立各州或地区性固体废物处理计划提供协助。

1899 年河流和港湾法案，美国宪法第 33 章，第 401–403 节，83 款 852 条，P.L.91–190 和 1982 年 10 月 15 日 P.L.97–332 修订

确定了陆军工程军团对美国通航水道的管理权。对于美国通航水道内的或者上的桥梁、堤道、水坝或者堤坝的构造，确定批准条件（桥梁和堤道建设由交通部长管理，而大坝和排水道的建设许可由工程军团评估）。§10：在美国境内进行任何“阻塞、挖掘、填埋、对可通航水道的改造”工程都需要军团许可。§13：在美国境内向可通行行道及其支流排放任何垃圾（除了从污水管道和城市径流的液体）都需要军团许可。相应地，禁止在可通行航道及其支流的堤坝上堆放垃圾，只要该位置可能导致该垃圾被冲入水中。

安全饮用水法案，美国宪法第 42 章，第 201 节、美国宪法第 21 章，第 349 节，美国宪法第 42 章，第 300f 节等，88 款 1660 条，P.L.93–523

指示环境保护局公布和执行饮用水源中最大程度的可允许污染水平的规定。建立国家饮用水标准的机制。规范废水和其他物质的地下排放。

1977 年土壤和水资源保护法案

要求由农业部长评估与土壤、植物、森林等的保护有关的信息和专门技术。

1965 年水资源规划法案（美国宪法第 42 章，第 1962 节等，P.L.89–90）和水资源委员会的原则和标准，FR 第 44 章 723977

声明了国家政策是“鼓励联邦政府、州、地方和私人企业等与所有相关联邦机构、州、地方政府、个人、企业、商业集团和其他相关团体合作在全面和一致的基础上，保护、开发和利用水资源和相关土地资源”。设立水资源委员会，委员会在编制区域或者河床全面计划的过程中，有评估供水充分性、研究对水资源的管理以及为联邦参与者开发原则、标准和程序的责任。通过一系列河床委员会制定州和联邦的合作框架。（规划水和相关土地资源的 WRC 原则和标准已经进行了修订，以实现国家经济开发和环境质量目标。）

流域保护和洪水预防法案，美国宪法第 16 章，第 100186 节，68 款 666 条，P.L.92–419

授权部长在计划和分析洪水保护和流域保护活动和措施的过程中，与州和包括土壤和水保护地区以及洪水控制地区在内的当地政府进行合作。对于会影响 DOI 土地的活动或者设施，部长将被咨询该提出的“改善工作”。

其他

行政程序法案，美国宪法第 5 章，第 551–559 节，第 701–706 小节

要求公众参与行政机构的规则制定，并且使申诉程序制度化。尽力避免作出“专断和反复无常的”决定。

1987 年航空器过境研究法案，101 款 674 条，P.L.101–91

1970 年机场与空运发展法案，美国宪法第 49 章，第 2208 节，84 款 226 条，P.L.91–258

要求机场发展计划规定对自然资源和环境质量的保护和增强，并且在使本目的落空的过程中，限制交通部长。对环境存在不利影响的机场不能被批准，除非书面认定没有其他可行的而且经过谨慎考虑的替代方案，并且已经采取了使负面影响最小化的步骤。关系与交通部法的 §4（f）相同。

国家公园内部或附近的机场建设法案，美国宪法第 16 章，第 7a–e 小节，64 款 27 条

如果适当履行 DOI 职责必须需要的话，则允许内务部长规划、获取、设立、建造、扩大或者改善在国家公园体系单位内部或附近的机场。要求所有的机场与公共机场采取同样的操作方法。

亚利桑那州沙漠荒野法案（包含 NPS 边界研究规定），美国宪法第 16 章，第 1a–5、460ddd、460fff 及更多小节，P.L.101–628

扩展圣 . 安东尼奥任务 NHP；建立 Amistad 地区和 Meredith 湖为国家公园体系单位；授权进行地下铁路替代方法的研究；包括内战遗址研究法案；通过从 12 增加到 16 以及扩大纪律改变 NPS 顾问委员会，要求推荐国家自然和历史遗址标志物；设立一个 NPS 顾问委员会来向咨询部提供建议；要求国家公园管理局准备一份边界报告；要求开发边界调整标准；要求与州和地方政府、相关土地所有者和私人的、国家的、地区的和地方的组织进行磋商；要求地区和国家公园管理局为边界调整进行成本评估和优先配给。

1965 特许经营权政策法案，美国宪法第 16 章，第 20 节等，79 款 969 条，P.L.89–249

要求仅在谨慎控制的保障下提供国家公园体系区域内的公共设施 / 设备 / 服务，以保护其使其避免掠夺。把发展限制于公共使用和娱乐所必需的和适当的以及在最高的程度上与该地区的保存和保护相一致的那些领域。必须给特许权提供一个获得利润的适当机会。还包括保护有形资产免受投资损失，征收相应费率，提供新的或者附加的设施的优先权，对联邦政府所拥有的土地的改善的单纯占有权以及记账。

1966 年交通部法案，美国宪法第 49 章，第 303 节，80 款 931 条，P.L.89–670

限制把公园陆地用于联邦政府支持的高速公路和其他要求 DOT 批准的工程。4（f）部分：规定要求使用公共公园、娱乐区域或者具有国家、州或地方重要性的生动物或水禽庇护地的任何项目需经批准，除非没有其他经过谨慎考虑的具有可行性的替代方法，并且要保证已经采取了所有可能的规划以使其对该地区的危害最小化。

公共土地上的材料处理法案（1947 年原料法案），美国宪法第 30 章，第 601–604 小节

禁止在国家公园体系单位内销售“适于销售的”或者“通常种类的”物质（包括硅化木，沙子，岩石，砂砾，浮石，浮岩，煤渣，石灰石和黏土）。然而，部长可以为有限的目的而向在 Chelan 湖的 Stehekin 社区的居民销售沙子，砂砾和岩石（美国宪法第 30 章，第 90c-1b 节）。

1974 年能量供应和环境协调法案

为发布 12003 号行政命令和第 78-10 号职员指令提供依据。

行政命令 11987：外来生物体，FR 第 42，26407

限制非本国自然生态系统的外来生物体进入美国。

行政命令 11989 和 11644：在公共陆地脱离道路行驶的交通工具

为公共陆地上越野车的控制使用颁发规则。

行政命令 12003：能源政策和保护，FR 第 47 章，30959

要求所有行政机构提供一个总的能源保存计划，其目标是使 1985 年比 1975 年节省 20%。对于新建筑，该目标则为节省 45%。适用于分配给特许权所有人的政府所有的建筑和“特权拥有”建筑，包括医院、学校、监狱设施、多家庭住所或者储藏设施。

行政命令 12008：各联邦须遵守污染控制标准

确定程序和责任，以确保已经采取了所有必要措施防止、控制和减弱来自联邦设施和活动对环境的污染。

行政命令 12372：对联邦程序的政府间的评论，FR 第 47 章，30959

2（b）部分：要求联邦行政机构在规划程序中尽可能早地与州和地方官员的交流对计划和活动进行解释。

联邦顾问委员会法案，美国宪法第 5 章，P.L.92–463

控制“大量的委员会、部门、委托机构、理事会和那些已经建立起来的在联邦政府各行政部门中为政府官员和行政机构提供建议的类似团体”的增长和运作。不适用于非政府雇员的会议中，只要该团体会议的目的是为了获得从个人与会者获得信息或观点而非从该整体上运作的团体收集建议、意见或者推荐。如果该团体的职能 / 任务随着时间的流逝发生了变更，而且该行政机构开始把该团体用作调查一致意见或者推荐的来源，则成为一个潜在问题。（如果这些团体的组成越固定，例如每次会议参加人都相同，则越能显现出 FACA 的适用性问题。）

1976 年联邦煤矿租借修改法案，美国宪法第 30 章，第 201 节，90 款 1083 条，P.L.94–377

禁止在国家公园体系单元内租借煤矿。同样要求在根据 1920 年和 1947 年的矿产租借法案里签发的煤矿租约里包括各种环境保护措施，旨在帮助减少接近公园的煤矿开采所带来的负面影响。

联邦土地政策和管理法案，美国宪法第 43 章，第 1714 节等，90 款 199 条，P.L.94–579

规定在公共土地上发放放牧许可及恢复。规定多用途管理和持续产量的原则应被用于管理公共土地中。要求准备和维护所有公共土地、它们的资源和其他价值的目录清单；对使用公共

土地要求开发和维持土地使用计划；规定了土地出售、交换或者购买规则；规定了土地管理局的人员组成；也包括了土地交换授权，根据该授权，内务部长可以把不属于国家公园体系的区域内的联邦土地或者利益交换成属于国家公园体系的区域内的非联邦土地或利益。

1920 年联邦权力法案，美国宪法第 16 章，第 791 节，41 款 106 条，P.L. 第 285 章

授权联邦能源管理局颁发建设、运作和维护大坝、输水管道、水库、发电厂、传输线路和水力发电工程的其他物理结构的许可证。同时授权 FERC 对在非联邦土地上的发电量为 15MW 或少于 15MW 的发电设施和在现存的大坝上的发电量为 5000kW 或少于 5000kW 的小水电工程颁发免税特许。（免税要求 FERC 咨询州和联邦的渔业和野生动物行政机构，包含该行政机构认为适于用来减少渔业和野生动物资源的损失或者损害的条款和条件。）

联邦水力发电法案，美国宪法第 16 章，第 823a 节，P.L.285 章，41D1063，修订自美国宪法第 16 章，第 797 节

规定如果没有国会的特殊授权，为经国会特别授权，联邦能源管理委员会现在不能授权、允许、出租或许可在国家公园内用于开发、储存和传输水和 / 或能源的设施。除非一个公园的授权利法或者其他法律专门规定了该活动（像 Mead 湖，Glen Canyon 等）

联邦水利计划娱乐法案，79 款 213 条，美国宪法第 16 章，第 4601-12 到 4601-21 节，P.L.89-72

在水利工程的建设方案中规定应对娱乐休闲、鱼类和野生生物的足够数量作充分的考虑。对于存在的、核准的和重新核准的方案，在方案的实施过程中授权内务部提供项目的娱乐发展，并且可以为了这些目的操作、维持和购买土地。允许把任何联邦部门在任何方案中为娱乐的目的而获得的土地转让给内务部。把娱乐使用经费集中作为土地和水利保护基金。

森林和牧场可再生资源规划法案，美国宪法第 16 章，第 1600 节等，92 款 353 条，P.L.95-307

为森林行政部门建立土地和资源管理规划系统，并且表示国会坚持登记和监控全部公有地的自然资源。

信息自由法案，美国宪法第 5 章，第 552 节等，P.L.93-502

要求政府向任何提交书面申请的人提供其档案，除非该条不得披露。

部门之间进行协商以避免或减轻对全国登记目录中的河流的不利影响，45FR59189，08/15/80，ES80-2。

1968 年政府间合作法案，美国宪法第 40 章，第 531-535 和 31 节和美国宪法第 40 章，第 6501-6508 节，P.L.90-557

管理向各州提供的资助性赠款、由联邦雇员向州 / 地方政府单位提供的让与和咨询以及联邦政府活动和州及地方单位之间有关规划的运作。

1969 年政府间的协调法案，美国宪法第 42 章，第 4101，4231，4233 节

要求在大量的政府机构之间进行大量协商。

1965 年土地和水利保护基金法案，已修正，美国宪法第 16 章，第 4601-4 到 4601-11 节，78 款 897 条，P.L.88-578

建立一个保护基金来帮助各州和联邦机构满足目前的和以后的户外娱乐需求。尽力资助政

府提供公共娱乐设施以及保护受到威胁的鱼类和野生生物。要求准备州户外娱乐综合计划。授权收费活动。§6（f）：规定未经内务部长的批准，由 LWCF 协助获得的或发展的财产不准被转为用于公共户外娱乐。仅允许秘书根据发现其与现行全国综合计划相一致而且会是其他娱乐资产的公平替代品来批准用途转变。

1920 年矿产租赁法案，美国宪法第 30 章，第 181 节等，已修正

为“国有的”联邦土地可出租矿产的处置提供权力。禁止在全联邦范围内出租在国家土地系统单元中的矿产，除非法律特别授权（大峡谷，沼泽草地，whiskeytown）除外。

1947 年获得土地的矿产租赁法案，美国宪法第 30 章，第 351 节等，61 款 681 条，P.L.681

批准处置联邦土地的可出租矿产（煤、石油、天然气），该联邦土地已经由美国政府获得，即那些在美国获得产权以前为非联邦所有的土地。像 1920 年的矿产租赁法案，禁止租赁在国家土地系统单元中的为联邦所有的矿产，除非法律特别授权。

1947 年矿产原料处置法案，美国宪法第 30 章，第 601 节等

1872 年采矿法案，美国宪法第 30 章，第 22 节等

规定所有没有收回的共有土地的许可证勘探和标桩开放。允许个人在联邦土地开放给矿产准入的情况下申请对联邦矿区的开采要求。给予申请者对于该非专有许可证的所有者权利，该权利允许他们从矿区中采出和运输联邦矿产，但并没有授予他们土地的所有权。允许通过特许程序从联邦政府获得对该矿产的完全所有权以及大多数情形下的表面和所有资源。（根据本法，大多数国家公园体系单位通过他们的授权立法或者宣告不允许采矿进入。1976 年的公园法案中的采矿部分已经关闭了最后的六个仍然对矿区场所开放的国家公园体系单元）。

所有的国家公园体系单元关闭了这些场所和新许可证的申请、联邦矿产原料的出售和联邦矿产的出租，除了已经由国会或者依法批准的矿产出租的四个国家公园体系管理的国家娱乐地区以外。但是，这些有效的许可证和租约的持有者在一个单位设立或者存在为四个对联邦矿产租赁开放的 NRAs 之一以前，都确实拥有与其许可证和租约相关的权利。他们履行这些权利的能力是依靠对公园资源和价值的潜在影响的性质（如果这些影响被认为不可接受，那么国家公园管理局将需要通过购买、交换或者捐赠的形式来终止这些相关的权利）。

国家公园管理局内部采矿活动，美国宪法第 16 章，第 1901 节等，90 款 1342 条，P.L.94-429

要求在国家公园体系边界内的所有采矿许可证都要到内务部长备案；任何没有备案的许可证均被视为放弃和无效。赋予国家公园管理局管理与有效存在的采矿许可证有关的采矿活动，以保护国家公园资源。

国家铁路系统法案，美国宪法第 16 章，第 1241-1251 节，82 款 919 条，P.L.90-543

建立一套娱乐的、景色优美的和历史意义的国家铁路系统，并且为增加这套系统的组成部分而规定方法和标准。

国家野生生物庇护系统管理法案，美国宪法第 16 章，第 668dd-ee 节，88 款 1603 条，P.L.93-509

建立国家野生生物庇护系统来保护鱼类和野生生物种类和它们的栖息地，尤其那些面临灭绝的种类（前身是濒危生物灭绝法案）。

1972 年噪声控制法案，已修正美国宪法第 42 章，第 4901 节等，P.L.92–574

设立一系列标准和程序来限制危害美国公民健康和幸福的噪声。要求公开噪音限度的信息来保护公众的健康和幸福，批准环保局噪音消除办公室为商销产品规定噪声限度。

1963 年户外娱乐协调法案，77 款 49 条，P.L.88–29

促进有效户外娱乐方案的协调和发展，批准内务部长为户外娱乐需求和资源登记、分类和编制全国计划。还规定了技术协助、区域和部门间的合作、研究和教育及接受捐赠。

外大陆架土地法案，美国宪法第 43 章，第 1331 节等和第 §1801 节等，67 款 462 条，P.L.345

制定一系列政策和程序来管理外大陆架的石油和天然气资源，包括签发矿产租赁合同。要求承租人在开发前提交一份开发和生产计划供部长审批。如果该计划和它已获批准的海岸带管理方案相一致，在相关州没有同意的情况下，为双方批准一个许可证或执照。1987 年的修正案：创建一个滨海石油污染赔偿基金来支付转移由于外大陆架活动而溢出的或者泄漏的石油的经费。根据这些规定，可以允许一些公共组织，像国家公园管理局，申请基金偿付净化费用。

得克萨斯场所赔偿法案，美国宪法第 31 章，第 6901 节等，90 款 2662 条，P.L.94–565

规定根据在这个场所边界内的面积和污染情况向地方政府付款。

政府员工的家庭房屋建设政策，行政管理和预算局 A–18

只有在那些没有现场雇员则不能提供服务而且路途遥远（理论上往返 2 小时的路程）的地方才能够提供住房。指出通过确定不可适用性、低于标准规格的设计、建筑或者地方或者高成本显现出房屋的不充分性或者不适当性。

部门之间协商以避免或减轻对全国目录中的河流的不利影响的程序，E.S.80–2，08/15/80，45FR59191

建立要求的一系列程序和协商以避免对潜在野生和景色秀美河流的不利影响。

第 2477 条法令修订案，穿越公用地的筑路权法案，1866 年 7 月 26 日，美国宪法第 43 章，第 932 节（1976），被 FLPMA §706（a）于 1976 年 10 月 21 日废止

对于不能由联邦政府另外收回的所有土地，授予穿越公用地的通行权。根据州法律，主要应用于阿拉斯加和犹他州（国家公园行政部门正在制定准则来引导处理第 2477 条法令的通行权宣言）。

外部采矿控制和恢复法案，美国宪法第 30 章，第 1201 节等，91 款 445 条，P.L.95–87

建立一个全国范围的方案来保护受到外部煤炭采矿操作的不利影响的社会环境。要求内务部颁布涉及环境和公众的健康和安全的保护标准履行、许可证申请以及外部煤炭采矿和恢复操作的结合要求等规则；控制采矿和恢复的州方案的编制、提请和批准程序；以及任何没有开发出可以接受的方案的州对联邦计划的发展和实施。

1955 年外部资源使用法案，美国宪法第 30 章，第 601 节等

禁止人们把非专有采矿矿区的表面用于除了采矿以外的其他用途。规定专有采矿矿区的承

租人只可以把矿区的外部用于和采矿活动相关的目的。承租人只可以把占有和使用的矿区资源用于勘探和采矿。对于一个非专有矿区，承租人不得出售这些表面资源（木料、砂、砾石等）。

1982 年外部运输辅助法案，美国宪法第 23 章，第 101 节等，96 款 2097 条

建立一个联邦土地高速公路方案，把关于联邦土地高速公路的疏忽和协调责任归于交通部长，来确保这些公路贯彻实施类似的统一政策，包括与公园道路和公路所采用的高速公路设计、建筑、维护和安全标准之间的一致性。

有毒物质控制法案，美国宪法第 15 章，第 2601 节，90 款 2003 条，P.L.94-469

管理有可能存在潜在危害的化学物质的生产、运输和分布。指导环保局清理商业中的所有化学物质，要求所有新的化学物质的生产前通知，收集部分化学物质和暴露物有毒性的相关信息，要求在一些资料不充分的情况下进行工业测试，以及考核是否包含对人类健康和环境有不合理的危险。

1970 年统一迁居辅助法案和不动产收购政策法案，P.L.91-646 美国宪法第 42 章，第 4601 节等，84 款 1894 条

为由于联邦的和全联邦范围内的辅助的方案而导致的移居人员制定待遇政策，尤其是那些与土地收购有关的人。要求负责机构偿付迁居人搬家费和其他费用，以及像其他相关费用另外提供资助，并且确定与联邦政府收购不动产有关的政策。

1978 年郊区公园和娱乐恢复法案，美国宪法第 16 章，第 2501 节等，92 款 3467 条，P.L.95-625

野生和景色优美河流法案，美国宪法第 16 章，第 1271-1287 节，82 款 906 条，P.L.90-542

建立一套有别于传统公园的地区系统来确保河流环境的保护。保存一定程度有选择的具有显著景色、修养、地质、文化或者历史价值的河流，并且为了后代保留它们自由流动的状态。

荒野法案，美国宪法第 16 章，第 1131-1136 节，78 款 890 条，P.L.88-577

建立一套政策以持久保护荒野资源，供公众使用和享受。建立一套全国的荒野保护系统，在联邦范围内拥有的地区内指定荒野区域。在该荒野系统中，指导内务部长和农业部长研究面积为 5000 英亩以上的无路地区和每一个无路岛屿（不管大小）是否属于荒野系统。

野火赔偿法案，P.L.101-286

建立一个全国野火委员会；要求研究野火的影响；要求提出平稳 / 及时转移的建议；要求建议将来的 NPS、BLM、FS 再开发活动 / 方案。要求报告火灾损害的重建需求。如果要求的话，要求内务部和农业部向志愿者提供每年森林火灾扑灭训练方案；要求动员计划和预遏制的必须信息；修改森林志愿者法、公园志愿者法和联邦土地管理政策法案（BLM）以保护志愿者免于损伤赔款。

（根据有关外文资料翻译整理）

Appendix 5

附录 5 中国国家级自然保护区名录

北　京　松山保护区
天　津　古海岸与湿地保护区、蓟县中上元古界保护区、八仙山保护区
河　北　围场红松洼保护区、昌黎黄金海岸保护区、雾灵山保护区
山　西　芦芽山保护区、阳城莽河猕猴保护区、历山保护区、庞泉沟保护区
内蒙古　赛罕乌拉保护区、达里诺尔鸟类保护区、白音敖包云杉林保护区、大黑山保护区、汗马保护区、达赉湖保护区、科尔沁保护区、大青沟保护区、锡林郭勒草原保护区、鄂尔多斯遗鸥保护区、西鄂尔多斯保护区、乌拉特梭梭林—蒙古野驴保护区、内蒙古贺兰山保护区
辽　宁　城山头保护区、蛇岛—老铁山保护区、大连斑海豹保护区、庄河仙人洞保护区、恒仁老秃顶子保护区、白石砬子保护区、丹东鸭绿江口滨海湿地保护区、医巫闾山保护区、双台湾河口保护区、双台河口保护区、北票鸟化石群保护区
吉　林　伊通火山群保护区、莫莫格保护区、向海保护区、长白山保护区
黑龙江　扎龙保护区、兴凯湖保护区、宝清七星河保护区、东北黑蜂保护区、丰林保护区、凉水保护区、三江保护区、洪河保护区、牡丹峰保护区、五大连池保护区、呼中保护区
江　苏　盐城沿海滩涂珍禽保护区、大丰麋鹿保护区
浙　江　临安清凉峰保护区、天目山保护区、南麂列保护区、乌岩岭保护区、古田山保护区、凤阳山—百山祖保护区
安　徽　鹞落坪保护区、古牛绛保护区、金寨天马保护区、扬子鳄保护区、升金湖保护区
福　建　厦门海洋珍稀物种保护区、将乐陇栖山保护区、深沪湾海底古森林遗迹保护区、虎伯寮保护区、武夷山保护区、闽西梅花山保护区
江　西　鄱阳湖保护区、桃红岭梅花鹿保护区、井冈山保护区
山　东　即墨马山国家级保护区、黄河三角洲保护区、长岛保护区、山旺古生物化石保护区
河　南　豫北黄河故道鸟类湿地保护区、焦作太行山猕猴保护区、伏牛山保护区、内乡宝天曼保护区、鸡公山保护区、董寨鸟类保护区
湖　北　青龙山保护区、神农架保护区、五峰后河保护区、石首麋鹿保护区、长江天鹅洲白鳍豚保护区、长江新螺段白鳍豚保护区
湖　南　东洞庭湖保护区、壶瓶山保护区、张家界大鲵保护区、八大公山保护区、莽山保护区、永州都庞岭保护区、小溪保护区
广　东　湛江红树林保护区、车八岭保护区、丹霞山保护区、南岭保护区、内伶仃岛-福田保护区、惠东港口海龟保护区、鼎湖山保护区
广　西　木论保护区、大瑶山保护区、北仑河口保护区、弄岗保护区、花坪保护区、防城金花茶保护区、山口红树林保护区、合浦营盘港－英罗港儒良保护区
海　南　东寨港保护区、大洲岛保护区、三亚珊瑚礁保护区、大田保护区、坝王岭国家级自然保护区
重　庆　缙云山保护区、金佛山保护区
四　川　九寨沟保护区、美姑大风顶保护区、小金四姑娘山保护区、攀枝花苏铁保护区、龙溪-虹口保护区、贡嘎山保护区、若尔盖湿地保护区、长江合江-雷波段珍稀鱼类保护区、唐家河保护区、马边大风顶保护区、蜂桶寨保护区、卧龙保护区、亚丁保护区
贵　州　赤水桫椤保护区、梵净山保护区、威宁草海保护区、茂兰保护区、习水中亚热带常绿阔叶林保护区、雷公山保护区
云　南　西双版纳保护区、大理苍山洱海保护区、高黎贡山保护区、西双版纳纳版河流域保护区、无量山保护区、哀牢山保护区、白马雪山保护区、南滚保护区、屏边大围山保护区、金平分水岭保护区
西　藏　珠穆朗玛峰保护区、墨脱保护区、羌塘保护区
陕　西　周至保护区、太白山保护区、长青保护区、佛坪保护区、牛背梁保护区

甘 肃 兴隆山保护区、祁连山保护区、安西极旱荒漠保护区、白水江保护区、尕海—则岔保护区

青 海 青海湖保护区、可可西里保护区、循化孟达保护区、隆宝保护区、宁夏贺兰山保护区、沙坡头保护区、六盘山保护区、灵武白芨滩保护区

新 疆 巴音布鲁克保护区、西天山保护区、阿尔金山保护区、甘家湖梭梭林保护区、哈纳斯保护区

（根据有关资料整理，共计 171 处，截至 2001 年 12 月）

Appendix 6

附录 6　中国国家级风景名胜区名录

北京市 2 处：	批准年份
八达岭—十三陵风景名胜区	1982
石花洞风景名胜区	2002
河北省 7 处：	
秦皇岛北戴河风景名胜区	1982
承德避暑山庄—外八庙风景名胜区	1982
野三坡风景名胜区	1988
苍岩山风景名胜区	1988
嶂石岩风景名胜区	1994
西柏坡—天桂山风景名胜区	2002
崆山白云洞风景名胜区	2002
天津市 1 处：	
盘山风景名胜区	1994
山西省 5 处：	
五台山风景名胜区	1982
恒山风景名胜区	1982
黄河壶口瀑布风景名胜区	1988
北武当山风景名胜区	1994
五老峰风景名胜区	1994
辽宁省 9 处：	
鞍山千山风景名胜区	1982
鸭绿江风景名胜区	1988
金石滩风景名胜区	1988
兴城海滨风景名胜区	1988
大连海滨旅顺口风景名胜区	1988
凤凰山风景名胜区	1994
本溪水洞风景名胜区	1994
青山沟风景名胜区	2002
医巫风景名胜区	2002
吉林省 4 处：	
松花湖风景名胜区	1988
“八大部”—净月潭风景名胜区	1988
仙景台风景名胜区	2002
防川风景名胜区	2002

黑龙江省 2 处：	批准年份
镜泊湖风景名胜区	1982
五大连池风景名胜区	1982
江苏省 4 处：	
太湖风景名胜区	1982
南京中山陵风景名胜区	1982
云台山风景名胜区	1988
蜀岗—瘦西湖风景名胜区	1988
浙江省 14 处：	
杭州西湖风景名胜区	1982
富春江—新安江风景名胜区	1982
雁荡山风景名胜区	1982
普陀山风景名胜区	1982
天台山风景名胜区	1988
嵊泗列岛风景名胜区	1988
楠溪江风景名胜区	1988
莫干山风景名胜区	1994
雪窦山风景名胜区	1994
双龙风景名胜区	1994
仙都风景名胜区	1994
江郎山风景名胜区	2002
仙居风景名胜区	2002
浣江—五泄风景名胜区	2002
安徽省 8 处：	
黄山风景名胜区	1982
九华山风景名胜区	1982
天柱山风景名胜区	1982
琅琊山风景名胜区	1988
齐云山风景名胜区	1994
采石风景名胜区	2002
巢湖风景名胜区	2002
花山谜窟－渐江风景名胜区	2002
福建省 11 处：	
武夷山风景名胜区	1982

	批准年份
清源山风景名胜区	1988
鼓浪屿万石山风景名胜区	1988
太姥山风景名胜区	1988
桃源洞—鳞隐石林风景名胜区	1994
金湖风景名胜区	1994
鸳鸯溪风景名胜区	1994
海坛风景名胜区	1994
冠豸山风景名胜区	1994
鼓山风景名胜区	2002
玉华洞风景名胜区	2002
江西省6处：	
庐山风景名胜区	1982
井冈山风景名胜区	1982
三清山风景名胜区	1988
龙虎山风景名胜区	1988
仙女湖风景名胜区	2002
三百山风景名胜区	2002
山东省5处：	
泰山风景名胜区	1982
青岛崂山风景名胜区	1982
胶东半岛海滨风景名胜区	1988
博山风景名胜区	2002
青州风景名胜区	2002
河南省5处：	
鸡公山风景名胜区	1982
洛阳龙门风景名胜区	1982
嵩山风景名胜区	1982
王屋山—云台山风景名胜区	1994
石人山风景名胜区	2002
湖北省6处：	
武汉东湖风景名胜区	1982
武当山风景名胜区	1982
大洪山风景名胜区	1982
隆中风景名胜区	1994

	批准年份
九宫山风景名胜区	1994
陆水风景名胜区	2002
湖南省6处：	
衡山风景名胜区	1982
武陵源风景名胜区	1988
岳阳楼洞庭湖风景名胜区	1988
韶山风景名胜区	1994
岳麓山风景名胜区	2002
崀山风景名胜区	2002
广东省5处：	
肇庆星湖风景名胜区	1982
西樵山风景名胜区	1988
丹霞山风景名胜区	1988
白云山风景名胜区	2002
惠州西湖风景名胜区	2002
广西壮族自治区3处：	
漓江风景名胜区	1982
桂平西山风景名胜区	1988
花山风景名胜区	1988
海南省1处：	
三亚热带海滨风景名胜区	1994
重庆市5处：	
缙云山风景名胜区	1982
长江三峡风景名胜区	1982
金佛山风景名胜区	1988
四面山风景名胜区	1994
芙蓉江风景名胜区	2002
四川省10处：	
峨眉山风景名胜区	1982
黄龙寺—九寨沟风景名胜区	1982
青城山—都江堰风景名胜区	1982
剑门蜀道风景名胜区	1982
贡嘎山风景名胜区	1988
蜀南竹海风景名胜区	1988

	批准年份
西岭雪山风景名胜区	1994
四姑娘山风景名胜区	1994
石海洞乡风景名胜区	2002
邛海－螺髻山风景名胜区	2002
贵州省 8 处：	
黄果树风景名胜区	1982
织金洞风景名胜区	1988
舞阳河风景名胜区	1988
红枫湖风景名胜区	1988
龙宫风景名胜区	1988
荔波樟江风景名胜区	1994
赤水风景名胜区	1994
马岭河峡谷风景名胜区	1994
云南省 10 处：	
路南石林风景名胜区	1982
大理风景名胜区	1982
西双版纳风景名胜区	1982
三江并流风景名胜区	1988
昆明滇池风景名胜区	1988
丽江玉龙雪山风景名胜区	1988
腾冲地热火山风景名胜区	1994
瑞丽江－大盈江风景名胜区	1994
九乡风景名胜区	1994

	批准年份
建水风景名胜区	1994
西藏自治区 1 处：	
雅砻河风景名胜区	1988
陕西省 3 处：	
华山风景名胜区	1982
临潼骊山风景名胜区	1982
宝鸡天台山风景名胜区	1994
黄帝陵风景名胜区	2002
甘肃省 3 处：	
麦积山风景名胜区	1982
崆峒山风景名胜区	1994
鸣沙山－月牙泉风景名胜区	1994
青海省 1 处：	
青海湖风景名胜区	1994
宁夏回族自治区 1 处：	
西夏王陵风景名胜区	1988
新疆维吾尔自治区 3 处：	
天山天池风景名胜区	1982
库木塔格沙漠风景名胜区	2002
博斯腾湖风景名胜区	2002
内蒙古自治区 1 处：	
扎兰屯风景名胜区	2002

（根据有关资料整理，截至 2002 年）

Appendix 7

附录 7 —— 中国国家森林公园名录

北　京　西山国家森林公园、上方山国家森林公园、蟒山国家森林公园、小龙山国家森林公园、云蒙山国家森林公园

天　津　九龙山国家森林公园

上　海　佘山国家森林公园、东平国家森林公园

重　庆　黄水国家森林公园、仙女山国家森林公园、茂云山国家森林公园、双挂山国家森林公园、小三峡国家森林公园、金佛山国家森林公园、金佛山国家森林公园、小三峡国家森林公园

河　北　海滨国家森林公园、木兰围场国家森林公园、磬棰峰国家森林公园、金银滩国家森林公园、石佛国家森林公园、清东陵国家森林公园、辽河源国家森林公园、长寿山国家森林公园、五岳寨国家森林公园

内蒙古　红山国家森林公园、察尔森国家森林公园、黑大门国家森林公园、海拉尔国家森林公园、乌拉山国家森林公园、乌素图国家森林公园、马鞍山国家森林公园、二龙什台国家森林公园、兴隆国家森林公园、阿尔山国家森林公园、古达尔滨湖国家森林公园

辽　宁　旅顺口国家森林公园、海棠山国家森林公园、大孤山国家森林公园、首山国家森林公园、凤凰山国家森林公园、库区国家森林公园、本溪国家森林公园、陨石山国家森林公园、天桥沟国家森林公园、臣县国家森林公园、元帅林国家森林公园、仙人洞国家森林公园、大连国家森林公园、长山群岛国家森林公园、普兰店国家森林公园、大黑山国家森林公园、沈阳国家森林公园、关门山国家森林公园

吉　林　净月潭国家森林公园、玉女峰国家森林公园、三角龙湾国家森林公园、白鸡腰国家森林公园、帽儿山国家森林公园、半拉山国家森林公园、三仙夹国家森林公园、大安国家森林公园、白山市国家森林公园、花山国家森林公园、拉法山国家森林公园、图们江国家森林公园

黑龙江　牡丹峰国家森林公园、火山口国家森林公园、大亮子河国家森林公园、乌龙国家森林公园、哈尔滨国家森林公园、街津山国家森林公园、齐齐哈尔国家森林公园、北极村国家森林公园、长寿国家森林公园、大庆国家森林公园、威虎山国家森林公园、五营国家森林公园、亚布力国家森林公园、一面坡国家森林公园、龙凤国家森林公园、金泉国家森林公园、乌苏里江国家森林公园、桃山国家森林公园、驿马山国家森林公园、三道关国家森林公园、绥芬河国家森林公园、日月峡国家森林公园

江　苏　虞山国家森林公园、上方山国家森林公园、徐州环城国家森林公园、宜兴国家森林公园、惠山国家森林公园、东吴国家森林公园、云台山国家森林公园、第一山国家森林公园、南山国家森林公园、宝华山国家森林公园、西山国家森林公园、花山国家森林公园

浙　江　千岛湖国家森林公园、大奇山国家森林公园、兰亭国家森林公园、午潮山国家森林公园、富春江国家森林公园、紫微山国家森林公园、宁波天童森林公园、雁荡山国家森林公园、溪口国家森林公园、九龙山国家森林公园、双龙洞国家森林公园、华顶国家森林公园、青山湖国家森林公园、玉苍山国家森林公园、钱江源国家森林公园、紫微山国家森林公园

安　徽　黄山国家森林公园、琅琊山国家森林公园、天柱山国家森林公园、九华山国家森林公园、皇藏峪国家森林公园、徽州国家森林公园、大龙山国家森林公园、紫蓬山国家森林公园、皇甫山国家森林公园、天堂寨国家森林公园、鸡笼山国家森林公园、冶父山国家森林公园、太湖山国家森林公园、神山国家森林公园、妙道山国家森林公园、天井山国家森林公园、舜耕山国家森林公园、浮山国家森林公园、石莲洞国家森林公园、齐云山国家森林公园、韭山国家森林公园、横山国家森林公园、敬亭山国家森林公园

福　建　福州国家森林公园、天柱山国家森林公园、华安国家森林公园、猫儿山国家森林公

园、龙岩国家森林公园、旗山国家森林公园、三元国家森林公园

江　西　三瓜仑国家森林公园、庐山山南国家森林公园、梅岭国家森林公园、三百山国家森林公园、马祖山国家森林公园、鄱阳湖国家森林公园、灵岩洞国家森林公园、明月山国家森林公园、翠峰山国家森林公园、天柱山国家森林公园、泰和国家森林公园、鹅湖山国家森林公园、龟峰国家森林公园、上清国家森林公园

山　东　崂山国家森林公园、抱犊崮国家森林公园、黄河口国家森林公园、昆嵛山国家森林公园、罗山国家森林公园、长岛国家森林公园、沂山国家森林公园、尼山国家森林公园、泰山国家森林公园、徂徕山国家森林公园、鲁南海滨国家森林公园、鹤伴山国家森林公园、孟良崮国家森林公园、柳埠国家森林公园、刘公岛国家森林公园、槎山国家森林公园、药乡国家森林公园、原山国家森林公园、灵山湾国家森林公园、双岛国家森林公园、蒙山国家森林公园、仰天山国家森林公园、伟德山国家森林公园、珠山国家森林公园、腊山国家森林公园、日照海滨国家森林公园

山　西　五台山国家森林公园、天龙山国家森林公园、关帝山国家森林公园、恒山国家森林公园、云岗国家森林公园、龙泉国家森林公园、禹王洞国家森林公园、赵杲观国家森林公园、方山国家森林公园、交城国家森林公园、太岳国家森林公园、五老峰国家森林公园、老顶山国家森林公园、乌金山国家森林公园、中条山国家森林公园、太行峡谷国家森林公园、黄崖洞国家森林公园、太行峡谷国家森林公园、管涔山国家森林公园

河　南　嵩山国家森林公园、寺山国家森林公园、风穴寺国家森林公园、石漫滩国家森林公园、薄山国家森林公园、开封国家森林公园、亚武山国家森林公园、花果山国家森林公园、云台山国家森林公园、白云山国家森林公园、龙峪湾国家森林公园、五龙洞国家森林公园、南湾国家森林公园、甘山国家森林公园

湖　北　九峰国家森林公园、鹿门寺国家森林公园、玉泉寺国家森林公园、大老岭国家森林公园、神农架国家森林公园、龙门河国家森林公园、大口国家森林公园、薤山国家森林公园、清江国家森林公园、大别山国家森林公园、柴埠溪国家森林公园、潜山国家森林公园、八岭山国家森林公园、沧水国家森林公园

湖　南　张家界国家森林公园、桃源洞国家森林公园、莽山国家森林公园、大围山国家森林公园、云山国家森林公园、九疑山国家森林公园、阳明山国家森林公园、南华山国家森林公园、黄山头国家森林公园、桃花源国家森林公园、天门山国家森林公园、天际岭国家森林公园、天鹅山国家森林公园、舜皇山国家森林公园、东台山国家森林公园、夹山寺国家森林公园、不二门国家森林公园、河伏国家森林公园、岣嵝峰国家森林公园、大云山国家森林公园、花岩溪国家森林公园

广　东　梧桐山国家森林公园、万育国家森林公园、小坑国家森林公园、南澳海岛国家森林公园、南岭国家森林公园、新丰江国家森林公园、韶关国家森林公园、东海岛国家森林公园、流溪河国家森林公园、南昆山国家森林公园、西樵山国家森林公园、石门国家森林公园、圭蜂山国家森林公园、英德国家森林公园

海　南　尖峰岭国家森林公园、蓝洋温泉国家森林公园、吊罗山国家森林公园、海口火山国家森林公园

广　西　桂林国家森林公园、良风江国家森林公园、三门江国家森林公园、龙潭国家森林公园、大桂山国家森林公园、元宝山国家森林公园、八角寨国家森林公园、十万大山国家森林公园、龙胜温泉国家森林公园、姑婆山国家森林公园、大瑶山国家森林公园

四　川　都江堰国家森林公园、剑门关国家森林公园、双桂山国家森林公园、瓦屋山国家森林公园、高山国家森林公园、西岭国家森林公园、二滩国家森林公园、海螺沟国家森林公园、七曲山国家森林公园、天台山国家森林公园、九寨国家森林公园、黑竹沟国家森林公园、夹金山国家森林公园、龙苍沟国家森林公园

贵　州　百里杜鹃国家森林公园、竹海国家森林公园
云　南　巍宝山国家森林公园、天星国家森林公园、清华洞国家森林公园、东山国家森林公园、莱凤山国家森林公园、花鱼洞国家森林公园、磨盘山国家森林公园、龙泉国家森林公园、莱阳河国家森林公园、金殿国家森林公园、章凤国家森林公园、十八连国家森林公园、鲁布格国家森林公园、珠江源国家森林公园、五峰山国家森林公园、钟灵山国家森林公园、棋盘山国家森林公园、灵宝山国家森林公园、小白龙国家森林公园、五老山国家森林公园、铜锣坝国家森林公园、紫金山国家森林公园、飞来寺国家森林公园、圭山国家森林公园
陕　西　吐鲁沟国家森林公园、石佛沟国家森林公园、松鸣岩国家森林公园、云崖寺国家森林公园、徐家山国家森林公园、南宫山国家森林公园、王顺山国家森林公园、楼观台国家森林公园
甘　肃　吐鲁沟国家森林公园、石佛沟国家森林公园、松鸣岩国家森林公园、云崖寺国家森林公园、徐家山国家森林公园、贵清山国家森林公园、麦积国家森林公园、鸡峰山国家森林公园、渭河源国家森林公园
青　海　坎布拉国家森林公园、北山国家森林公园
新　疆　照壁山国家森林公园、天池国家森林公园
宁　夏　苏峪口国家森林公园、六盘山国家森林公园

（根据有关资料整理，截至 2001 年）

Appendix 8

附录 8　中国国家地质公园名录

第一批（2001 年）		第二批（2002 年）					
省区	名称	省区	名称	省区	名称	省区	名称
云南	石林国家地质公园	安徽	黄山国家地质公园	甘肃	刘家峡恐龙国家地质公园	山东	枣庄熊耳山国家地质公园
湖南	张家界国家地质公园	甘肃	敦煌雅丹国家地质公园	黑龙江	嘉荫恐龙国家地质公园	安徽	浮山国家地质公园
河南	嵩山国家地质公园	内蒙古	赤峰市克什克腾国家地质公园	北京	石花洞国家地质公园	北京	延庆硅化木国家地质公园
江西	庐山国家地质公园	云南	腾冲火山国家地质公园	浙江	常山国家地质公园	河南	内乡宝天幔国家地质公园
云南	澄江动物化石群国家地质公园	广东	丹霞山国家地质公园	河北	涞源白石山国家地质公园	浙江	临海国家地质公园
黑龙江	五大连池国家地质公园	四川	海螺沟国家地质公园	安徽	齐云山国家地质公园	陕西	洛川黄土国家地质公园
四川	自贡恐龙国家地质公园	山东	山旺国家地质公园	河北	秦皇岛柳江国家地质公园	西藏	易贡国家地质公园
福建	漳州滨海火山国家地质公园	天津	蓟县国家地质公园	山西	黄河壶口瀑布国家地质公园	安徽	淮南八公山国家地质公园
陕西	翠华山山崩国家地质公园	四川	大渡河峡谷国家地质公园	四川	安县生物礁—岩溶国家地质公园	湖南	郴州飞天山国家地质公园
四川	龙门山国家地质公园	福建	大金湖国家地质公园	广东	湛江湖光岩国家地质公园	湖南	莨山国家地质公园
江西	龙虎山国家地质公园	河南	焦作云台山国家地质公园	河北	阜平天生桥国家地质公园	广西	资源国家地质公园

（根据有关资料整理，截至 2002 年）

Appendix 9

附录 9 论文评阅人名单与评阅意见

论 文 评 阅 人 名 单

序号	姓名	所在单位	职称	职务	是否博导	收到评阅意见日期
1	吴良镛	清华大学人居环境研究中心	两院院士 教授	主任	是	200年6月14日
2	孟兆祯	北京林业大学	院士 教授	—	是	2003年6月3日
3	谢凝高	北京大学世界遗产研究中心	教授	主任	是	2003年5月15日
4	秦佑国	清华大学建筑学院	教授	院长 院学位委员会主任	是	2003年6月14日
5	栗德祥	清华大学建筑学院	教授	所长 院学术委员会主任	是	2003年5月8日
6	郑光中	清华大学建筑学院	教授	总规划师	否	2003年4月30日
7	左川	清华大学人居环境研究中心	教授	副主任	否	2003年6月14日
8						
9						
10						
11						
12						
13						
14						
15						
16						

清华大学博士学位论文学术评议书

（评议书请用黑色墨水笔书写或直接打印，不得粘贴）

论文题目	建立完善中国国家公园和保护区体系的理论和实践研究	姓　名	杨锐
		学　号	955153
		学　科	城市规划与设计（含风景园林）

对论文的学术评语（论文选题及成果对学科或产业发展的作用和意义，从论文科研工作中反映作者的基础理论和专门知识属何水平，作者对本课题范围内的国内外发展动向、重要文献资料是否有较全面的了解和评述，论文有无错误，总结写作水平如何）：

1. 中国具有这样覆盖约135万 Km^2 约占国土面积的14%以上全国家的重要财富，是数千年来历史遗存与自然的创造，有无上的、不可替代的价值。由于我们国家和社会缺少应有的认识，相应地缺乏科学的保护与应有的管理，相反地更多遭遇掠夺式开发与滥用。

2. 美国1832年在西部大开发中设立国家公园，并随后于1872年成立世界第一个国家公园，……此后国家公园运动推广到世界225个国家和地区，这些国家公园及保护区面积相当于中国与陆地国土面积之和，有丰富的科研与管理经验，[illegible]的实践。对于1998年[illegible]人居环境（含国家公园）[illegible]“[illegible]”[illegible]。[illegible]国家公园和保护区体系及[illegible]规划[illegible]以外重点是在系统科学的基础下进行相关的规划技术研究。[illegible]美国大[illegible]

（未详尽处接背面）

评阅人姓名	吴良镛	所在单位	清华	是否博士生导师	√
专业技术职务	教授	行政职务	中心主任、所长	日　期	2003.6.20

请于一个月内返回，以便组织答辩。

保护等方面存在的问题进行了研究，是一篇很有意义、具有理论与实践价值的科学技术报告。 论文作者在上述实践基础上还参考了其他国家的实践（美国等）以及理论研究成果，对中国国家公园和保护地体系的管理体制进行了剖析，并以控制论和管理学相关知识为指导，分析了世界国家公园的发展趋势，并提出了建立和完善中国国家公园和保护区体系的战略方针与具体建议。 论文有较好的理论与实践指导意义，思路明确，资料翔实，论述
论文的不足之处；对论文工作的意见或建议（*请务必填写此栏*） 总之，这是一篇难得的优秀博士论文，并授予博士学位。建议在答辩后根据答辩委员会的意见作必要的完善后，①正式出版 ②送交国家有关部门如建设部、国土资源部、科技部等，作为制订国家公园建设管理体制建议的参考，将国家在这一领域提升到科学的高度 请在(　)中打√，以供参考：

论文成果是否有创造性	有　大(√)　较大(　)　中(　)　小(　)	无(　)
论文选题的理论意义或实用价值	大(√)　较大(　)　中(　)　小(　)	
论文工作中反映出的基础理论和专门知识水平	优(√)　良(　)　中(　)　差(　)	
论文的总结、写作水平	好(√)　较好(　)　中(　)　差(　)	
论文是否达到了博士学位论文的学术水平	是(√)　否(　)	

清华大学博士学位论文学术评议书

（评议书请用黑色墨水笔书写或直接打印，不得粘贴）

论文题目	建立完善中国国家公园和保护区体系的理论与实践研究	姓　名	杨锐
		学　号	955153
		学　科	城市规划与设计（含风景园林）

对论文的学术评语（论文选题及成果对学科或产业发展的作用和意义，从论文科研工作中反映作者的基础理论和专门知识属何水平，作者对本课题范围内的国内外发展动向、重要文献资料是否有较全面的了解和评述，论文有无错误，总结写作水平如何）：

在广义建筑学概念指导下，从我国风景名胜区和自然保护区建设和发展需要出发立题，学习了中外大量的理论和规划实践，对论题提出了有所创新的理论。研究目的明确，内容和框架较周全、合理，掌握了不少实际的资料。论述综合性强，论点鲜明，论据翔实充分，且以外国的经验作为手段来寻求解决我国实践的问题，说明作者对中外重要文献和现状有较全面的了解，也反映出对城市规划与设计学科基本理论和实践具有全面而扎实的基础。写作朴实、表达清晰。个别点也有值得商榷之处，但总体水平是好的

（未详尽处接背面）

评阅人姓名 孟兆祯　所在单位 北京林业大学　是否博士生导师 是

专业技术职务 院士、教授　行政职务　日　期 2003.5.3.

请于一个月内返回，以便组织答辩。

论文的不足之处；对论文工作的意见或建议（*请务必填写此栏*） National park译为国家公园未必合适，park不能译为公园。Public park是公园而不宜译为公共公园。 表5.1将人与生物圈保护区纳入体系范围。"陆地生态环境和沿海/海洋生态环境的综合地带"属于大地的范畴。 建议在行政管理与技术管理之文中侧重技术管理，科学为本是正确的，其中还有艺术性的问题，从理念而论，希在人与自然相协调，促进天人共荣方面加强研究。 请在(　)中打√，以供参考：

论文成果是否有创造性	有　大(　)　较大(√)　中(　)　小(　)	无(　)
论文选题的理论意义或实用价值	大(√)　较大(　)　中(　)　小(　)	
论文工作中反映出的基础理论和专门知识水平	优(√)　良(　)　中(　)　差(　)	
论文的总结、写作水平	好(√)　较好(　)　中(　)　差(　)	
论文是否达到了博士学位论文的学术水平	是(√)　否(　)	

清华大学博士学位论文学术评议书

（评议书请用黑色墨水笔书写或直接打印，不得粘贴）

论文题目	建立完善中国国家公园和保护区体系的理论与实践研究	姓 名	杨锐
		学 号	955153
		学 科	城市规划与设计（含风景园林）

对论文的学术评语（论文选题及成果对学科或产业发展的作用和意义，从论文科研工作中反映作者的基础理论和专门知识属何水平，作者对本课题范围内的国内外发展动向、重要文献资料是否有较全面的了解和评述，论文有无错误，总结写作水平如何）：

《建立完善中国国家公园和保护区体系的理论和实践研究》，针对性强，无论从理论和实践上，都具有重要的导向性意义。

作者系统地总结美国国家公园发展史上的经验教训，结合我国实际，进行深入分析研究，提出解决问题的方案，理论基础扎实，专业知识全面，思路清晰。

作者掌握了大量文献资料，把握了发展方向，论据充分，科学性强，论点可靠。

理论联系实际，作者通过多项风景区规划实践，进行探索，具有可行性。

论文逻辑性、系统性强，层次分明，文字流畅，是一篇不可多得的优秀论文。

（未详尽处接背面）

评阅人姓名 谢凝高	所在单位 北京大学世界遗产	是否博士生导师 是
专业技术职务	行政职务 研究中心主任	日 期 2003.5.15.

请于一个月内返回，以便组织答辩。

论文的不足之处；对论文工作的意见或建议（***请务必填写此栏***）

中国风景名胜区源于农耕文明时代的天下名山，积淀了深厚的山水文化和山水精神，这是有别于国家公园的特有价值，希望在今后的研究中多关注。

有些提法要严谨些，要有前提条件或限定条件，如：

"国家公园保护区（属严格保护区），可引进物种。"？

"改变能源结构，广泛采用小水电、利用水力发电……"已经？

请在(　)中打√，以供参考：

论文成果是否有创造性	有　大(√)　较大(　)　中(　)　小(　)	无(　)
论文选题的理论意义或实用价值	大(√)　较大(　)　中(　)　小(　)	
论文工作中反映出的基础理论和专门知识水平	优(√)　良(　)　中(　)　差(　)	
论文的总结、写作水平	好(√)　较好(　)　中(　)　差(　)	
论文是否达到了博士学位论文的学术水平	是(√)　否(　)	

清华大学博士学位论文学术评议书

（评议书请用黑色墨水笔书写或直接打印，不得粘贴）

论文题目	建立完善中国国家公园和保护区体系的理论与实践研究	姓　名	杨锐
		学　号	955153
		学　科	城市规划与设计（含风景园林）

对论文的学术评语（论文选题及成果对学科或产业发展的作用和意义，从论文科研工作中反映作者的基础理论和专门知识属何水平，作者对本课题范围内的国内外发展动向、重要文献资料是否有较全面的了解和评述，论文有无错误，总结写作水平如何）：

中国自然资源区的保护是一个极为重要而目前状况又十分严峻的问题，而且中国在这方面的历史相对欧美国家为短，没有形成系统的理论、法规和标准。杨锐的论文把我国的风景名胜区、自然保护区、世界自然遗产、国家森林、地质公园、生物圈保护圈整合成一个体系，对其进行了全面的、系统的、深入的研究，并在实际保护区做规划的示范实践。论文具有重要的理论意义、立法和行政决策的参考价值和规划实践的典型示范作用。

论文阅读了大量的外国文献资料（156篇），结合作者自己在哈佛大学进修和在美国实地考察的经历，对国际，尤其是美国的国家公园的历史沿革、立法过程、法规、管理、技术方法等进行了全面深入的介绍和评述，这对借鉴国外经验，与国际惯例同步制定中国的相关法规和标准有重要意义。

论文亦查阅了大量国内文献资料（97篇），结合作者自己多年的在全国各地分布的规划实践和实地考察，对中国自然资源保护区管理中存在的问题及其根源作了深入的梳理和分析，给出了有条理的归纳和确切的总结。

（未详尽处接背面）

评阅人姓名　秦佑国　所在单位　清华大学建筑学院　是否博士生导师　是

专业技术职务　教授　行政职务　院长、学位分委员会主任　日　期　2003.6.14

请于一个月内返回，以便组织答辩。

论文借鉴系统论的理论与方法，对中国国家公园和保护区体系的组成要素、系统结构等进行了分析，并以控制论和管理科学的相关知识对系统的运动和变化进行研究。结合国外的经验、中国的国情和自身的实践，提出了建立和完善中国国家公园和保护区体系的战略方针和行动建议。

论文以滇西北国家公园和保护区体系建设规划作为区域性实践项目，以梅里雪山风景名胜区总体规划作为示范点实践项目，来实践理论的研究成果，这是论文的重要组成部分。实践工作得到了包括国际有关组织专家在内的广泛好评，在国内具有首创和示范的意义。尤其是梅里雪山总体规划，理论新、观念新、技术新，体现了景观规划学的最新发展，给人以深刻的印象。

这是一篇优秀的博士论文。反映了作者在现代景观学和城市规划学方面有很好的理论基础和学术素养，有很好的科研和实践工作的能力，是一个很有希望的人才

论文的不足之处；对论文工作的意见或建议*（请务必填写此栏）*

论文的第五章用系统科学的理论和方法来建构国家公园和保护区体系的理论框架，并对其进行分析。显得有些力不从心，深入不下去。

经济方面涉及不够，没有深入的经济学的分析，许多管理问题难以透彻。

请在(　)中打√，以供参考：

论文成果是否有创造性	有　大(√)　较大(　)　中(　)　小(　)	无(　)
论文选题的理论意义或实用价值	大(√)　较大(　)　中(　)　小(　)	
论文工作中反映出的基础理论和专门知识水平	优(√)　良(　)　中(　)　差(　)	
论文的总结、写作水平	好(√)　较好(　)　中(　)　差(　)	
论文是否达到了博士学位论文的学术水平	是(√)　否(　)	

清华大学博士学位论文学术评议书

（评议书请用黑色墨水笔书写或直接打印，不得粘贴）

论文题目	建立完善中国国家公园和保护区体系的理论与实践研究	姓　名	杨锐
		学　号	955153
		学　科	城市规划与设计（含风景园林）

对论文的学术评语（论文选题及成果对学科或产业发展的作用和意义，从论文科研工作中反映作者的基础理论和专门知识属何水平，作者对本课题范围内的国内外发展动向、重要文献资料是否有较全面的了解和评述，论文有无错误，总结写作水平如何）：

该论文研究的主要是自然文化遗产资源的保护与管理，它以"国家公园和保护区体系"的概念为研究平台，采用多学科交叉的方法，对建立完善中国国家公园和保护区的理论进行了深入的研究，取得了开创性的成果，在推进中国遗产资源的保护、规划和管理的进程中，具有重要的理论意义和实际价值。

论文表明作者具有丰厚的理论基础和多学科的全面系统的知识结构，有扎实的专业基本功和丰富的实践经验，有独立的科研能力和可贵的创新精神，对本课题范围内国内外发展动向和重要文献资料有全面深入的了解和评述。

论文的创新性成果体现在：

①首次系统地总结130年来世界国家公园运动的发展趋势，全面而深刻地总结美国国家公园体系的经验教训。

②首次将我国国家公园和保护区体系作为一个开放复杂巨系统来进行整体性研究。

③以系统论、控制论、管理学理论为指导，吸取美国的经验教训，并在实践项目的基础上，提出建立完善中国国家公园和保护区体系的4项战略方针、7个方面的政策途径和41项行动建议。

④滇西北国家公园和保护区体系建设规划是我国第一次在区域层次上整合风景名胜区、自然保护区等遗产资源的实践探索，其成果在中观层次上为建立完善中国国家公园和保护区体系积累经验。

⑤梅里雪山风景名胜区总体规划运用世界国家公园运动中（未详尽处接背面）

评阅人姓名	栗德祥	所在单位	清华大学建筑学院	是否博士生导师	是
专业技术职务	教授	行政职务	所长	日　期	2003.5.8

请于一个月内返回，以便组织答辩。

的新认识和新技术，结合梅里雪山的实际情况，在风景名胜区总体规划技术领域进行全面创新（七个创新点）。其成果在微观层面和技术层面为建立完善中国国家公园和保护区体系积累经验。

论文立论有新意，论点正确，论据充分，论述清晰，行文流畅，可读性强，达到了博士学位论文的水平，是一篇优秀的博士论文。同意安排论文答辩，建议授予杨锐工学博士学位。

论文的不足之处；对论文工作的意见或建议***（请务必填写此栏）***

有几处输入上的错字，请改掉。

请在(　)中打√，以供参考：

论文成果是否有创造性	有　大(√)　较大(　)　中(　)　小(　)	无(　)
论文选题的理论意义或实用价值	大(√)　较大(　)　中(　)　小(　)	
论文工作中反映出的基础理论和专门知识水平	优(√)　良(　)　中(　)　差(　)	
论文的总结、写作水平	好(√)　较好(　)　中(　)　差(　)	
论文是否达到了博士学位论文的学术水平	是(√)　否(　)	

清华大学博士学位论文学术评议书

（评议书请用黑色墨水笔书写或直接打印，不得粘贴）

论文题目	建立完善中国国家公园和保护区体系的理论与实践研究	姓　名	杨锐
		学　号	955153
		学　科	城市规划与设计（含风景园林）

对论文的学术评语（论文选题及成果对学科或产业发展的作用和意义，从论文科研工作中反映作者的基础理论和专门知识属何水平，作者对本课题范围内的国内外发展动向、重要文献资料是否有较全面的了解和评述，论文有无错误，总结写作水平如何）：

论文选择“国家遗产资源保护规划和管理”这一实践中迫切需要解决的重要课题为研究对象，以世界保护联盟“国家公园和保护区体系”概念为平台，对风景名胜区、自然保护区、世界遗产等进行了整体式研究。论文既有理论研究，又有实践探索；既能吸收借鉴国际上先进的理念和技术，又能在深刻分析国内问题的基础上，系统地、有针对性地提出解决问题的战略方针和行动计划；既在宏观区域层次（滇西北）的实践中研究了改善自然文化遗产管理体系的一揽子方案，又在微观层次上（梅里雪山）全面探索了改进风景名胜区总体规划质量的技术方法。论文取得了开创性的研究成果，梅里雪山规划获得了世界保护联盟遗产评估专家和美国大自然保护协会的高度评价，这些成果将在中国遗产资源保护规划管理中，具有重要的理论指导意义和重大的实用价值。

论文工作反映出作者具有扎实系统的专业理论基础，同时拥有广泛全面的多学科知识结构，善于应用学科融贯的研究方法。作者具有强烈的社会责任感，和丰富的实践经验，创新意识强。掌握了课题范围内的国内外发展动向，收集整理了大量参考文献，并对其进行了全面深入的了解和评述。

（未详尽处接背面）

评阅人姓名　郑光中　所在单位　清华大学建筑学院　是否博士生导师　否

专业技术职务　教授　行政职务　总规划师　日　期　2003.4.30

请于一个月内返回，以便组织答辩。

论文选题意义重大，结构完整、思路清晰、论点鲜明、论据充分、论述有力、文字流畅，是一篇难得的优秀博士论文，达到了清华大学博士学位论文水平。同意安排答辩，建议授予清华大学工学博士学位。

论文的不足之处；对论文工作的意见或建议 ***（请务必填写此栏）***

希望作者在今后的研究中关注发展中国家在自然文化遗产保护管理中的经验教训。

请在(　)中打 √，以供参考：

论文成果是否有创造性	有　大(√)　较大(　)　中(　)　小(　)	无(　)
论文选题的理论意义或实用价值	大(√)　较大(　)　中(　)　小(　)	
论文工作中反映出的基础理论和专门知识水平	优(√)　良(　)　中(　)　差(　)	
论文的总结、写作水平	好(√)　较好(　)　中(　)　差(　)	
论文是否达到了博士学位论文的学术水平	是(√)　否(　)	

清华大学博士学位论文学术评议书

（评议书请用黑色墨水笔书写或直接打印，不得粘贴）

论文题目	建立完善中国国家公园和保护区体系的理论与实践研究	姓　名	杨锐
		学　号	955153
		学　科	城市规划与设计（含风景园林）

对论文的学术评语（论文选题及成果对学科或产业发展的作用和意义，从论文科研工作中反映作者的基础理论和专门知识属何水平，作者对本课题范围内的国内外发展动向、重要文献资料是否有较全面的了解和评述，论文有无错误，总结写作水平如何）：

20世纪末期以降，保护大自然，人与自然协调发展已成为世界可持续发展运动的主流和国家环境政策的主题。我国自然资源相对贫乏，而整体上保护意识却十分薄弱，形势令人担忧。在这种背景下，作者积十多年参加我国风景名胜区和自然保护区规划设计和建设实践之经验和在哈佛大学专门就此课题进修一年的基础上完成此论文，期间和国际世界同行有共同工作、平等交流的经验。论文反映了作者对国内外该领域发展前沿和我国国情有全面、准确的掌握，对美国国家公园运动的评介深入而详尽，富有启发性。

论文理论联系实际，通过两个规划案例，很有针对性地提出了符合我国国情的规划、管理、立法等一

（未详尽处接背面）

评阅人姓名	左川	所在单位	清华大学	是否博士生导师	否
专业技术职务	教授	行政职务	人居环境研究中心副主任	日　期	2003.6.

请于一个月内返回，以便组织答辩。

整套对策和建议，在理论和实践上都有重要意义，反映了作者坚实的理论基础和很高的专业水平。

这是一篇优秀的博士论文，成果丰厚。论述写作严谨、逻辑性强、行文流畅。

论文的不足之处；对论文工作的意见或建议（***请务必填写此栏***）

论文关于"基于相关学科的理论分析"部分及关于方法论方面的分析等略显不足（还处在简单套用层面上）

为了充分发挥此项研究对我国自然遗产保护工作的促进作用，建议作者完成一个简本送交有关面

请在(　)中打√，以供参考：

论文成果是否有创造性	有　大(√)　较大(　)　中(　)　小(　)	无(　)
论文选题的理论意义或实用价值	大(√)　较大(　)　中(　)　小(　)	
论文工作中反映出的基础理论和专门知识水平	优(√)　良(　)　中(　)　差(　)	
论文的总结、写作水平	好(√)　较好(　)　中(　)　差(　)	
论文是否达到了博士学位论文的学术水平	是(√)　否(　)	

参考文献

REFERENCES

[1] Albright H M, CahnR. The Birth of the National Park Service: The Founding Years, 1913-33 [M]. Salt Lake City: Howe Brothers, 1985.

[2] Albright H M, Dickenson R E, Mott Jr P. National park service: The Story Behind the Scenery [M].Las Vegas: KC publications,1987.

[3] Albright H M,Schenck M A. Creating the national Park Service: The missing years [M]. Norman: University of Oklahoma Press, 1999.

[4] Appleman R E. A History of the National Park Service Mission 66 Program [M]. Washington, DC: Department of the Interior, National Park Service, 1958.

[5] WHC. Managing Tourism at World Heritage Sites [EB/OL]. 2002[2002]. https://whc.unesco.org/en/documents/3181.

[6] Berkowitz P D, U.S. Rangers, The Law of the Land: The History of Law Enforcement in the Federal Land Management Agencies [M]. Herndon: Fraternal Order of Police, National Park Ranger's Eastern Lodge, 1995.

[7] Black H C. Black's Law Dictionary [M]. Saint Paul: West Publishing Company,1968.

[8] Bratton S P. National park management and values [J]. Environmental Ethics, 1985, 7(2): 117-133.

[9] Brick P D, Cawley R M. A Wolf in the Garden: The Land Rights Movement and the New Environmental Debate[M]. Lanham: Rowman & Littlefield, 1996.

[10] Brockman C F. Park naturalists and the evolution of National Park Service interpretation through World War II [J]. Journal of Forest History, 1978, 22(1): 24-43.

[11] Buccino S, Clusen C, Norton E, Wald J. Reclaiming Our Heritage: What We Need to Do to Preserve America's National Parks [M]. New York: National Trust for Historic Preservation, 1997.

[12] Budiansky S. The New Science of Nature Management [J]. New York: Free Press, 1995.

[13] Cameron J. The National Park Service: Its History, Activities, and Organization [M]. New York: AMS Press, 1973.

[14] Carr E. Wilderness by Design: Landscape Architecture and the National Park Service [M]. Lincoln: University of Nebraska Press,1998.

[15] Cole D N. Wilderness recreation in the United States: Trends in use, users, and impacts [J]. International journal of wilderness. 2 (3): 14-18, 1996.

[16] Coleman J W. Related Lands and the US National Park Service [C] //The George Wright Forum. George Wright Society, 1993, 10 (2): 33-38.

[17] Connally E H. National Parks In Crisis [M]. Washington, DC: National Parks & Conservation Association, 1982.

[18] Conservation Foundation. National Parks For A New Generation: Visions, Realities, Prospects: A Report From The Conservation Foundation [M]. Washington, DC: Conservation Foundation, 1985.

[19] Dennis J G. Building a science program for the National Park System [C] //The George Wright Forum. George Wright Society, 1985, 4(3): 12-21.

[20] Dilsaver L M. America's National Park System: The Critical Documents [M]. Lanham: Rowman & Littlefield, 1994.

[21] Dominic D F. Protecting Biological Diversity in the National Parks: Workshop Recommendations [M]. Washington, DC: U.S. Department of the Interior, National Park Service, 1990.

[22] Edington J M, Edington M A. Ecology, Recreation, and Tourism [M]. Cambridge and New York: Cambridge University Press, 1986.

[23] Evernden N. The Social Creation of Nature [M]. Baltimore: Johns Hopkins University Press, 1992.

[24] Fitzsimmons A K. National Parks: the dilemma of development [J]. Science, 1976, 191(4226): 440-444.

[25] Foresta R A. America's National Parks and Their Keepers [M]. Baltimore: Johns Hopkins University Press, 1984.

[26] Freemuth J C. Islands Under Siege: National Parks and the Politics of External Threats. Development of Western Resources Series [M]. Lawrence: University Press of Kansas, 1991.

[27] Frissell S S. Recreational Use of Campsites in the Quetico-Superior Canoe Country [M]. Saint Paul: University of Minnesota, 1963.

[28] Fressell S S, Stankey G H. Wilderness Environment Quality: Search for Social and Ecological Harmony. In: Proceedings of the 1972 National Convention [R],1972,(10):1-5.

[29] Frome M, Albright H M, Teeguarden D E.Conservators of Hope: The Horace M. Albright Conservation Lectures [M].Moscow, Idaho: University of Idaho Press, 1988.

[30] Glass J A. The Beginnings of a New National Historic Preservation Program, 1957 to 1969 [M]. Nashville: American Association for State and Local History, 1990.

[31] Graber D M. Managing for uncertainty: national parks as ecological reserves [C] //The George Wright Forum. George Wright Society, 1985, 4(3): 4-7.

[32] Halvorson W L, Davis G E. Science and Ecosystem Management in the National Parks [M]. Tucson: University of Arizona Press, 1996.

[33] Hampton D H. How the U.S. Cavalry Saved Our National Parks [M].Bloomington:Indiana University Press, 1971.

[34] Harmon D. The new research mandate for America's National Park System: where it came from and what it could mean [C] //The George Wright Forum. George Wright Society, 1999, 16 (1): 8-23.

[35] Soullière L E, Harrison L S. Architecture in the Parks: National Historic Landmark Theme Study [M]. Washington, DC:National Park Service, Department of the Interior, 1987.
[36] Haskell D A. Protecting park resources within a developing landscape [C] //The George Wright Forum. George Wright Society, 1991, 8(1): 2-6.
[37] Herrmann R. The Future of Science in the National Parks Positive Directions, New Opportunities [C] //The George Wright Forum. George Wright Society, 1987, 5(3): 1-13.
[38] Hendee J C, Stankey G H, Lucas R C. Wilderness Management 2nd [R].Huntley:North American Press.1990.
[39] Higham R. Property Laws, Lands, and National Parks: An Introduction [J]. Journal of the West, 1999, 38: 1-5.
[40] Hogenauer A K. Gone, but not forgotten: The delisted units of the US National Park System [C] //The George Wright Forum. George Wright Society, 1991, 7 (4): 2-19.
[41] Holland F R. The U.S. National Park System's Cultural Resources [C] //The George Wright Forum. George Wright Society, 1982, 2(4): 8-11.
[42] Howell J A. U.S. National Park Service Inventory and Monitoring: A California Park Perspective [C] //The George Wright Forum. George Wright Society, 1993, 10(3): 16-23.
[43] Huff D E. Wildlife management in America's national parks: preparing for the next century [C] //The George Wright Forum. George Wright Society, 1997, 14(1): 25-33.
[44] Hultsman J, Cottrell R L, Hultsman W Z. Planning Parks for People [M]. State College: Venture Publishing, 1987.
[45] Isne J. Our National Park Policy: A Critical History [M]. Baltimore: Johns Hopkins Press, 1961.
[46] Jarvis T D. The Business of the Parks [C] //The George Wright Forum. George Wright Society, 1998, 15(1): 42-49.
[47] Johnson D R, Kamp M E V, Swearingen T C. A Survey of Park Managers' Perceptions of Noncompliant Visitor Behavior Causing Resource Damage in the National Park System [M]. Denver: National Park Service, Denver Service Center, 1994.
[48] Johnson R W. Evaluation of New Areas for the National Park System: The Great Basin Study [C]//The George Wright Forum. George Wright Society, 1982, 2(1): 25-27.
[49] Joseph R. America's Living Landscapes [R]. Common Ground: Archeology & Ethnology in the Public Interest, 1998.
[50] Kaiser H H. Landmarks in the Landscape: Historic Architecture in the National Parks of the West [M]. San Francisco: Chronicle Books, 1997.
[51] Keller R H, Turek M F. American Indians and national parks [M]. Tucson: University of Arizona Press, 1998.
[52] Koppes C R. Efficiency/equity/esthetics: towards a reinterpretation of American conservation [J]. Environmental Review: ER, 1987, 11(2): 127-146.
[53] Kuss F R. Visitor Impact Management: A Systematic Approach to Recreational Carrying Capacity [M]. Washington, DC: National Parks and Conservation Association, 1990.
[54] Lambe J M. [1] Legislative History of Historic Preservation Act of 1966 [M]. Washington, DC: Department of the Interior, National Park Service, 1967.
[55] La Pierre Y, Over the Years, Hiking Has Remained One of the Most Popular Ways to See the National Parks [J]. National Parks, 1999, 05: 42.
[56] Lawrence H W. Historic Change in Natural Landscapes: The Experimental View [J]. Environmental Review: ER, 1982, 6(1): 15-37.
[57] Donald R. L, Fretwell H L, Kiernan T. Should National Parks Finance Their Operations Through User Fees? [J]. Insight on the News,1998, 12:7-24.
[58] Lee R F. The Antiquities Act of 1906 [M]. [1] Washington, DC: Department of the Interior, National Park Service, 1970.
[59] LembitR. Burning Wilderness [J]. National Parks Journal,1998,12:1-18.
[60] Lewis R H. Museum Curatorship in the National Park Service, 1904-1982 [M]. Washington,DC:Department of the Interior, National Park Service, 1993.
[61] Lttle C E. Discover America: The Smithsonian Book of the National Parks [M]. Washington, DC: Smithsonian Institution Press, 1996.
[62] Littlejohn M. A Diversity of Visitors: A Report on Visitors to the National Park System; the National Park Service Visitor Services Project [M]. Moscow: Cooperative Park Studies Unit, University of Idaho, 1990.
[63] Lockhart W J. External threats to our national parks: an argument for substantive protection [J]. Stanford Environmental Law Journal, 1997, 16: 3.
[64] Lotz D T. An analysis of deletions of areas formerly administered by the National Park Service: a report [D]. East Lansing: Michigan State University, 1976.
[65] Lovett F N, Etzioni A. National Parks: Rights and the Common Good. Rights and Responsibilities: Communitarian Responses Series [M]. Lanham: Rowman & Littlefield, 1998.
[66] Lowry W R. The Capacity for Wonder: Preserving National Parks [M]. Washington, DC: Brookings Institution, 1994.
[67] Mackintosh B. The Historic Sites Survey and National Historic Landmarks Program: A History [M]. Washington, DC: National Park Service,

History Division, 1985.

[68] Mackintosh B. Interpretation in the National Park Service: A historical perspective [M]. Washington, DC: National Park Service, History Division, 1986.

[69] Mackintosh B. The United States Park Police: A History [M]. Washington, DC: National Park Service, History Division, 1989.

[70] Manning R E. "To Provide for the Enjoyment": Recreation Management in the National Parks [C] //The George Wright Forum. George Wright Society, 1998, 15 (1): 6-20.

[71] Manning R E, Valliere W A, Minteer B A. Environmental values and ethics: An empirical study of the philosophical foundations for park policy [C] //The George Wright Forum. George Wright Society, 1996, 13 (2): 20-31.

[72] Mantell M A. Managing National Park system resources: a handbook on legal duties, opportunities and tools [M]. Washington, DC: Conservation Foundation, 1990.

[73] Marion J L. Problems and practices in backcountry recreation management: a survey of National Park Service managers [M]. Denver: US Department of the Interior, National Park Service, Natural Resources Publication Office, 1993.

[74] Matthews W H. A Guide to the National Parks: Their Landscape and Geology [M]. [1] New York: Natural History Press, 1973.

[75] McClelland L F. Building the National Parks: Historic Landscape Design and Construction [M]. Baltimore: Johns Hopkins University Press,1997.

[76] McCurdy D R. Park Management [M]. Carbondale: Southern Illinois Press, 1985.

[77] Annette M. The Next National Parks: An Eye To The Future [J]. Backpacker, 1998, 26(9): 52.

[78] Melnick R, Sponn D, Saxe E J. Cultural Landscapes: Rural Historic Districts in the National Park System [M]. Washington, DC: Department of the Interior, National Park Service, Park Historic Architecture Division, 1984.

[79] Merriam Jr L C. The National Park System: Growth and Outlook [J]. National Parks and Conservation Magazine, 1972, 46: 4.

[80] Miles J C. Guardians of the Parks: A History of the National Parks and Conservation Association [M]. Washington, DC: Taylor & Francis in cooperation with National Parks and Conservations Association, 1995.

[81] Muir J. Our national parks [M]. Madison: University of Wisconsin Press, 1981.

[82] Murfin J V. The National Heritage of America [M]. New York: W.H. Smith, Publishers, 1986.

[83] Nassauer J I. Placing Nature: Culture and Landscape Ecology [M]. Washington DC: Island Press, 1997.

[84] National Audubon Society. National Parks, National Paradox: Do the Parks Have an Impossible Mission? [J].Audubon Magazine, 1997, 6.

[85] National Parks and Conservation Association. Our endangered parks: what you can do to protect our national heritage [M]. San Francisco: Foghorn Press, 1994.

[86] National Park Service Special Programs and Populations Branch.. Interpretation for Disabled Visitors in the National Park System [M]. Washington, DC: Department of the Interior, National Park Service, 1984.

[87] National Park Service Steering Committee. National Parks for the 21st Century: The Vail Agenda: Report and Recommendations to the Director of the National Park Service [M]. Washington, DC: National Park Service, 1991.

[88] National Park Service. Management Policies 2001 [EB/OL]. Washington, DC:U.S, Department of interior, National Park service, 2001 [2002]. https://www.nps.gov/goga/learn/management/upload/2001-Management-Policies.pdf.

[89] National Park Service. VERP: The Visitor Experience and Resource Protection (VERP) framework—A handbook for planners and managers [J]. USDI National Park Service Technical Report, 1997.

[90] The Nature Conservancy United States. Department of the Interior. Preserving Our Natural Heritage [M]. Washington, DC: Department of the Interior, National Park Service, 1977.

[91] Newton N T. Design on the Land: The Development of Landscape Architecture [M]. Cambridge: Harvard University Press, 1971.

[92] Nobel J H.National Parks for a New Generation [R] The Conservation Foundation, 1985.

[93] Nodvin S C. Regional conservation management relative to NPS policy and the conservation ethic [C] //The George Wright Forum. George Wright Society, 1990, 6(4): 10-15.

[94] Norris F. A Lone Voice in the Wilderness: The National Park Service in Alaska, 1917-1969 [J]. Environmental History, 1996, 1(4): 66-76.

[95] O'Brien B R. Our National Parks and the Search for Sustainability [M]. Austin: University of Texas Press, 1999.

[96] O'Leary D. Case Studies in Protecting Parks: Accomplishments in Protecting Parks from Adjacent Land and Resource Development Impacts [M]. Denver:U.S. Department of the Interior, National Park Service, 1987.

[97] Paige J C. The Civilian Conservation Corps and the National Park Service, 1933-1942: An Administrative History [M].Washington, DC: National Park Service, US Department of the Interior, 1985.

[98] Peters C E. The Relevance of Carrying Capacity: To National Parks and the World [C] //The George Wright Forum. George Wright Society,

1982, 2(1): 16-21.
[99] Petrie T. Back Then: A Pictorial History of America's National Parks [M]. Minocqua: Willow Creek Press, 1990.
[100] Power T M. The economic role of America's national parks: Moving beyond a tourist perspective [C] //The George Wright Forum. George Wright Society, 1998, 15 (1): 33-41.
[101] Pritchard P. Parks in Peril: The Race Against Time Continues [R]. Washington, DC: National Parks and Conservation Association, 1992.
[102] Pritchard P C. Views of the Green: Presentations from New Directions for the Conservation of Parks: An International Working Conference [M]. Washington, DC: National Parks & Conservation Association, 1985.
[103] Pritchard P, Westra K, Haas G, DeRuiter D. National Public Opinion Survey on the National Parks System [M]. Washington, DC: National Parks and Conservation Association, 1995.
[104] Pritchard P, Westra K, Vaske J, Haas G.American Views on National Park Issues: A Summary Report [C].Washington, DC: National Parks and Conservation Association, 1996.
[105] Readers Digest Association. Our National Parks: America's Spectacular Wilderness Heritage [M]. New York: Reader's Digest Association, 1997.
[106] Rettie D F. Our National Park System: Caring for America's Greatest Natural and Historic Treasures [M]. Urbana: University of Illinois Press, 1995.
[107] Reynolds J. National Parks in the United States: An Overview of Current Conditions [C] //The George Wright Forum. George Wright Society, 1995, 12(4): 22-29.
[108] Rogers J L. The National Park Service Restructuring: A Perspective [C] //The George Wright Forum. George Wright Society, 1996, 13(3): 44-50.
[109] Rootes C A. Conservation or recreation? National and state parks in America [J]. Environmental Politics, 1998, 7 (3): 156-159.
[110] Rutberg A T, Pacelle W. Embracing humane values in national park management [C] //The George Wright Forum. George Wright Society, 1997, 14(1): 38-46.
[111] Scheg N L. Preservationists vs. Recreationists in Our National Parks [J]. Hastings W.-Nw. J. Envtl. L. &Pol'y, 1998, 5: 47.
[112] Schrepfer S R. The Fight to Save the Redwoods: A History of the Environmental Reform, 1917–1978 [M]. Madison: University of Wisconsin Press, 1983.
[113] Sears J F. Sacred places: American tourist attractions in the 19th century [M]. New York: Oxford University Press, 1989.
[114] Sellars R W. Preserving Nature in the National Parks [M]. New Haven: Yale University Press, 1997.
[115] Shafer C L. Nature Reserves: Island Theory and Conservation Practice [M]. Washington DC: Smithsonian Institution Press, 1990.
[116] Sharpe G W. Interpreting the Environment. [M]. New York: John Wiley and Sons, 1982.
[117] Silsbee D G. Designing and implementing comprehensive long-term inventory and monitoring programs for National Park System lands [M]. Denver: US Department of the Interior, National Park Service, 1991.
[118] Simon D J. Our Common Lands: Defending the National Parks [M]. Washington, DC: Island Press, 1988.
[119] Sontag W H. National Park Service: The First 75 Years [J]. Philadelphia: Eastern Parks and Monuments Association, 1990.
[120] Stankey G H, McCool S F, Stokes G L. Limits of acceptable change: a new framework for managing the Bob Marshall Wilderness complex [J]. Western Wildlands, 1984, 10 (3): 33-37.
[121] Stankey G H, McCool S F. Carrying capacity in recreational settings: evolution, appraisal, and application [J]. Leisure Sciences, 1984, 6 (4): 453-473.
[122] Stevens J E. America's National Battlefield Parks: A Guide [M]. Norman: University of Oklahoma Press, 1990.
[123] Sudia T W. Domestic Tranquility and the National Park System: A Context for Human Ecology [C] //The George Wright Forum. George Wright Society, 1982, 2(1): 22-24.
[124] Sudia T W, Churra N J. Evaluating Science in the National Park Service [C] //The George Wright Forum. George Wright Society, 1989, 6 (2): 37-49.
[125] Sumner L. Biological research and management in the National Park Service: A history [C] //The George Wright Forum. George Wright Society, 1983, 3 (4): 3-27.
[126] Swain D C. The National Park Service and the New Deal, 1933-1940 [J]. Pacific Historical Review, 1972, 41(3): 312-332.
[127] Udall S L. National Parks of America [J]. New York: G. P. Putnam's Sons, 1972.
[128] Unrau H D, Williss G F. Administrative History: Expansion of the National Park Service in the 1930's [M]. Washington, DC: Department of the Interior, National Park Service, 1983.
[129] U.S. Environmental Protection Agency. Effects of the 1990 Clean Air Act Amendments on Visibility in Class I Areas: An EPA Report to Congress [C]. Research Triangle Park: Office of Air Quality Planning and Standards, USEPA,1993.
[130] U.S. House Committee on Government Operations.Clean Air in National Parks: Hearing of the Subcommittee on Environment, Energy and Natural Resources(Testimony of D.W. Carr, Directorof the Public Lands Project) [R]. Charlottesville, US: Southern Environmental Law Center, 1994.

[131] Utley R M, Mackintosh B. The department of everything else: Highlights of Interior history [M]. Washington, DC: Department of the Interior, National Park Service, 1989.
[132] Voorhees P, Woodford E. NPS and the $300,000 Privy: A Parable for Management [C] //The George Wright Forum. George Wright Society, 1998, 15(1): 63-67.
[133] Wagar J A. The carrying capacity of wild lands for recreation [J]. Forest science monograph, 1964, 7.
[134] Wagner F H, and Sax J L. Wildlife Policies in National Park s [M]. Washington, DC: Island Press, 1995.
[135] Wauer R H. The Role of the National Park Service Natural Resources Managers [M]. Seattle:National Park Service, Cooperative Park Studies Unit, College of Forest Resources, University of Washington, 1980.
[136] Wauer R H. Are the National Parks in Peril? [C] //The George Wright Forum. George Wright Society, 1981, 1(1): 4-6.Wauer, Roland H. "Are the National Parks in Peril?" George Wright Forum 1:1 (1981).
[137] Webb M. Cultural Landscapes in the National Park Service [J]. The Public Historian, 1987, 9(2): 77-89.
[138] Welsh M E. The National Park Service and the American West: New Voices, New Missions, New History [C] //The George Wright Forum. George Wright Society, 1996, 13(3): 22-28.
[139] Whatley M E. Interpreting critical natural resource issues in Canadian and United States National Park Service areas [M]. Denver: US Department of the Interior, National Park Service, Natural Resources Publication Office, 1995.
[140] Whiteman L. The Heat Is On [J]. National Parks, 1999,01,33.
[141] Wirth C L. Parks, Politics, and the People [M]. Norman: University of Oklahoma Press., 1980.
[142] Wray J, Roberts A. In Praise of Platt Or, What is a 'Real' National Park? [C] //The George Wright Forum. George Wright Society, 1998, 15(1): 68-78.
[143] Wright R G. National Parks and Protected Areas: Their Role in Environmental Protection [M]. Cambridge: Blackwell Science,1996.
[144] Zaslowsky D, Watkins T H. These American Lands: Parks, Wilderness, and the Public Lands [M].Washington, DC: Island Press, 1994.
[145] 白剑峰. 我国建立自然保护区一千五百多个[N]. 人民日报，2002-05-22（002）.
[146]（美）保罗·穆迪. 管理决策方法 [M]. 安玉英译. 北京：中国统计出版社，1989.
[147] 陈安泽，卢云亭，陈兆棉. 旅游地学的理论与实践 [M]. 北京：地质出版社，1998.
[148] 陈素伟. 新时期风景名胜区工作的思考 [J]. 风景名胜工作通讯，2002，7.
[149] 陈景艳. 目标规划与决策管理 [M]. 北京：清华大学出版社，1987.
[150] 陈晓剑，梁梁. 系统评价方法及应用 [M]. 合肥：中国科学技术大学出版社，1993.
[151]（美）冯·贝塔朗菲. 一般系统论基础、发展和应用 [M]. 林康义，魏宏森译. 北京：清华大学出版社，1987.
[152] 傅振国，钟嘉报. 我国世界生物圈保护区增至二十一个 [N]. 人民日报海外版，2001-12-06.
[153] GB/T14529-1993，自然保护区类型与级别划分原则 [S].
[154] 国家环境保护总局自然生态保护司. 2001 年全国自然保护区统计分析报告 [R]. 北京：中国环境科学出版社，2002.
[155] 顾凯平，高孟宁，李彦周. 复杂巨系统研究方法论 [M]. 重庆：重庆出版社，1992.
[156] 郭咸纲. 西方管理思想史 [M]. 北京：经济管理出版社，1999.
[157] 韩念勇. 中国自然保护区可持续管理政策研究 [J]. 自然资源学报，2000（03）：201-207.
[158] 贺强，张燕生，朱永杰. 西方管理思想宝库 [M]. 北京：中国广播电视出版社，1993.
[159] 何晓明，刘金堀. 现代管理理论与方法 [M]. 北京：中国社会科学出版社，1992.
[160] 惠益民，邬宽明. 科学管理和管理科学 [M]. 北京：科学技术文献出版社，1994.
[161] 贾建中，张国强. 世纪之交诞生的国家标准《风景名胜区规划规范》[J]. 中国园林，2000（01）：36.
[162] 姜圣阶. 决策学基础 [M]. 北京：中国社会科学出版社，1986.
[163] 雷树樑. 动态大系统方法 [M]. 西安：西北工业大学出版社，1994.
[164]（美）理查德·E 沃尔顿. 冲突管理 [M]. 李建国，陈忠华译. 石家庄：河北科学技术出版社，1992.
[165]（美）理查德·M·霍杰茨. 管理的理论、过程与实践 [M]. 孙茂远，李英译. 北京：煤炭工业出版社，1991.
[166] 李如生. 美国国家公园的法律基础 [J]. 中国园林，2002（05）：7-13.
[167] 李如生. 风景名胜区开发经营问题的探讨 [J]. 中国园林，2001（05）：17-19.
[168] 刘东辉. 战略决策论 [M]. 哈尔滨：黑龙江教育出版社，1990.
[169] 刘俊生. 现代管理理论与方法 [M]. 北京：中国政法大学出版社，1995.
[170] 柳尚华. 中国风景园林当代五十年 [M]. 北京：中国建筑工业出版社，1999.
[171] 厉色. 国家重点风景名胜区门票及经营收益情况问卷调查报告 [R]. 2002.
[172] 吕舟. 面向新世纪的中国文化遗产保护 [J]. 建筑学报，2001（03）：58-60.
[173] 马纪群. 亮丽的青春·中国风景名胜区事业创业 20 周年随想 [J]. 风景名胜工作通讯专刊，2002，11.
[174]（日）Nakagoshi，Nobukazu；Numata，Makoto. 日本国家公园和准国家公园的景观系统（第一届东亚地区国家公园与保护区会

议暨CNPPA/IUCN第41届工作会议论文）［C］. 北京：中国环境出版社，1994.
［175］潘江. 中国的世界自然遗产的地质地貌特征［M］. 北京：地质出版社，2002.
［176］彭俊. 国家级自然保护区达134个［N］. 人民日报，2002-12-18.
［177］钱学森，于景元，戴汝为. 一个科学新领域——开放的复杂巨系统及其方法论［J］. 自然杂志，1990（01）：3-10+64.
［178］（美）R. M. 克朗. 系统分析和政策科学［M］. 陈东威译. 北京：商务印书馆，1985.
［179］（美）S・阿尔特曼，E・瓦伦齐，R・霍德盖茨. 管理科学与行为科学——组织行为学. 实践与理论（上）［M］. 魏楚千，刘祖荫，卢兴华译. 北京：北京航空航天大学出版社，1990.
［180］史鹤龄. 规制中国遗产管理：协调保护与开发［C］// 中国社会科学院，中国联合国教科文组织全国委员会，国家建设部等. 改进中国自然文化遗产资源管理国际会议论文集，2000.
［181］孙克南，赵小宇. 森林公园建设存在的问题及对策［J］. 河北林业科技，2000（05）：50-51.
［182］隋映辉. 协调发展论［M］. 青岛：青岛海洋大学出版社，1990.
［183］孙施文. 城市规划中的公众参与［J］. 国外城市规划，2002（02）：1-14.
［184］谭跃进，陈英武，易进先. 系统工程原理［M］. 北京国防科技大学出版社，1999.
［185］陶伟. 中国世界遗产的可持续旅游发展研究［M］. 北京：中国旅游出版社，2001.
［186］童星. 社会管理学概论［M］. 南京：南京大学出版社，1991.
［187］涂序彦. 大系统控制论［M］. 北京：国防工业出版社，1994.
［188］汪光焘. 在全国风景名胜区保护工作会议上的讲话［R］. 建设情况通报，2002-09-05.
［189］王秉洛. 发扬风景名胜区资源与环境整体保护管理优势［J］. 风景名胜工作通讯，2002（11）.
［190］王秉洛. 国家自然文化遗产及其所处环境的分类价值［M］// 张晓等. 中国自然文化遗产资源管理. 北京：社会科学文献出版社，2001.
［191］王长安. 我国森林公园建设和森林旅游业发展中存在的主要问题及对策［J］. 林业资源管理，1998（03）：39-44.
［192］王浣尘. 可行性研究和多目标决策［M］. 北京：机械工业出版社，1986.
［193］王莲芬，许树柏. 层次分析法引论［M］. 北京：中国人民大学出版社，1990.
［194］王学健. 我国建立自然保护区一千五百多个［N］. 人民日报，2002-12-26.
［195］王云. 风景名胜区土地使用分区制研究［D］. 同济大学，1997.
［196］王雨田. 控制论、信息论、系统科学与哲学（第二版）［M］. 北京：中国人民大学出版社，1988.
［197］王之璋. 协调论［M］. 上海：上海社会科学院出版社，1991.
［198］魏宏森，曾国屏. 系统论：系统科学哲学［M］. 北京：清华大学出版社，1995.
［199］魏小安，窦群，彭德成. 发展旅游和遗产保护能否"双赢"?［N］. 中国旅游报，2002-12-18.
［200］吴良镛. 人居环境科学导论［M］. 北京：中国建筑工业出版社，2001.
［201］吴良镛. 滇西北人居环境可持续发展规划研究［M］. 云南大学出版社，2000.
［202］吴良镛. 严峻生境条件下可持续发展的研究方法论思考——以滇西北人居环境规划研究为例［J］. 城市发展研究，2001（03）：13-14.
［203］吴良镛，罗哲文，李皓，梁从诫. 我们应怎样善待环境［J］. 环境导报，2001（05）：40-41.
［204］吴必虎. 区域旅游规划原理［M］. 北京：中国旅游出版社，2001.
［205］（美）小詹姆斯. H. 唐纳利，詹姆斯・L・吉布森，约翰・M・伊凡赛维奇. 管理学基础：职能・行为・模型［M］. 李流苏译. 北京：中国人民大学出版社，1982.
［206］谢凝高. 保护自然文化遗产复兴山水文明［J］. 中国园林，2000（02）：33-35.
［207］谢凝高. 国家风景名胜区功能的发展及其保护利用［J］. 中国园林，2002（04）：17-21.
［208］谢凝高. "世界遗产"不等于旅游资源［J］. 北京规划建设，2001（06）：58-59.
［209］谢凝高. 世界国家公园的发展和对我国风景区的思考［J］. 城乡建设，1995（08）：24-26.
［210］谢凝高，陈凯祥. 中国世界遗产不应成为世界的遗憾［J］. 云南档案，2001（05）：43-45.
［211］徐立幼，郑义榆. 管理学原理［M］. 上海：上海科学文献技术出版社，1988.
［212］徐嵩龄. 环境伦理学进展：评论和阐释［M］. 北京：社会科学文献出版社，1999.
［213］宣家骥. 多目标决策［M］. 长沙：湖南科学技术出版社，1989.
［214］杨朝飞. 澳大利亚、新西兰有关遗传资源管理的启示［J］. 世界环境，2001（01）：38-41.
［215］杨朝飞. 中国自然保护区的发展与挑战［J］. 环境保护，1999（02）：30-33.
［216］杨贵庆. 试析当今美国城市规划的公众参与［J］. 国外城市规划，2002（02）：2-5+33-0.
［217］杨锐. 风景区环境容量初探——建立风景区环境容量概念体系［J］. 城市规划学刊，1996（6）：12-15.
［218］杨锐. 美国国家公园体系的发展历程及其经验教训［J］. 中国园林，2001（01）：62-64.
［219］杨锐，赵炳时，杨利铭. 关于建立滇西北国家公园和保护区体系的初步设想［M］// 吴良镛. 滇西北人居环境可持续发展规划研究. 昆明：云南大学出版社，2000.
［220］游汉廷. 世界国家公园运动之发展. 国家公园经营管理演习会资料汇编［Z］. 台湾大学，内政部营建署，1985.

[221] 于景元. 从定性到定量综合集成方法及其应用[J]. 中国软科学，1993（05）：31-35.
[222] 袁嘉新，王人清. 系统论在区域规划中的应用[M]. 北京：社会科学文献出版社，1987.
[223] 张康之，齐明山. 一般管理学原理[M]. 北京：中国人民大学出版社，1998.
[224] 张文焕，刘光霞，苏连义. 控制论·信息论·系统论与现代管理[M]. 北京：北京出版社，1990.
[225] 张文焕，苏连义，刘光霞. 目标管理答询[M]. 北京：北京日报出版社，1988.
[226] 张晓. 遗产资源所有与占有——从出让风景区开发经营权谈起[J]. 中国园林，2002（02）：29-32.
[227] 张晓，张昕竹. 中国自然文化遗产资源管理体制改革与创新[J]. 经济社会体制比较，2001（04）：65-75.
[228] 张昕竹. 论风景名胜区的政府规制[J]. 经济社会体制比较，2002（02）：76-81.
[229] 张平，李向东，吴敏. 我国国家级风景名胜区管理体制现状和问题分析[J]. 经济体制改革，2001（05）：135-136.
[230] 赵宝江. 严格保护资源强化科学管理坚持走风景名胜区事业可持续发展的道路[J]. 风景名胜工作通讯专刊，2002（11）：02.
[231] 郑大本，赵英才. 现代管理辞典[M]. 沈阳：辽宁人民出版社，1987.
[232] 郑易生. 自然文化遗产的价值与利益[J]. 经济社会体制比较，2002（02）：82-85.
[233] 中国系统工程学会. 复杂巨系统理论·方法·应用[M]. 北京：科学技术文献出版社，1994.
[234] 周干峙. 总结经验展望未来迎接新世纪风景园林的大发展——在中国风景园林学会第三次全国会员代表大会上的工作报告[J]. 中国园林，2000（01）：6-12.
[235] 周干峙. 城市及其区域——一个典型的开放的复杂巨系统[J]. 城市发展研究，2002（01）：1-4.
[236] 周三多. 管理学——原理与方法[M]. 上海：复旦大学出版社，2009.
[237] 周维权. 中国名山风景区[M]. 北京：清华大学出版社，1996.
[238] 朱志方. 社会决策论[M]. 武汉大学出版社，1998.

个人简历

RESUME

杨锐

研究和教学方向

国家公园和自然保护地

世界遗产保护与管理

地景规划

风景园林理论与历史

风景园林教育

教育简历

1984 年 9 月—1989 年 7 月　清华大学建筑学院本科学习，获得工学学士学位（建筑学）；

1989 年 9 月—1991 年 7 月　清华大学建筑学院研究生学习，获得工学硕士学位（城市规划与设计）；

1995 年 9 月—2003 年 7 月　清华大学建筑学院研究生学习，获得工学博士学位（城市规划与设计－风景园林规划与设计）。

专业履历

清华大学建筑学院

助教（1991 年 1 月—1993 年 8 月）

讲师（1993 年 8 月—1998 年 8 月）

副教授（1998 年 8 月—2003 年 12 月）

常务副系主任（2003 年 10 月—2008 年 12 月）

教授（2003 年 12 月至今）

系主任（2008 年 12 月至今）

课程教学

本科生课程：风景园林学导论

硕士生课程：风景园林经典文献阅读；风景园林师实务；景观规划设计最终专题

博士生课程：风景园林学研究前沿（参与）

研究项目

重要科研课

1. 国家自然科学基金面上项目《国家公园背景下中国荒野地空间格局与保护机制优化研究》（项目负责人）
2. 国家社科基金重大项目《中国国家公园建设与发展的理论与实践研究》（首席专家）
3. 国家自然科学基金面上项目《基于多重价值识别的风景名胜区社区规划研究》（项目负责人）
4. 国家自然科学基金面上项目《基于突出价值识别的风景名胜区保护与监测研究》（项目负责人）
5. 国家发展和改革委员会《国家文化与自然遗产地保护“十一五”规划纲要》（起草专家组组长）
6. 国家发展和改革委员会委托课题《中国国家公园体制研究》（项目负责人）
7. 国家发展和改革委员会委托课题《中国国家公园和自然保护地体制改革预研究》（项目负责人）
8. 住房和城乡建设部委托课题《中国世界自然遗产地保护管理规划规范预研究》（项目负责人）
9. 国家标准《旅游规划通则》（执笔）
10. 行业标准《风景名胜区术语标准》（项目负责人）
11. 行业标准《风景名胜区资源分类与评价标准》（项目负责人）
12. 国家林业和草原局委托课题《国家公园设立标准研究》（项目负责人）
13. 国家林业和草原局委托课题《中国自然保护地现状评估、问题分析与改革建议》（项目负责人）
14. 自然资源部－中国国土勘测规划院委托课题《自然保护地和国家公园规划编制研究》（项目负责人）
15. 国家发展和改革委员会委托课题《加强中国自然保护地保护管理政策研究》（项目负责人）
16. 国家林业和草原局委托课题《自然保护区土地管理问题分析与建议》（项目负责人）
17. 国家林业和草原局委托课题《中国自然保护地现状评估、问题分析与改革建议》（项目负责人）

重要研究性规划设计项目

1. 滇西北国家公园发展规划战略研究（项目负责人）
2. 内蒙古自治区自然保护地体系战略研究暨呼伦贝尔国家公园战略规划（项目负责人）
3. 三江源国家公园生态体验与环境教育专项规划（项目负责人）
4. 秦巴山脉国家公园保护与发展战略研究（项目负责人）
5. 武夷山国家公园与自然保护地群落规划研究（项目负责人）
6. 崇礼区体育旅游文化产业集聚区规划设计（项目负责人）
7. 泰山风景名胜区总体规划（项目负责人）
8. 泰山世界文化遗产保护规划（项目负责人）
9. 九寨沟世界自然遗产地保护规划（项目负责人）
10. 天坛外坛环境整治修建性详细规划及可行性研究（项目负责人）
11. 成都龙门山国际山地旅游大区策划（项目负责人）
12. 北京中山公园总体规划（项目负责人）
13. 天坛总体规划（项目负责人）
14. 青海坎布拉风景名胜区概念规划（项目负责人）
15. 武汉东湖风景名胜区概念规划（项目负责人）
16. 五台山申报世界遗产文本和保护管理规划（项目负责人）
17. 北京风景名胜区体系规划（项目负责人）
18. 黄山风景名胜区总体规划（项目负责人）
19. 三江并流梅里雪山风景名胜区总体规划（项目负责人）
20. 尖峰岭国家森林公园总体规划（项目负责人）
21. 亚龙湾国家旅游度假区总体规划（骨干）
22. 亚龙湾国家旅游度假区修建性详细规划（骨干）
23. 北京颐和园至什刹海和玉渊潭水系景观与土地利用规划（骨干）
24. 镜泊湖国家重点风景名胜区总体规划（骨干）

著作和论文（近5年）

专著

1. 《风景园林师实务》，杨锐、马晓暐、李建伟、李宝章、陈跃中、王磐岩、白伟岚、安友丰、李方悦，北京：中国建筑工业出版社、ISBN:

978-7-112-23169-0. 2019.09

2. 《国家公园与自然保护地理论与实践研究》，杨锐，北京：中国建筑工业出版社，ISBN: 978-7-112-24533-8 . 2019.11
3. 《武夷山国家公园与自然保护地群落规划研究》，杨锐、赵智聪、庄优波，北京：中国建筑工业出版社，ISBN: 978-7-112-24530-7 . 2019.11
4. 《内蒙古自治区国家公园与自然保护地体系战略研究》，杨锐、庄优波、赵智聪，北京：中国建筑工业出版社，ISBN: 978-7-112-24513-0. 2019.12
5. 《三江源国家公园生态体验与环境教育规划研究》，杨锐、赵智聪、庄优波，北京：中国建筑工业出版社，ISBN: 978-7-112-24514-7 . 2019.12
6. 《中国国家公园体制建设指南研究》，杨锐、庄优波、赵智聪，北京：中国建筑工业出版社，ISBN: 978-7-112-24534-5 . 2019.12
7. 《国家公园与自然保护地理论与实践研究》，杨锐，北京：中国建筑工业出版社，ISBN: 978-7-112-24533-8 . 2019.11
8. 《中国国家公园规划编制指南研究》，杨锐、马之野、庄优波、赵智聪、钟乐，北京：中国环境出版集团，ISBN：978-7-5111-3748-7. 2018.10
9. 《国家公园规划》，住房和城乡建设部土建类学科专业“十三五”规划教材，杨锐、庄优波、赵智聪，北京：中国建筑工业出版社，ISBN：978-7-112-22724-2. 2018.08
10. 《国家公园与自然保护地研究》，杨锐等，北京：中国建筑工业出版社，ISBN: 978-7-112-17687-8. 2016.04
11. 《园冶》论丛 . 张薇，杨锐，北京：中国建筑工业出版社，ISBN: 978-7-112-19446-9.2016.9

主编

1. 清华大学建筑学院景观学系. 借古开今——清华大学风景园林学科发展史料集. 北京：中国建筑工业出版社，ISBN 978-7-112-15929-1, 2013.10
2. 清华大学建筑学院景观学系. 融通合治——清华大学风景园林学术成果集. 北京：中国建筑工业出版社，ISBN 978-7-112-15928-4, 2013.10
3. 清华大学建筑学院景观学系. 树人成境——清华大学风景园林教育成果集. 北京：中国建筑工业出版社，ISBN 978-7-112-15927-7, 2013.10

论文

1. Cost-effective priorities for the expansion of global terrestrial protected areas: Setting post-2020 global and national targets, 作者 : Yang Rui, Cao Yue, Hou Shuyu, Peng Qinyi, Wang Xiaoshan, Wang Fangyi, Zeng Zixuan, et al. 来源期刊 : Science Advances（影响因子 : 13.117）, 出版年 : 2020, 期 :06
2. Linking wilderness mapping and connectivity modelling: A methodological framework for wildland network planning, 作者 : Cao Yue, Yang Rui, Carver Steve, 来源期刊 : BIOLOGICAL CONSERVATION（影响因子 : 4.711）, 出版年 : 2020, 卷 : 251
3. 自然保护地自然资源资产产权制度的改革路径，作者：钟乐，杨锐，赵智聪，来源期刊：中国土地（ISSN：1002-9729），出版年：2020，期：02，页码：26-29
4. 社区共管与协调生态保护和可持续发展——基于秦巴山脉区域 5 个典型案例的分析，作者：张引，刘海龙，杨锐，来源期刊：中国工程科学（ISSN：1009-1742），出版年：2020，期：01，页码：111-119
5. 秦巴山脉国家公园与自然保护地空间体系研究，作者：周语夏，刘海龙，赵智聪，杨锐，来源期刊：中国工程科学（ISSN：1009-1742），出版年：2020，期：01，页码：86-95
6. 世界自然保护地社区共管典型模式研究，作者：张引，庄优波，杨锐，来源期刊：风景园林（ISSN：1673-1530），出版年：2020，期：03，页码：18-23
7. 国际荒野地保护实践评析：基于荒野制图、系统性与连通性的视角，作者：曹越，杨锐，来源期刊：中国园林（ISSN：1000-6664），出版年：2020，期：06，页码：6-12
8. 基于消费端的自然保护地指标交易机制：生态产品价值实现的创新思路，作者：杨锐，钟乐，赵智聪，来源期刊：生态学报（ISSN：1000-0933），出版年：2020，期：18
9. 后疫情时代：重新思考人与自然的关系，作者：杨锐，来源期刊：中国园林（ISSN：1000-6664），出版年：2020，期：08，页码 2-3
10. 基于时空尺度差异性分析的中国国家公园社区规划框架优化研究，作者：张引，廖凌云，赵智聪，杨锐，来源期刊：中国园林（ISSN：1000-6664），出版年：2020，期：08，页码：25-30

11. 试论生态文明新时代自然保护区之基础性地位，作者：赵智聪，钟乐，杨锐，来源期刊：中国园林（ISSN：1000-6664），出版年：2020，期：08，页码：6-13
12. 基于“三类分区框架”的黄河流域生物多样性保护策略，作者：曹越，侯姝彧，曾子轩，王小珊，王方邑，赵智聪，杨锐，来源期刊：生物多样性（ISSN：1005-0094），出版年：2020，期：12，页码：1447-1458
13. 中国自然保护区社区共管现状分析和改革建议，作者：张引，杨锐，来源期刊：中国园林（ISSN：1000-6664），出版年：2020，期：08，页码：31-35
14. 中国国家公园社区移民中的问题与对策研究，作者：荣钰，庄优波，杨锐，来源期刊：中国园林（ISSN：1000-6664），出版年：2020，期：08，页码：36-40
15. 中国生物多样性保护的变革性转变及路径，作者：杨锐，彭钦一，曹越，钟乐，侯姝彧，赵智聪，黄澄，来源期刊：生物多样性（ISSN：1005-0094）出版年：2019，期：09，页码：1032-1040
16. 城市野境：城市区域中野性自然的保护与营造，作者：曹越，万斯·马丁，杨锐，来源期刊：风景园林（ISSN：1673-1530），出版年：2019，期：08，页码：20-24
17. 荒野保护与再野化：现状和启示，作者：罗明，曹越，杨锐，来源期刊：中国土地（ISSN：1002-9729），出版年：2019，期：08，页码：4-8
18. 自然保护地自然资源资产产权制度现状辨析，作者：钟乐，赵智聪，杨锐，来源期刊：中国园林（ISSN：1000-6664），出版年：2019，期：08，页码：34-38
19. 论国土空间规划中自然保护地规划之定位，作者：赵智聪，杨锐，来源期刊：中国园林（ISSN：1000-6664），出版年：2019，期：08，页码：5-11
20. 生态智慧视野下北京中心地区历史水系廊道恢复研究，作者：薛飞，杨锐，马晗琮，赵壹瑶，白佟生，来源期刊：中国园林（ISSN：1000-6664），出版年：2019，期：07，页码：61-66
21. 国家公园的一半是暗夜：暗夜星空研究的美国经验及中国路径钟乐，作者：杨锐，赵智聪，来源期刊：风景园林（ISSN：1673-1530），出版年：2019，期：06，页码：85-90

22. 自然保护与景观保护：英国国家公园保护的“二元方法”及机制，作者：张振威，杨锐，页码：2019，期：04，页码：33-38
23. 自然需要一半：全球自然保护地新愿景，作者：曹越，杨锐，万斯·马丁，来源期刊：风景园林（ISSN：1673-1530），出版年：2019，期：04，页码：39-44
24. 国家公园总体规划空间管控作用研究，作者：马之野，杨锐，赵智聪，来源期刊：风景园林（ISSN：1673-1530），出版年：2019，期：04，页码：17-19
25. 历程与特征：欧美度假旅游研究，作者：农丽媚，杨锐，来源期刊：装饰（ISSN：0412-3662），出版年：2019，期：04，页码：18-21
26. 中国风景名胜区制度起源研究，作者：赵智聪，杨锐，来源期刊：中国园林（ISSN：1000-6664），出版年：2019，期：03，页码：25-30
27. 论中国国家公园体制建设的六项特征，作者：杨锐，来源期刊：环境保护（ISSN：0253-9705），出版年：2019，期：Z1，页码：24-27
28. 关于贯彻落实“建立以国家公园为主体的自然保护地体系”的六项建议，作者：杨锐，申小莉，马克平，来源期刊：生物多样性（ISSN：1005-0094），出版年：2019，期：02，页码：137-139
29. 英国漫游权制度及其在国家公园中的适用，作者：张振威，赵智聪，杨锐，来源期刊：中国园林（ISSN：1000-6664），出版年：2019，期：01，页码：5-9
30. 生态智慧视野下北京中心地区历史水系廊道恢复研究，作者：薛飞，杨锐，马晗琮，赵壹瑶，白佟，来源期刊：中国园林（ISSN：1000-6664），出版年：2019，期：07，页码：61-66
31. “再野化”：山水林田湖草生态保护修复的新思路，作者：杨锐，曹越，来源期刊：生态学报（ISSN：1000-0933），出版年：2019，期：23，页码：8763-8770
32. 国家公园定义比较研究，作者：钟乐，杨锐，来源期刊：中华环境（ISSN：2095-7033），出版年：2019，期：08，页码：26-28
33. 国土空间规划背景下的国家公园规划管理机制思考，作者：马之野，杨锐，赵智聪，来源期刊：住区（ISSN：1674-9073），出版年：2019，期：06，页码：16-19
34. 论风景园林学的现代性与中国性，作者：杨锐，来源期刊：中国园林

（ISSN：1000-6664），出版年：2018，期：01，页码：63-64
35. 中国国家公园设立标准研究，作者：杨锐，来源期刊：林业建设（ISSN：1006-6918），出版年：2018，期：05，页码：103-112
36. 论中国自然保护地的远景规模，作者：杨锐，曹越，来源期刊：中国园林（ISSN：1000-6664），出版年：2018，期：07，页码：5-12
37. 基于文献计量分析的国家公园建设英文文献述评，作者：钟乐，杨锐，赵智聪，来源期刊：中国园林（ISSN：1000-6664），出版年：2018，期：07，页码：23-28
38. 法国国家公园管理和规划评述，作者：张引，庄优波，杨锐，来源期刊：中国园林（ISSN：1000-6664），出版年：2018，期：07，页码：36-41
39. 论风景名胜区整体价值及其识别，作者：彭琳，杨锐，来源期刊：中国园林（ISSN：1000-6664），出版年：2018，期：07，页码：42-47
40. 生态智慧视野下武夷山茶园建设管理的古今对比研究，作者：廖凌云，侯姝彧，杨锐，来源期刊：中国园林（ISSN：1000-6664），出版年：2018，期：07，页码：53-58
41. 建立中国荒野保护体系 守护生态文明原生根基，作者：万斯 • 马丁，杨锐，曹越，来源期刊：生态文明新时代（ISSN：2096-5435），出版年：2018，期：01，页码：83-90+9
42. 以国家公园为契机，推动中国荒野保护，作者：杨锐，曹越，来源报刊：光明日报（ISSN：D2），期：7，出版日期：2018-9-22
43. A Preliminary Study on Mapping Wilderness in Mainland China, 作者：Cao Y, Yang R, Long Y, Carver S，来源期刊：International Journal of Wilderness, 出版年：2018，期：24，页码：104-116
44. 风景园林学科建设中的 9 个关键问题，作者：杨锐，来源期刊：中国园林（ISSN：1000-6664），出版年：2017，期：01，页码：13-16
45. 基于 6 个案例比较研究的中国自然保护地社区参与保护，作者：廖凌云，赵智聪，杨锐，来源期刊：中国园林（ISSN：1000-6664），出版年：2017，期：08，页码：30-33
46. 美国国家公园与原住民的关系发展脉络，作者：廖凌云，杨锐，来源期刊：园林（ISSN：1000-0283），出版年：2017，期：2，页码：28-31
47. 中国自然保护地体制问题分析与应对，作者：彭琳，赵智聪，杨锐，来

源期刊：中国园林（ISSN：1000-6664），出版年：2017，期：04，页码：108-113

48. 中国荒野研究框架与关键课题，作者：曹越，杨锐，来源期刊：中国园林（ISSN：1000-6664），出版年：2017，期：06，页码：10-15
49. 中国大陆国土尺度荒野地识别与空间分布研究，作者：曹越，龙瀛，杨锐，来源期刊：中国园林（ISSN：1000-6664），出版年：2017，期：06，页码：26-33
50. 美国国家荒野保护体系的建立与发展，作者：曹越，杨锐，来源期刊：风景园林（ISSN：1673-1530），出版年：2017，期：07，页码：30-36
51. 美国阿拉伯山国家遗产区域保护管理特点评述及启示，作者：廖凌云，杨锐，来源期刊：风景园林（ISSN：1673-1530），出版年：2017，期：07，页码：50-56
52. 从全球到中国的荒野地识别：荒野制图研究综述与展望，作者：曹越，杨锐，来源期刊：环境保护（ISSN：0253-9705），出版年：2017，期：14，页码：39-44
53. 国家公园体制试点区试点实施方案初步分析，作者：庄优波，杨锐，赵智聪，来源期刊：中国园林（ISSN：1000-6664），出版年：2017，期：08，页码：5-11
54. 风景区居民社区规划优化研究——以九寨沟为例，作者：王应临，庄优波，杨锐，来源期刊：中国园林（ISSN：1000-6664），出版年：2017，期：08，页码：24-29
55. 生态保护第一、国家代表性、全民公益性——中国国家公园体制建设的三大理念，作者：杨锐，来源期刊：生物多样性（ISSN：1005-0094），出版年：2017，期：10，页码：1040-1041
56. 怎样推进国家公园建设？科学意识提升 科学研究支撑，作者：杨锐，曹越，来源期刊：人与生物圈（ISSN：1009-1661），出版年：2017，期：04，页码：28-29
57. 国家公园科学简史，作者：杨锐，曹越，来源期刊：人与生物圈（ISSN：1009-1661），出版年：2017，期：04，页码：68-69
58. 景区承载量与旅游容量控制，作者：杨锐，来源期刊：旅游规划与设计，2017，期：01，页码：30-31
59. 一级学科呼唤怎样的风景园林学理论，作者：杨锐，来源报刊：中国花

卉报，出版日期：2017-11-16

60. 生态文明建设背景下的中国荒野保护策略，作者：曹越，张振威，杨锐，来源期刊：南京林业大学学报（ISSN：1000-2006），出版年：2017，期：4，页码：93-99
61. 中国国家公园与自然保护地立法若干问题探讨，作者：张振威，杨锐，来源期刊：中国园林（ISSN：1000-6664），出版年：2016，期：02，页码：70-73
62. 风景园林学与城市设计的渊源和联系，作者：杨锐，袁琳，郑晓笛，来源期刊：中国园林（ISSN：1000-6664），出版年：2016，期：03，页码：37-42
63. 成都龙门山三坝乡林盘乡村景观规划研究探索，作者：薛飞，党安荣，朱战强，杨锐，来源期刊：风景园林（ISSN：1673-1530），出版年：2016，期：05，页码：106-113
64. 国家公园体制建设背景下中国自然保护地体系的重构，作者：赵智聪，彭琳，杨锐，来源期刊：中国园林（ISSN：1000-6664），出版年：2016，期：07，页码：11-18
65. 国家公园声景研究综述，作者：许晓青，杨锐，彼得•纽曼，德瑞克•塔夫，来源期刊：中国园林（ISSN：1000-6664），出版年：2016，期：07，页码：25-30
66. 印度自然保护地体系及其管理体制特点评述，作者：廖凌云，杨锐，曹越，来源期刊：中国园林（ISSN：1000-6664），出版年：2016，期：07，页码：31-35
67. 中国名山风景区审美价值识别框架研究，作者：许晓青，杨锐，庄优波，来源期刊：中国园林（ISSN：1000-6664），出版年：2016，期：09，页码：63-70

获奖情况

指导学生获奖情况

- 2015年7月荣获清华大学研究生院颁发的优秀博士生论文指导教师。
- 2015年指导博士生获得"北京市优秀博士毕业生"。
- 2013年指导硕士研究生获得"2013年度中国建筑院校学生国际交流作业展优秀作业"。
- 2010年指导博士研究生获得"教育部博士研究生学术新人奖""2010年清华大学博士生科研创新基金"。
- 2010年7月指导硕士研究生获得清华大学"校级优秀硕士论文奖"。
- 2009年9月指导博士研究生获得"2009中国风景园林学会大学生设计竞赛二等奖""优秀论文佳作奖"。
- 2007年7月，指导硕士研究生获得清华大学"校级优秀硕士论文奖"。
- 2007年7月，指导博士研究生荣获清华大学建筑学院"学术新秀"奖。
- 2005年第五届东亚保护区大会（香港），指导博士研究生荣获"优秀青年科学家奖"。

个人获奖情况

1. 2020年11月，杨锐负责的"中国国家公园和自然保护地理论、技术方法与多尺度应用"，荣获中国风景园林学会科学技术奖（科技进步奖）一等奖。
2. 杨锐主持的本科课程《风景园林学导论》获2015年度"清华大学精品课程"称号
3. 杨锐、庄优波等负责的"黄山风景名区总体规划"荣获2014年度"华夏建设科学技术奖"三等奖。
4. 杨锐、党安荣等负责的"三江并流风景名胜区梅里雪山景区总体规划（2002—2020）项目"，2011年度荣获第一届中国风景园林学会优秀风景园林规划设计奖一等奖。2013年1月获得华夏建设科学技术奖励委员会郐发的2012年度华夏建设科学技术奖一等奖。
5. 杨锐、邬东璠等负责的"乡村生态旅游景观的三维实时仿真技术研究开发（2008—2012）"荣获华夏建设科学技术奖励委员会郐发的2012年度华夏建设科学技术奖三等奖。

6．2012 年 9 月荣获“中国森林公园发展三十周年突出贡献个人”奖。

7．2008 年荣获清华大学“良师益友”称号。

8．2004 年 7 月荣获“清华大学优秀博士学位论文”一等奖。